普通高等院校"十二五"规划教材

互换性与测量技术基础

主　编　高　丽　于　涛　杨俊茹
副主编　李桂莉　王全为　孙　静
　　　　苏春建

国防工业出版社

·北京·

内 容 简 介

　　本书根据近几年我国对公差标准的修订,介绍了我国公差与配合方面的最新标准,阐述了测量技术的基本原理。本书包括绪论,测量技术基础,孔、轴公差与配合及其尺寸检测,形状和位置公差及其检测,表面粗糙度及其检测,滚动轴承与孔、轴结合的互换性,渐开线圆柱齿轮公差与检测,常用连接件的公差与检测,圆锥公差与检测,尺寸链等共十章。本书内容安排紧凑合理,难点分析细致,侧重应用。

　　本书可作为高等院校及职业技术学院机械类各专业的教学用书,也可作为从事机械设计、机械制造、测试计量等行业的工程技术人员的参考用书。

图书在版编目(CIP)数据

　　互换性与测量技术基础 / 高丽,于涛,杨俊茹主编. —北京:国防工业出版社,2012.1
　　普通高等院校"十二五"规划教材
　　ISBN 978 - 7 - 118 - 07881 - 7

　　Ⅰ.①互… Ⅱ.①高… ②于… ③杨… Ⅲ.①零部件 - 互换性 - 高等学校 - 教材②零部件 - 测量技术 - 高等学校 - 教材　Ⅳ.①TG801

　　中国版本图书馆 CIP 数据核字(2011)第 281854 号

※

国防工业出版社出版发行

(北京市海淀区紫竹院南路 23 号　邮政编码 100048)
腾飞印务有限公司印刷
新华书店经售

*

开本 787×1092　1/16　印张 12¾　字数 304 千字
2012 年 1 月第 1 版第 1 次印刷　印数 1—4000 册　定价 29.00 元

(本书如有印装错误,我社负责调换)

国防书店:(010)88540777　　　发行邮购:(010)88540776
发行传真:(010)88540755　　　发行业务:(010)88540717

前　言

　　"互换性与测量技术基础"是高等学校机械类、机电类及仪器仪表类等工科专业的一门重要技术基础课,是与机械工业的发展紧密联系的基础学科。

　　本书依据我国最新的国家标准来编写,加强基础,突出应用。全书系统阐述了互换性与测量技术相关的国家标准以及常用标准件和圆柱齿轮传动的互换性,并配有一定量的习题。在内容编排上,较市面上很多同类书籍做了较大更新和改进。为扩大适用面,按照教学总学时为40学时~50学时编写。

　　本书是在总结了编者多年的教学经验的基础上,遵循了理论教学以实用为主的原则,本着理论以必需、够用为度编写而成。具有如下特点。

　　(1)采用最新国家标准。所参照的国家标准截止于2011年6月底前颁布的国家最新标准。

　　(2)注重系统性。以基本知识——标注——检测——选用为主线,力求由浅入深,由易到难,符合初学者的认知规律。

　　(3)便于自学。内容叙述力求通俗易懂,注意理论联系实际,尽量多地列举实例,方便读者自学。

　　本书由高丽、于涛、杨俊茹主编,李桂莉、王全为、孙静和苏春建为副主编,参与编写工作的还有苗双双和李全兰。范云霄教授对本书进行了精心审阅,并提供了不少宝贵的意见,特致以衷心感谢。本教材在编写过程中,还得到了参编单位的领导和老师的大力支持,在此表示感谢!

　　本书作者在写作过程中参考了大量的相关手册与资料,文后参考文献中所列教材及资料对本书的编写起了重要的参考作用,在此谨向它们的编著者表示衷心感谢。由于时间仓促,书中难免有疏漏或不当之处,恳请广大读者批评指正。

编　者

2011年10月

目　录

第1章 绪 论

1.1 互换性与公差

1.1.1 互换性与公差的基本概念

互换性是机械制造、仪器仪表和其他许多工业生产中产品设计和制造的重要原则。使用这个原则能使工业部门获得最佳的经济效益和社会效益。互换性是指在同一规格的一批零件或部件中,任取其一,不需经过任何挑选或附加修配(如钳工修理),就能装在机器上,达到规定的功能要求。这样的一批零件或部件就称为具有互换性的零、部件。例如,人们经常使用的自行车和手表上的零件,就是按互换性原则生产的。当自行车或手表零件损坏时,修理人员很快就能用同样规格的零件换上,恢复自行车和手表的功能。

机械制造、仪器仪表的互换性,通常包括几何参数(如尺寸)、机械性能(如硬度、强度)以及理化性能(如化学成分)等。本课程仅讨论几何参数的互换性。

所谓几何参数,主要包括尺寸大小、几何形状(宏观、微观)以及形面间相互位置关系等,为了满足互换性的要求,最理想的是同规格的零、部件其几何参数都要做得完全一致,这在实践中是不可能的,也是不必要的,实际上只要求同规格零、部件的几何参数保持在一定的变动范围内就能达到互换的目的。

允许零、部件几何参数的变动量就称为"公差"。

现代化的机械工业,首先要求机械零件具有互换性,从而才有可能将一台机器中的成千上万个零、部件,分散进行高效率的专业化生产,然后又集中起来进行装配。因此,零、部件的互换性为生产的专业化创造了条件,促进了自动化生产的发展,有利于降低产品成本,提高产品质量。

零、部件在几何参数方面的互换,体现为公差标准的完善,而公差标准又是机械工业的基础标准,它为机器的标准化、系列化、通用化奠定了基础,从而缩短了机器设计的周期,促进新产品的高速发展。

互换性生产可以减少修理机器的时间和费用。因此,互换性生产对我国机械制造业和仪器制造业具有非常重要的意义。

1.1.2 互换性分类

对标准部件,互换性可分为内互换和外互换。组成标准部件的零件的互换称为内互换;标准部件与其他零、部件的互换称为外互换。例如滚动轴承的外圈内滚道、内圈外滚道与滚动体的互换称为内互换;外圈外径、内圈内径以及轴承宽度与其相配的机壳孔、轴颈和轴承端盖的互换称为外互换。

互换性按其互换程度,可分为完全互换和不完全互换。前者要求零、部件在装配时,不需要挑选和辅助加工;后者则允许零、部件在装配前进行预先分组或在装配时采取调整等措施。因此,不完全互换又称为有限互换。不完全互换性可以用分组装配法、调整法或其他方法来实现。

分组装配法是这样一种措施:当机器上某些部位的装配精度要求很高时,例如孔与轴间的间隙装配精度要求很高,即间隙变动量要求很小时,若要求孔和轴具有完全互换性,则孔和轴的尺寸公差就要求很小,这将导致加工困难。这时,可以把孔和轴的尺寸公差适当放大,以便于加工,将制成的孔和轴按实际尺寸的大小各分成若干组,使每组内零件(孔、轴)的尺寸差别比较小。然后,把对应组的孔和轴进行装配,即大尺寸组的孔与大尺寸组的轴装配,小尺寸组的孔与小尺寸组的轴装配,从而达到装配精度要求。采用分组装配时,对应组内的零件可以互换,而非对应组之间则不能互换,因此零件的互换范围是有限的。

调整法也是一种保证装配精度的措施。调整法的特点是在机器装配或使用过程中,对某一特定零件按所需要的尺寸进行调整,以达到装配精度要求。例如,图1-1所示减速器中端盖与箱体间的垫片的厚度在装配时作调整,使轴承的一端与端盖的底端之间预留适当的轴向间隙,以补偿温度变化时轴的微量伸长,避免轴在工作时弯曲。

一般说来,对于厂际协作,应采用完全互换性。至于厂内生产的零部件的装配,可以采用不完全互换法。

1.2 公差与测量简述

1.2.1 公差与配合概述

随着机械工业生产的发展,要求企业内部有统一的公差与配合标准,以扩大互换性生产的规模和控制机器配件的供应。1902年英国伦敦以生产剪羊毛机为主的纽瓦(Newall)公司编制了尺寸公差的"极限表",这是最早的公差制。

1906年,英国颁布了国家标准B. S. 27;1924年英国又制定了国家标准B. S. 164;1925年,美国出版了包括公差在内的美国标准A. S. A. B_{4a}。上述标准就是初期的公差标准。

在公差标准的发展史上,德国标准DIN占有重要位置,它在英、美初期公差标准的基础上有了较大的发展。其特点是采用了基孔制和基轴制,并提出公差单位的概念;将精度等级和配合分开;规定了标准温度为20℃。1929年苏联也颁布了"公差与配合标准"。

由于生产的发展,国际间的交流也愈来愈广,1926年成立了国际标准化协会(ISA),它的第三技术委员会(ISA/CT 3)负责制定公差与配合标准,秘书国为德国。国际标准化协会在分析了DIN(德国标准)、AFNOR(法国标准)、BSS(英国标准)和SNV(瑞士标准)等国公差标准的基础上,于1932年提出了国际标准化协会ISA的议案。1935年公布了ISA的草案。直到1940年才正式颁布了国际公差与配合标准。

第二次世界大战以后,于1947年2月国际标准化协会重新组建,改名为国际标准化组织(ISO),公差与配合标准仍由第三技术委员会(ISO/CT 3)负责,秘书国为法国。ISO在ISA工作的基础上,制定了公差与配合标准,此标准于1962年公布,其编号为ISO/R 286—1962(极限配合制)。以后又陆续制定、公布了包括ISO/R 773—1969(长方形及正方形平行键及键槽）;ISO/R 1938—1971（光滑工件的检验）;ISO/R 1101—I—1969（形状和位置公差通则、符合和图样标注法）;ISO 68—1973（紧固连接的圆柱螺纹标准）;ISO 1328—1975（平行轴圆柱齿轮精度制）;ISO 468—1982（表面粗糙度标准）等在内的一系列标准,形成了现行的国际公差标准。

在半封建半殖民地的旧中国,由于工业落后,加之帝国主义侵略、军阀割据,根本谈不上统一的公差标准。那时全国采用的公差标准很混乱,有德国标准 DIN、日本标准 JIS、美国标准 ASA。1944 年旧经济部中央标准局曾颁布过中国标准 CIS,但实际上未能贯彻执行。

解放以后,随着社会主义建设的发展,我国在吸收了一些国家在公差标准方面的经验以后,于 1955 年由当时的第一机械工业部颁布了第一个公差与配合标准。1959 年由国家科委正式颁布了"公差与配合"国家标准（GB 159 ~ 174—59）,接着又陆续制定了各种结合件、传动件、表面光洁度等标准。随着我国经济建设的发展,旧有的公差标准已不适应新形势的要求,因此在国家标准局的统一领导下,有计划地对原有标准进行了多次修订。这些新修订的标准,正在对我国的机械工业产生越来越大的影响。

1.2.2　测量技术发展概述

长度计量在我国具有悠久的历史。早在我国商朝时期（至今约 3100 年 ~ 3600 年）已有象牙制成的尺,到秦朝已统一了我国的度量衡制度。公元 9 年,即西汉末王莽建国元年,已制成铜质卡尺。但由于我国长期的封建统治,科学技术未能得到发展,计量技术也停滞不前。

18 世纪末期,由于欧洲工业的发展,要求统一长度单位。1791 年法国政府决定以通过巴黎地球子午线的四千万分之一作为长度单位——米。以后制定一米的基准尺,称为档案米尺,该尺的两端面之间的长度为一米。

1875 年国际米尺会议决定制造具有刻线的基准尺,用铂铱合金材料制成。1888 年国际计量局接受了由瑞士制造的 30 根基准尺,经与档案尺比较,其中 NO.6 接近档案米尺,于是 1889 年召开第一届国际计量大会,通过以该尺作为国际米原器。

由于米原器的金属结构也不够稳定。1960 年 10 月召开的第十一届国际计量大会重新定义了米。即米是氪的同位素 86（^{86}Kr）原子在 $2P_{10}$ ~ $5d_5$ 能级之间跃迁时所辐射的谱线在真空中波长的 1650763.76 倍。

随着激光技术的发展,光速测量精度已经达到很高的程度。因此 1983 年 10 月第十七届国际计量大会通过了以光速来定义米,即米是光在真空中于 1/299792458 秒时间间隔内的行程长度。

伴随长度基准的发展,计量器具也在不断改进,自 1850 年美国制成游标卡尺以后,1927 年德国 Zeiss 厂制成了小型工具显微镜,次年该厂又生产了万能工具显微镜。从此,几何参数测量的精度、测量范围随着生产的发展而飞速发展。精度由 0.01mm 级提高到 0.001mm 级,甚至 0.0001mm 级;测量范围由两维空间发展到三维空间;测量的尺寸范围从集成元件的线条宽度到飞机的机架尺寸;测量的自动化程度,从人工对准刻度尺读数到自动对准、计算机处理数据、自动打印和自动显示测量结果。

解放前,我国没有计量仪器生产工厂。解放后,随着生产的迅速发展,新建和扩建了一批量仪厂。如哈尔滨量具刃具厂、成都量具刃具厂、上海光学仪器厂、新添光学仪器厂、北京量具刃具厂以及中原量仪厂等。这些工厂成批生产了诸如万能工具显微镜、万能渐开线检查仪、电动轮廓仪、接触干涉仪、齿轮单啮仪、圆度仪和三坐标测量机等精密仪器，满足了我国工业发展的需要。

此外，我国在计量科学研究工作中也取得了很大的成绩。自 1962 年～1964 年建立了 ^{86}Kr 长度基准以来，又先后成功研制了激光光电光波比长仪、激光二坐标测量仪、激光量块干涉仪以及波长为 $3.39\mu m$ 甲烷稳定的激光测量系统和波长为 $0.633\mu m$ 碘稳定的激光测量系统。从而使我国的长度基准、线纹尺测量和量块的检定达到世界先进水平。此外，我国研制成功并进行小批生产的激光丝杠动态检查仪、齿轮全误差测量仪等均进入世界先进行列。

1.3　标准化与优先数系

1.3.1　标准化

现代工业生产的特点是规模大、分工细、协作单位多、互换性要求高。为了适应生产中各部门的协调和各生产环节的衔接，必须有一种手段，使分散的、局部的生产部门和生产环节保持必要的统一，成为一个有机的整体，以实现互换性生产。标准与标准化正是联系这种关系的主要途径和手段。标准化是互换性生产的基础。

所谓标准是指为了在一定的范围内获得最佳秩序，对活动或其结果规定共同的和重复使用的规则、导则或特性的文件。该文件应以科学、技术和经验的综合成果为基础，以促进最佳社会效益为目的，还要经协商一致制定并经一个公认机构批准。

所谓标准化是指为了在一定的范围内获得最佳秩序，对实际的或潜在的问题制定共同的和重复使用的规则的活动。标准化工作包括制定标准、发布标准、组织实施标准和对标准的实施进行监督的全部活动过程。这个过程是从探索标准化对象开始，经调查、实验和分析，进而起草、制定和贯彻标准，而后修订标准。因此，标准化是个不断循环而又不断提高其水平的过程。标准化的重要意义在于改进产品、过程和服务的适用性，防止贸易壁垒，并促进技术合作。

根据我国《标准化法》的规定，按标准的使用范围将其分为国家标准、行业标准、地方标准和企业标准。对需要在全国范围内统一的技术要求，可以制定行业标准，但在公布相应的国家标准之后，该项行业标准即行废止。对没有国家标准和行业标准而又需要在省、自治区、直辖市范围内统一的工业产品的安全、卫生要求，可以制定地方标准，但在公布相应的国家标准或者行业标准之后，该项地方标准即行废止。企业生产的产品没有国家标准和行业标准的，应当制定企业标准，作为组织生产的依据；已有国家标准或者行业标准的，企业还可以制定严于国家标准或者行业标准的企业标准，在企业内部使用。按标准的法律属性将国家标准、行业标准分为强制性标准和推荐性标准。保障人体健康，人身、财产安全的标准和法律、行政法规规定强制执行的标准是强制性标准，其他标准是推荐性标准。

按标准的作用范围，标准分为国际标准、区域标准、国家标准、地方标准和试行标准。前四者分别为国际标准化的标准组织、区域标准化的标准组织、国家标准机构、在国家的某个地区一级所通过并发布的标准。试行标准是指由某个标准化机构临时采用并公开发布的文件,以便在使用中获得必要作为标准依据的经验。

按标准化对象的特性,标准分为基础标准、产品标准、方法标准、安全标准、卫生标准、环境保护标准等。基础标准是指在一定范围内作为其他标准的基础并普遍使用,具有广泛指导意义的标准,如极限与配合标准、形状和位置公差标准、渐开线圆柱齿轮精度标准等。

有了标准,并且标准得到正确地贯彻实施,就可以改进产品质量,缩短生产周期,便于开发新产品和协作配套,提高社会经济效益,发展社会主义市场经济和对外贸易。而标准化是组织现代化大生产的重要手段,是联系设计、生产和使用等方面的纽带,是科学管理的重要组成部分。

标准化不是当今才有的,早在人类开始创造工具时代就已出现。它是社会生产劳动的产物。在近代工业兴起和发展的过程中,标准化日益显得重要起来。在 19 世纪,标准化的应用就十分广泛,尤其在国防、造船、铁路运输等行业中的应用更为突出。20 世纪初,一些资本主义国家相继成立全国性的标准化组织机构,推进了本国的标准化事业。以后由于生产的发展,国际交流越来越频繁,因而出现了地区性和国际性的标准化组织。1926 年成立了国际标准化协会(简称 ISA)。第二次世界大战后,1947 年重建国际标准化协会,改名为国际标准化组织(简称 ISO)。现在,这个世界上最大的标准化组织已成为联合国甲级咨询机构。

我国标准化工作在 1949 年新中国成立后得到重视。从 1958 年发布第一批 120 项国家标准起,至今已制定并发布近两万项国家标准。我国在 1978 年恢复为 ISO 成员国,业已承担 ISO 技术委员会秘书处工作和国际标准草案起草工作。我国在公差标准方面,从 1959 年开始,陆续制定并发布了公差与配合、形状和位置公差、公差原则、表面粗糙度、光滑工件尺寸的检验、光滑极限量规、位置量规、平键、矩形花键、普通螺纹、渐开线圆柱齿轮精度、尺寸链计算方法、圆柱直齿渐开线花键、极限与配合等许多公差标准。随着经济建设发展的需要,有关部门本着立足于我国国情,对国际标准进行认真研究,积极采用,区别对待,组织大批力量对原有公差标准进行修订,以国际标准为基础制定新的公差标准。1988 年,全国人大常委会通过并由国家主席发布了《中华人民共和国标准化法》。它的实施对于发展社会主义商品经济,促进技术进步,改进产品质量,发展对外贸易,提高社会经济效益,维护国家和人民的利益,使标准化工作适应社会主义现代化建设,具有十分重要的意义。1993 年全国人大常委会通过并由国家主席发布了《中华人民共和国产品质量法》,以加强产品质量监督管理,维护社会经济秩序,鼓励企业产品质量达到并且超过行业标准、国家标准和国际标准,不允许以不合格品冒充合格品。可以预计,在我国社会主义现代化建设过程中,我国标准化的水平和公差标准的水平将大大提高,对国民经济的发展必将做出更大的贡献。

1.3.2 优先数系

在商品生产中,为了满足用户各种各样的要求,同一品种的同一个参数还要从大到小取不同的值,从而形成不同规格的产品系列。这个系列确定得是否合理,与所取的数值如何分挡、分级直接有关。优先数和优先数系是一种科学的数值制度,它适合于各种数值的分级,是国际上统一的数值分级制度。目前我国数值分级的国家标准 GB 321—80,也是采用这种制度。

采用优先数系,能使工业生产部门以较少的产品品种和规格,经济、合理地满足用户的各种各样要求。它不仅适用于标准的制定,也适用于标准制定前的规划、设计,从而把产品品种的发展从一开始就引入科学的标准化轨道。

经过探索和大量实践表明,采用包含项值 1 的等比数列作为统一的数系优点很多。其中有两个突出的优点:数列中两相邻数的相对差为常数(相对差是指后项减前项的差值与前项之比的百分数);数列中各数经过乘、除、乘方等各种运算后还是数列中的数。而最能满足工业要求的等比数列是十进等比数列。所谓十进,就是数列的项值中包括 1,10,100,$\cdots$,10^n 和 1,0.1,0.01,$\cdots$,10^{-n} 这些数(这里 n 为正整数)。数列中的项值可按十进法向两端无限延伸。因此,十进等比数列是一种较理想的数系,可以用做优先数系。

优先数系由一些十进制等比数列构成,其代号为 Rr(R 是优先数系创始人 Renard 的第一个字母,r 是代表 5,10,20,40 和 80 等项数)。等比数列的公比为 $q_r = \sqrt[r]{10}$,其含义是在同一个等比数列中,每隔 r 项的后项与前项的比值增大 10 倍。例如 R5:设首项为 a,则依次各项为 aq_5,$a(q_5)^2$,$a(q_5)^3$,$a(q_5)^4$,$a(q_5)^5$,那么 $a(q_5)^5/a = 10$,故 $q_5 = \sqrt[5]{10} = 1.6$。

相应各系列的公比如下。

R5 的公比:$q_5 = \sqrt[5]{10} \approx 1.60$

R10 的公比:$q_{10} = \sqrt[10]{10} \approx 1.25$

R20 的公比:$q_{20} = \sqrt[20]{10} \approx 1.12$

R40 的公比:$q_{40} = \sqrt[40]{10} \approx 1.06$

R80 的公比:$q_{80} = \sqrt[80]{10} \approx 1.03$

R5 中的项值包含在 R10 中,R10 中的项值包含在 R20 中,R20 中的项值包含在 R40 中,R40 中的项值包含在 R80 中。R80 属于补充系列。

优先数系的五个系列中任一个项值均称为优先数,其理论值为 $(\sqrt[r]{10})^{N_r}$,式中 N_r 是任意整数。

各系列项值从 1 开始,可向大于 1 和小于 1 两边无限延伸,每个十进区间(1~10,10~100,$\cdots$;1~0.1,0.1~0.01,$\cdots$)各有 r 个优先数。优先数的理论值多数是无理数,在工程上不能直接应用,需要加以圆整。根据取值的精确程度,数值可以分为以下几种。

① 计算值。取五位有效数字,供精确计算用。

② 常用值。即通常所称的优先数,取三位有效数字,是经常使用的。

③ 化整值。是将基本系列中的常用值作进一步化整后所得的数值,一般取两位有效数字,如附表 1-1 所列。

此外,由于生产的需要,还有 Rr 的变形系列,即派生系列和复合系列。Rr 的派生系列指从 Rr 系列中按一定的项差 p 取值所构成的系列。如 $Rr/p = R10/3$,即在 R10 的数列中,每隔 3 项取 1 项的数列,其公比 $q_{\frac{10}{3}} = (\sqrt[10]{10})^3 = 2$。如 1,2,4,8,$\cdots$;1.25,2.5,5,10,$\cdots$;等等。复合系列是指由若干等公比系列混合构成的多公比系列,如 10,16,25,35。5,50,71,100,125,160 这一数列,它们分别由 R5,R20/3 和 R10 系列构成混合系列。

优先数系在各种标准中应用很广,它适用于各种尺寸、参数的系列化和质量指标的分级,对保证各种工业产品品种、规格的合理简化分档和协调配套具有重大的意义。选用基本系列时,应遵守先疏后密的规则,即应当按照 R5,R10,R20,R40 的顺序,优先采用公比较大的基本系列,以免规格过多。当基本系列不能满足分级要求时,可选用派生系列。选用时应优先采用公比较大和延伸项含有项值 1 的派生系列。例如在尺寸大于 500mm 到 3150mm 尺寸段的公差标准尺寸分段中,就采用了 R10 数系,它们是 500,630,800,1000,1250,1600,2000,2500 和 3150。又如表面粗糙度的取样长度的分段就采用了 R10 的派生系数数系 R10/5,它们是 0.08,0.25,0.8,2.5,8.0 和 25。

1.4　本课程的内容、性质与任务

任何一台机器的设计过程,除了运动分析、结构设计、强度计算和刚度计算外,还有一项较为重要的设计即精度设计。机械精度设计的优劣对机器的工作性能、振动、噪声、寿命和可靠性,以及产品的经济性等方面都具有直接的影响作用。

本课程的内容是介绍几何量公差与配合的基本知识,重点讨论一般尺寸的通用零件及其装配的精度设计,包括他们的基本设计理论和方法以及技术资料、标准的应用等。在几何量测量、孔轴公差与配合、形状和位置公差、表面粗糙度、滚动轴承的公差与配合、圆柱齿轮的公差、圆柱螺纹及键的公差、尺寸链等方面作了较详细的介绍。

本课程的性质是以一般通用零件的精度设计为核心的设计性课程,而且是论述基本设计理论与方法的技术基础课程。这里需要特别提醒的是,书中虽然只讨论了一些零、部件,但绝不是仅仅为了学会这些零部件的设计理论和方法,而是通过学习这些基本内容去掌握有关的设计规律和技术措施,从而具有设计其他通用零、部件和某些专用零、部件的能力。

本课程的主要任务是培养学生以下几个方面的能力。

(1) 建立正确的精度设计思想,并勇于创新探索。

(2) 掌握通用零件的公差设计原理、方法及其一般设计规律。

(3) 具有运用标准、规范、手册和查阅相关技术资料的能力。

(4) 熟悉各种典型几何量的检测方法,并获得实验技能的基本训练。

(5) 了解国家当前的有关技术政策,并对公差与检测技术的新发展有所了解。

在本课程的学习过程中,要综合运用先修课程中所学的有关知识与技能,所获得的基本知识还需要在以后的教学和实践中得到锻炼和加强。

习　题

1-1　什么叫互换性?为什么说互换性已成为现代机械制造业中一个普遍遵守原则?列举互换性应用实例(至少三个)。

1-2　按互换程度来分,互换性可分为哪两类?它们有何区别?各适用于什么场合?

1-3　什么叫优先数系和优先数?试写出派生系列 R10/2 和 R20/3 中优先数 1 ~ 100 的常用值。

第2章 测量技术基础

本章主要介绍几何量测量技术方面的基本知识,包括量值传递系统,量块基本知识,测量取器具的基本计量参数,测量误差的特点、分类及处理方法,测量结果的数据处理等。

2.1 测量技术基本知识

2.1.1 测量技术概述

在机械制造业中所说的测量技术或精密测量主要是指几何参数的测量,包括长度、角度、表面粗糙度、形状与位置误差以及螺纹、齿轮等较复杂零件的几何参数等。它们基本上从属于长度量和角度量。几何量测量和其他任何物理量的测量相同,就是将被测量与具有计量单位的标准量在数值上进行比较,从而确定二者比值的实验认知过程,可用下式(基本测量方程式)表示:

$$q = \frac{L}{u} \tag{2 - 1}$$

式中　L——被测量值;

　　　u——计量单位;

　　　q——比值。

这个公式的物理意义说明,在被测量值 L 一定的情况下,比值 q 的大小完全决定于所采用的计量单位 u,而且二者成反比关系。同时也说明计量单位 u 的选择决定于被测量值所要求的精确程度,这样经比较而得到的被测量值为 $L = qu$,即测量所得量值为用计量单位表示的被测量的数值。

一个完整的测量过程应该包括被测对象、计量单位、测量方法及测量精度四个要素。

1. 被测对象

从几何量的特性来分,被测对象包括长度、角度、几何误差和表面粗糙度等。从被测零件的形状来分,可分为方形容件、轴类零件、锥体零件、箱体零件、凸轮、齿轮、各种刀具等。必须熟悉它们的特性、被测参数的定义以及标准等,以便进行测量。

2. 计量单位

计量单位是为了保证测量的准确度而建立的一个统一而可靠的测量单位基准。1984年,国务院颁发了《关于在我国统一实行法定计量单位的命令》,在采用国际单位制的基础上,规定我国计量单位一律采用《中华人民共和国法定计量单位》。规定长度的基本单位是米(m),其他常用单位有毫米($1mm = 10^{-3}m$)、微米($1\mu m = 10^{-3}mm$)和纳米($1nm = 10^{-3}\mu m$);角度的基本单位是弧度(rad);其他常用单位还有度(°)、分(′)和秒(″)。

8

3. 测量方法

测量方法是指在特定的条件下测量某一被测量时所采用的测量原理、计量器具和测量条件的总和。有关测量方法的分类将在2.2节详细介绍。

4. 测量精度

测量精度是指测量结果与真值相符合的一致程度。由于在测量过程中不可避免的存在着或大或小的测量误差,因此,不知道测量精度的测量结果是没有意义的。对于每一测量过程的测量结果都应给出一定的测量精度。

2.1.2 尺寸传递

1983年第17届国际计量大会对米的最新定义为:"米是光在真空中1/299792458秒的时间内所经过的距离"。显然,这个长度基准虽然准确可靠,但无法直接于实际生产中用于尺寸测量。因此,必须建立一套传递系统,将米的定义长度一级一级地传递到各种计量器具上,再用其测量工件尺寸,从而保证量值的准确一致,这就是量值传递系统。线纹尺和量块是实际工作中常用的两种实体基准,它们是标准长度的具体代表。

长度量值传递系统如图2-1所示。从最高基准谱线向下传递,有两个平行的系统,即端面量具(量块)系统和刻线量具(线纹尺)系统。其中尤以量块传递系统应用最广。

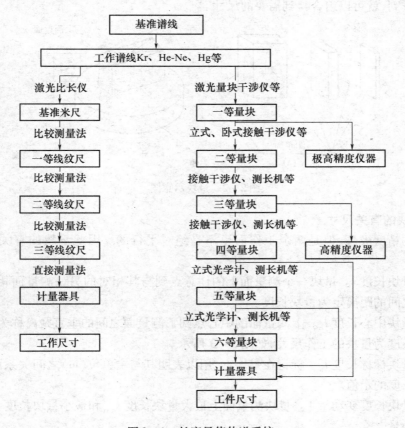

图2-1 长度量值传递系统

角度也是机械制造业中的重要几何量之一，一般以多面棱体或分度盘作为角度量的基准。机械制造中的一般角度标准多采用角度量块、测角仪或分度头等。

2.1.3 量块的基本知识

1. 量块特点

量块,是一种平面平行端面量具,在机械制造业中应用很广,除了作为长度基准进行尺寸传递外,因为其精度极高,还可有以下的作用。

(1) 生产中用于检定和校准测量工具或量仪。

(2) 相对测量时用于调整量具或量仪的零位。

(3) 有时直接用于精密测量、精密划线和精密机床、夹具的调整及检验工件等。

量块的形状为长方形六面体,一般用优质钢或用具有线胀系数小、性能稳定、耐磨及不易变形的其他材料制造,有两个相互平行且极为光滑的测量面及四个非测量面,两个测量面之间有精确的尺寸,如图 2-2 所示。此外,量块还具有良好的研合性,因为量块工作面的表面粗糙度数值很小,平面性好,如将一量块的工作面沿着另一量块工作面滑动时,稍加压力,两量块便能通过分子力的作用而相互黏合在一起。应用其研合性可以方便多个固定尺寸的量块,组成一个量块组,构成所需要的尺寸。只要一套量块的尺寸间隔按一定的规律排列,就可以组合得到需要的尺寸。

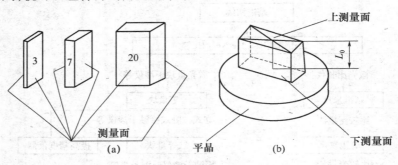

图 2-2 量块示意图

2. 量块的有关尺寸

量块的精度极高,但是两个工作面也不是绝对平行的。因此量块的有关尺寸定义如下。

(1) 量块长度 l。量块一个测量面上的任意点到与其相对的另一测量面相研合的辅助体表面之间的距离定为量块长度。

(2) 量块中心长度 l_c。上测量面的中心点到下测量面之间的垂直距离称为量块中心长度。此长度为量块的工作尺寸,如图 2-3 所示。

(3) 量块标称长度 l_n。标记在量块上,用以表明其与主单位(m)之间关系的量值,也称为量块长度的示值。

(4) 量块长度变动量 V。量块测量面上最大量块长度 l_{max} 和最小量块长度 l_{min} 之差称为长度变动量。

(5) 量块长度极限偏差。量块长度变动量的极限值即为长度极限偏差。

10

3. 量块的精度等级

量块按其制造精度分为五级,即 K,0,1,2,3 级,其中 K 级精度最高,3 级精度最低,K 级即校准级。量块分"级"的主要依据是:量块长度的极限偏差与长度变动量允许值。见附表 2-1。

量块按其检定精度分为 6 等,即 1,2,3,4,5,6 等。其中 1 等精度最高,6 等精度最低。量块分"等"的主要依据是:中心长度测量的极限偏差和平面平行度极限偏差。见附表2-2。

量块按"级"使用时,是以标记在量块上的标称长度作为工作尺寸,该尺寸包含了量块实际制造误差。按"等"使用时,则是

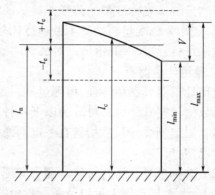

图 2-3 量块的有关尺寸

以量块检定后给出的实测中心长度作为工作尺寸,该尺寸排除了量块的制造误差,但包含了量块检定时的测量误差。一般来说,检定时的测量误差要比量块的制造误差小得多。所以,量块按"等"使用的精度比按"级"使用的精度高。在精密测量时,通常按"等"使用量块。

4. 量块的组合选用

为了减少误差及使用方便,一般的使用原则是应选用最少的量块数量,组合成所需尺寸的量块组。我国成套生产的量块有 83 块、38 块、20 块等几种规格。另外,用 83 块一套的量块,一个量块组的量块数量一般不应超过四块。使用时可以查表。

83 块一套的量块尺寸排列为:

间隔 0.01mm,从 1.01,1.02,… ,1.49,共 49 块;

间隔 0.1mm,1.6,1.7,1.8,1.9 共四块;

间隔 0.5mm,从 0.5,1,1.5,…,9.5,共 19 块;

间隔 l0mm,从 10,20,…,100,共十块;

1.005 mm,一块。

组合时,应该从能够去掉最后一位数字开始选用相应的量块。例如,用 83 块一套的量块组合尺寸 33.95,可以选用对应尺寸分别是 1.45 mm,2.5 mm 和 30 mm 的量块组合。

2.2 计量器具与测量方法

2.2.1 计量器具的分类

计量器具是实物量具(简称"量具")和测量仪器(简称"量仪")的总称。通常把以固定形态复现或提供给定量的一个或多个已知量值的器具称为量具,如游标卡尺、90°角尺和量规等;把能够将被测量值转换成直接观察的示值或等效信息的测量器具称为量仪,如机械比较仪、测长仪和投影仪等。计量器具可按其测量原理、结构特点及用途等分为以下

四类。

1. 标准量具

指测量时体现标准量的测量器具。通常只有某一固定尺寸,用来校对和调整其他计量器具,或作为标准量与被测工件进行比较。有单值量具,如量块、角度量块;多值量具,如基准米尺、线纹尺、90°角尺。对成套的量块又称为成套量具。

2. 通用计量器具

通用计量器具通用性强,可测量某一范围内的任一尺寸（或其他几何量）,并能获得具体读数值。按其结构又可分为以下几种。

（1）固定刻线量具。指具有一定刻线,在一定范围内能直接读出被测量数值的量具。如钢直尺、卷尺等。

（2）游标量具。指直接移动测头实现几何量测量的量具。这类量具有游标卡尺、深度游标卡尺、游标高度卡尺以及游标量角器等。

（3）微动螺旋副式量仪。指用螺旋方式移动测头来实现几何量测量的量仪。如外径千分尺、内径千分尺、深度千分尺等。

（4）机械式量仪。指用机械方法来实现被测量的变换和放大,以实现几何量测量的量仪。如百分表、杠杆百分表、杠杆齿轮比较仪、扭簧比较仪等。

（5）光学式量仪。指用光学原理来实现被测量的变换和放大,以实现几何量测量的量仪。如光学计、测长仪、投影仪、干涉仪等。

（6）气动式量仪。指以压缩气体为介质,将被测量转换为气动系统状态（流量或压力）的变化,以实现几何量测量的量仪。如水柱式气动量仪、浮标式气动量仪等。

（7）电动式量仪。指将被测量变换为电量,然后通过对电量的测量来实现几何量测量的量仪。如电感式量仪、电容式量仪、电接触式量仪、电动轮廓仪等。

（8）光电式量仪。指利用光学方法放大或瞄准,通过光电元件再转换为电量进行检测,以实现几何量测量的量仪。如光电显微镜、光栅测长机、光纤传感器、激光准直仪、激光干涉仪等。

3. 专用计量器具

指专门用来测量某种特定参数的计量器具,如圆度仪、渐开线检查仪、丝杆检查仪、极限量规等。极限量规是一种没有刻度的专用检验工具,用以检验零件尺寸、形状或相互位置。它只能判断零件是否合格,而不能得出具体尺寸。

4. 检验夹具

它是指量具、量仪和定位元件等组合的一种专用的检验工具。当配合各种比较仪时,能用来检验更多和更复杂的参数。

2.2.2 基本度量指标

度量指标是选择和使用计量器具、研究和判断测量方法正确性的依据,是表征计量器具的性能和功能的指标。如图 2-4 所示,基本度量指标主要有以下几项。

（1）刻线间距 c。计量器具标尺或刻度盘上任意两相邻刻线中心线间的距离。通常是等距刻线。为了适于人眼观察和读数,刻线间距不宜过大或过小,一般为 0.75mm ~ 2.5mm。

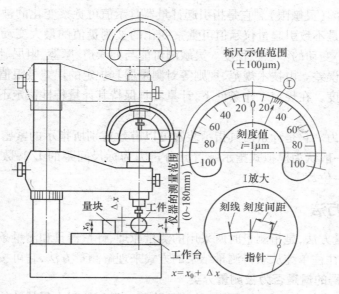

图2-4　计量器具的基本度量指标

（2）分度值i。计量器具标尺上每一刻线间距所代表的量值即分度值。一般长度量仪中的分度值有 0.1mm，0.01mm，0.001mm，0.0005mm 等。

（3）测量范围。计量器具所能测量的被测量最小值到最大值的范围称为测量范围。图 2-4 所示计量器具的测量范围为 0mm ~ 180mm。测量范围的最大、最小值称为测量范围的"上限值"、"下限值"。

（4）示值范围。由计量器具所显示或指示的最小值到最大值的范围。图 2-4 所示的示值范围为 ±100μm。

（5）灵敏度s。计量器具反映被测几何量微小变化的能力。如果被测参数的变化量为 ΔL，引起计量器具的示值变化量为 Δx，则灵敏度 $S = \Delta x / \Delta L$。当分子分母是同一类量时，灵敏度又称放大比K。对于均匀刻度的量仪，放大比 $K = c/i$，此式说明，当刻度间距c一定时，放大比K越大，分度值i越小，可以获得更精确的读数。

（6）示值误差。计量器具显示的数值与被测量的真值之差为示值误差。它主要由仪器误差和仪器调整误差引起。一般可用量块作为真值来检定计量器具的示值误差。

（7）校正值（修正值）。为消除计量器具系统测量误差，用代数法加到测量结果上的值称为校正值。它与计量器具的系统测量误差的绝对值相等而符号相反。

（8）回程误差。在相同的测量条件下，当被测量不变时，计量器具沿正、反行程在同一点上测量结果之差的绝对值称为回程误差。回程误差是由计量器具中测量系统的间隙、变形和摩擦等原因引起的。测量时，为了减少回程误差的影响，应按一个方向进行测量。

（9）重复精度。在相同的测量条件下，对同一被测参数进行多次重复测量时，其结果的最大差异称为重复精度。差异值越小，重复性就越好，计量器具精度也就越高。

（10）测量力。在接触式测量过程中，计量器具测头与被测工件之间的接触压力。测量力太小影响接触的可靠性；测量力太大则会引起弹性变形，从而影响测量精度。

（11）灵敏阈（灵敏限）。它是指引起计量器具示值可觉察变化的被测量值的最小变化量。或者说,是不致引起量仪示值可觉察变化的被测量值的最大变动量。它表示量仪对被测量值微小变动的不敏感程度。灵敏阈可能与如噪声、摩擦、阻尼、惯性等有关。

（12）允许误差。由技术规范、规则等对测量器具规定的误差极限值称为允许误差。

（13）稳定度。在规定工作条件下,计量器具保持其计量特性恒定不变的程度称为稳定度。

（14）分辨力。它是计量器具指示装置可以有效辨别所指示的紧密相邻量值的能力的定量表示。一般认为模拟式指示装置其分辨力为标尺间距的1/2,数字式指示装置其分辨力为最后一位数字。

2.2.3 测量方法

广义的测量方法,是指测量时所采用的测量原理、计量器具和测量条件的总和。但是在实际工作中,往往单纯从获得测量结果的方式来理解测量方法,它可按不同特征分类。

1. 按所测得的量是否为被测量分类

（1）直接测量。直接从计量器具的读数装置上得到欲测之量的数值或对标准值的偏差。例如用游标卡尺、千分尺测量外圆直径,用比较仪测量被测尺寸。

（2）间接测量。测量有关量,并通过一定的函数关系式,求得欲测之量的数值。例如用"弦高法"测量圆柱体直径,由弦长 S 与弦高 H 的测量结果,根据式 2−2 可求得直径 D 的数值,如图 2−5 所示。

$$D = \frac{S^2}{4H} + H \qquad\qquad (2-2)$$

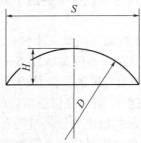

图 2−5 用弦高法测量圆柱体直径

2. 按测量结果的读数值不同分类

（1）绝对测量。测量时从计量器具上直接得到被测参数的整个量值。例如用游标卡尺测量小工件尺寸。

（2）相对测量。在计量器具的读数装置上读得的是被测之量对于标准量的偏差值。例如在比较仪上测量轴径 x（图 2−4）。先用量块（标准量）x_0 调整零位,实测后获得的示值 Δx 就是轴径相对于量块（标准量）的偏差值,实际轴径 $x = x_0 + \Delta x$。

3. 按被测工件表面与计量器具测头是否有机械接触分类

（1）接触测量。计量器具测头与工件被测表面直接接触,并有机械作用的测量力,如

14

用千分尺、游标卡尺测量工件。对于软金属或薄结构易变形工件,接触测量可能因变形造成较大的测量误差或划伤工件表面。

(2)非接触测量。计量器具的敏感元件与被测工件表面不直接接触,没有机械作用的测量力。此时可利用光、气、电、磁等物理量关系使测量装置的敏感元件与被测工件表面联系。例如用干涉显微镜、磁力测厚仪、气动量仪等的测量。非接触测量没有测量力引起的测量误差,因此特别适用于薄结构易变形工件的测量。

4. 按测量在工艺过程中所起作用分类

(1)主动测量。即零件在加工过程中进行的测量。其测量结果直接用来控制零件的加工过程,决定是否需要继续加工或判断工艺过程是否正常,是否需要进行调整,故能及时防止废品的产生,所以主动测量又称为积极测量。一般自动化程度高的机床具有主动测量的功能,如数控机床、加工中心等先进设备。

(2)被动测量。即零件加工完成后进行的测量。其结果仅用于发现并剔除废品,所以被动测量又称消极测量。

5. 按零件上同时被测参数的多少分类

(1)单项测量。即单独地、彼此没有联系地测量零件的单项参数。如分别测量齿轮的齿厚、齿形、齿距,螺纹的中径、螺距等。这种方法一般用于量规的检定、工序间的测量,或者用来进行工艺分析和调整机床等。

(2)综合测量。测量零件几个相关参数的综合效应或综合参数,从而综合判断零件的合格性。例如测量螺纹作用中径、测量齿轮的运动误差等。综合测量一般用于终结检验(验收检验),测量效率高,能有效保证互换性,特别用于成批或大量生产中。

6. 按被测工件在测量时所处状态分类

(1)静态测量。测量时被测零件表面与计量器具测头处于静止状态。例如用齿距仪测量齿轮齿距、用工具显微镜测量丝杠螺距等。

(2)动态测量。测量时被测零件表面与计量器具测头处于相对运动状态,或测量过程是模拟零件在工作或加工时的运动状态,它能反映生产过程中被测参数的变化过程。例如用激光比长仪测量精密线纹尺,用电动轮廓仪测量表面粗糙度等。在动态测量中,往往有振动等现象,故对测量仪器有其特殊要求。例如,要消除振动对测量结果的影响,测头与被测零件表面的接触要安全、可靠、耐磨,对测量信号的反应要灵敏等。因此,在静态测量中使用情况良好的仪器,在动态测量中不一定能得到满意的结果,有时往往不能应用。

7. 按测量中测量因素是否变化分类

(1)等精度测量。即在测量过程中,决定测量精度的全部因素或条件不变。例如,由同一个人,用同一台仪器,在同样条件下,以同样方法,同样仔细地测量同一个量,求测量结果平均值时所依据的测量次数也相同,因而可以认为每一测量结果的可靠性和精确程度都是相同的。在一般情况下,为了简化测量结果的处理,大都采用等精度测量。实际上,绝对的等精度测量是做不到的。

(2)不等精度测量。即在测量过程中,决定测量精度的全部因素或条件可能完全改变或部分改变。例如,用不同的测量方法、不同的计量器具,在不同的条件下,由不同的人员对同一被测量进行不同次数的测量。显然,其测量结果的可靠性与精确程度各不相同。

由于不等精度测量的数据处理比较麻烦，因此一般用于重要的科研实验中的高精度测量。另外当测量的过程和时间很长，测量条件变化较大时，也应按不等精度测量对待。以上测量方法分类是从不同角度考虑的。对于一个具体的测量过程，可能兼有几种测量方法的特征。例如，在内圆磨床上用两点式测头进行检测，属于主动测量、直接测量、接触测量和相对测量等。测量方法的选择应考虑零件结构特点、精度要求、生产批量、技术条件及经济效果等。

2.3 计量器具与测量方法

2.3.1 基本概念

由于受到计量器具和测量条件的限制，任何测量过程总是不可避免地存在测量误差。如果被测量的真值为 L，被测量的测得值为 l，则测量误差 δ 用下式表示：

$$\delta = l - L \qquad\qquad (2-3)$$

式(2-3)表达的测量误差也称绝对误差。

在实际测量中，虽然真值不能得到，但往往要求分析或估算测量误差的范围，即求出真值 L 必落在测得值 l 附近的最小范围，称为测量极限误差 $\delta_{\lim}$，它应满足

$$l - |\delta_{\lim}| \leq L \leq l + |\delta_{\lim}| \qquad\qquad (2-4)$$

由于 l 可大于或小于 L，因此 δ 可能是正值或负值。即

$$L = l \pm \delta \qquad\qquad (2-5)$$

绝对误差 δ 的大小反映了测得值 l 与真值 L 的偏离程度，决定了测量的精确度。$|\delta|$ 越小，l 偏离 L 越小，测量精度越高；反之测量精度越低。因此要提高测量的精确度，只有从各个方面寻找有效措施来减少测量误差。对同一尺寸测量，可以通过绝对误差 δ 的大小来判断测量精度的高低。但对不同尺寸测量，就要用测量误差的另一种表示方法，即相对误差的大小来判断测量精度。

相对误差 δ_r 是指测量的绝对误差 δ 与被测量真值 L 之比，通常用百分数表示，即

$$\delta_r = \frac{l-L}{L} \times 100\% = \frac{\delta}{L} \times 100\% \qquad\qquad (2-6)$$

从上式可以看出，δ_r 无量纲。

绝对误差和相对误差都可用来判断计量器具的精确度，因此，测量误差是评定计量器具和测量方法在测量精确度方面的定量指标，每一种计量器具都有这种指标。

在实际生产中，为了提高测量精度，就应该减小测量误差。要减小测量误差，就必须了解误差产生的原因、变化规律及误差的处理方法。

2.3.2 误差的来源

在实际测量中，产生测量误差的原因很多，主要有以下几个方面。

1. 计量器具误差

它是指计量器具设计、制造和装配调整不准确而产生的误差，分为设计原理误差、仪

16

器制造和装配调整误差。例如仪器读数装置中刻线尺、刻度盘等的刻线误差和装配时的偏斜或偏心引起的误差;仪器传动装置中杠杆、齿轮副、螺旋副的制造以及装配误差;光学系统的制造、调整误差等。又如在设计计量器具时,为了简化结构,采用近似设计所产生的误差,属于设计原理误差。

如图2-6所示,游标卡尺测量轴径所引起的误差就属于设计原理误差。根据长度测量的阿贝原则,在设计计量器具或测量工件时,应将被测长度与基准长度置于同一直线上。显然用游标卡尺测量时,不符合阿贝原则,用于读数的刻线尺上的基准长度和被测工件直径不在同一直线上,由于游标框架与主尺之间的间隙影响,可能使活动量爪倾斜,由此产生的测量误差为

$$\delta = L' - L = S \cdot \tan\phi \tag{2-7}$$

式中　ϕ——活动量爪的倾斜角;

S——刻度尺与被测工件尺寸之间的距离。

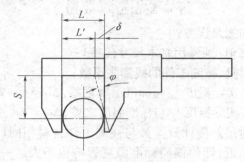

图2-6　量具原理误差

对于理论误差,可以从设计原理上尽量少采用近似原理和机构,设计时尽量遵守阿贝测长原则等,将误差消除或控制在合理范围内。对于仪器制造和装配调整误差,由于影响因素很多,情况比较复杂,也难于消除掉。最好的方法是:在使用中,对一台仪器进行检定,掌握它的示值误差,并列出修正表,以消除其误差。另外,用多次测量的方法以减小其误差。

2. 基准件误差

它是指作为基准件使用的量块或标准件等本身存在的制造误差和使用过程中磨损产生的误差。特别是用相对测量时,基准件的误差直接反映到测量结果中。因此,在选择基准件时,一般都希望基准件的精度高一些,但是基准件的精度太高也不经济。为此在生产实践中一般取基准件的误差占总测量误差的1/5~1/3,并且要经常检验基准件。

3. 调整误差

它是指测量前未能将计量器具或被测工件调整到正确位置(或状态)而产生的误差,如用未经调零或未调零位的百分表或千分表测量工件而产生的零位误差。

4. 测量方法误差

它是指测量时选用的测量方法不完善(包括工件安装不合理、测量方法选择不当、计算公式不准确等)或对被测对象认识不够全面引起的误差。如前述测量大型工件的直径,可以采用直接测量法,也可采用测量弦长和弓高的间接测量法,每一种方法带来的测

量误差是不相同的。

5. 测量力误差

它是指在进行接触测量中,由于测量力使得计量器具和被测工件产生弹性变形而产生的误差。为了保证测量结果的可靠性,必须控制测量力的大小并保持恒定,特别对精密测量尤为重要。测量力过小不能保证测头与被测工件可靠接触而产生误差,测量力过大则使测头和被测工件产生变形也产生误差。一般计量器具的测量力大都控制在 2N 之内,高精度计量器具的测量力控制在 1N 之内。

6. 环境误差

它是指测量时的环境条件不符合标准条件所引起的误差,包括有温度、湿度、气压、振动、灰尘等因素引起的误差。其中温度是主要的,其余因素仅在精密测量时才考虑。例如用光波波长作基准进行绝对测量时,若气压、温度偏离标准状态,则光波波长将发生变化。测量时,当计量器具和被测工件的温度偏离标准温度 20℃ 而引起的测量误差由下式计算

$$\delta = L(\alpha_1 \Delta t_1 - \alpha_2 \Delta t_2) \qquad (2-8)$$

式中　δ——温度引起的测量误差;

　　　L——被测尺寸真值(通常用基本尺寸代替);

　　　α_1、α_2——计量器具、被测工件的线膨胀系数;

　　　Δt_1——计量器具实际温度 t_1 与标准温度之差,$\Delta t_1 = t_1 - 20℃$;

　　　Δt_2——被测工件实际温度 t_2 与标准温度之差,$\Delta t_2 = t_2 - 20℃$。

由上式看出,测量时最好使计量器具与被测工件材料相同(通用器具很难保证),即 $\alpha_1 = \alpha_2$,这样只要温度相近,即使偏离标准温度影响也不大。一般高精度测量均应在恒温、恒湿、无灰尘、无振动条件下进行。此外,局部热源的影响也必须注意,如光源的照射、人的体温以及哈气等。

7. 人为误差

它是指测量人员的主观因素(如技术熟练程度、疲劳程度、测量习惯、思想情绪、眼睛分辨能力等)引起的误差。例如,计量器具调整不正确、瞄准不准确、估读误差等都会造成测量误差。

总之,产生测量误差的因素很多,分析误差时,应找出产生误差的主要因素,采取相应的预防措施,设法消除或减小其对测量结果的影响,以保证测量结果的精确。

2.3.3　误差的分类

根据测量误差的性质、出现规律和特点,可将误差分为三大类,即系统误差、随机误差和粗大误差。

1. 系统误差

在同一条件下,多次测量同一量值时,误差的绝对值和符号保持恒定;或者当条件改变时,其值按某一确定的规律变化的误差,称为系统误差。所谓规律,是指这种误差可以归结为某一个因素或某几个因素的函数,这种函数一般可用解析公式、曲线或数表来表示。系统误差按其出现的规律又可分为常值系统误差和变值系统误差。

(1)常值系统误差(即定值系统误差)。在相同测量条件下,多次测量同一量值时,其大小和方向均不变的误差。如基准件误差、仪器的原理误差和制造误差等。

（2）变值系统误差（即变动系统误差）。在相同测量条件下，多次测量同一量值时，其大小和方向按一定规律变化的误差。例如温度均匀变化引起的测量误差（按线性变化），刻度盘偏心引起的角度测量误差（按正弦规律变化）等。当测量条件一定时，系统误差就获得一个客观上的定值，采用多次测量的平均是不能减弱它的影响的。

从理论上讲，系统误差是可以消除的，特别是对常值系统误差，易于发现并能够消除或减小。但在实际测量中，系统误差不一定能完全消除，且消除系统误差也没有统一的方法，特别是对变值系统误差，只能针对具体情况采用不同的处理方法。对于那些未能消除的系统误差，在规定允许的测量误差时应予以考虑。有关系统误差的处理将在后面介绍。

2. 随机误差（又称偶然误差）

在相同的测量条件下，多次测量同一量值时，其绝对值大小和符号均以不可预知的方式变化着的误差，称为随机误差。所谓随机，是指它的存在以及它的大小和方向不受人的支配与控制，即单次测量之间无确定的规律，不能用前一次的误差来推断后一次误差。但是对多次重复测量的随机误差，按概率与统计方法进行统计分析发现，它们是有一定规律的。随机误差主要是由一些随机因素所引起的，如计量器具的变形、测量力的不稳定、温度的波动、仪器中油膜的变化以及读数不准确等。

3. 粗大误差

它是指由于测量不正确等原因引起的明显歪曲测量结果的误差或大大超出规定条件下预期的误差。粗大误差主要是由于测量操作方法不正确或测量人员的主观因素造成的。例如工作上的疏忽、经验不足、过度疲劳、外界条件的大幅度突变（如冲击振动、电压突降）等引起的误差，又如读错数值、记录错误、计量器具测头残损等。

一个正确的测量，不应包含粗大误差，所以在进行误差分析时，主要分析系统误差和随机误差，并应剔除粗大误差。系统误差和随机误差也不是绝对的，它们在一定条件下可以互相转化。例如线纹尺的刻度误差，对线纹尺制造厂来说是随机误差，但如果以某一根线纹尺为基准去成批地测量别的工件时，则该线纹尺的刻度误差变成了被测零件的系统误差。

2.3.4 测量精度

精度和误差是相对的概念，误差是不准确、不精确的意思，即指测量结果偏离真值的程度。由于误差分系统误差和随机误差，因此笼统的精度概念已不能反映上述误差的差异，需要引出如下概念。

1. 精密度

精密度表示测量结果中随机误差大小的程度，表明测量结果随机分散的特性，是指在多次测量中所得到的数值重复一致的程度，是用于评定随机误差的精度指标。它说明在一个测量过程中，在同一测量条件下进行多次重复测量时，所得结果彼此之间相符合程度。随机误差越小，则精密度越高。

2. 正确度

正确度表示测量结果中系统误差大小的程度，理论上可用修正值来消除。它是用于评定系统误差的精度指标。系统误差越小，则正确度越高。

3. 精确度（准确度）

精确度表示测量结果中随机误差和系统误差综合影响的程度,说明测量结果与真值的一致程度。

一般来说,精密度高而正确度不一定高,反之亦然,但精确度高则精密度和正确度都高。以射击打靶为例来说明这三个测量精度,如图 2 – 7 所示。

(a)　　　　　　　(b)　　　　　　　(c)

图 2 – 7　精密度、正确度和准确度

(a) 精密度高；(b) 正确度高；(c) 准确度高。

2.3.5　随机误差的特征及其评定

1. 随机误差的分布及其特征

前面提到,随机误差就其整体来说是有其内在规律的。例如,在相同测量条件下对一个工件的某一部位用同一方法进行 150 次重复测量,测得 150 个不同的读数(这一系列的测得值,常称为测量列),然后找出其中的最大测得值和最小测得值,用最大值减去最小值得到测得值的分散范围,将分散范围从 7.131mm ~ 7.141mm,每隔 0.001mm 为一组,分成 11 组,统计出每一组出现的次数 n_i,计算每一组频率(次数与测量总次数 N 之比),如表 2 – 1 所列。

以测得值 x_i 为横坐标,频率 n_i/N 为纵坐标,将表 2 – 1 中的数据以每组的区间与相应的频率为边长画成直方图,即频率直方图,如图 2 – 8(a)所示。如连接每个小方图的上部中点(每组区间的中值),得到一折线,称为实际分布曲线。如果将测量次数 N 无限增大($N→∞$),而间隔 Δx 取得很小($\Delta x→0$),且用误差 δ 来代替尺寸 x,则得图 2 – 8(b)所示的光滑曲线,即随机误差的理论正态分布曲线。

表 2 – 1　数据表

序号 i	测量值范围	测量中值 x_i	出现次数 n_i	频率 n_i/N
1	7.1305 ~ 7.1315	7.131	1	0.007
2	7.1315 ~ 7.1325	7.132	3	0.020
3	7.1325 ~ 7.1335	7.133	8	0.054
4	7.1335 ~ 7.1345	7.134	18	0.120
5	7.1345 ~ 7.1355	7.135	28	0.187
6	7.1355 ~ 7.1365	7.136	34	0.227
7	7.1365 ~ 7.1375	7.137	29	0.193
8	7.1375 ~ 7.1385	7.138	17	0.113
9	7.1385 ~ 7.1395	7.139	9	0.060
10	7.1395 ~ 7.1405	7.140	2	0.013
11	7.1405 ~ 1.1415	7.141	1	0.007

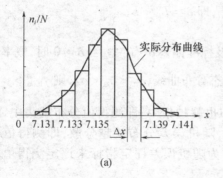
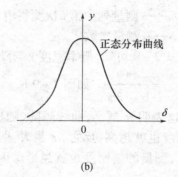

(a) (b)

图 2 - 8   随机误差分布曲线

根据概率论原理,正态分布曲线方程为

$$y = f(\delta) = \frac{1}{\sigma \sqrt{2\pi}} e^{-\frac{\delta^2}{2\sigma^2}} \qquad (2-9)$$

式中 y——概率分布密度;

　　　σ——标准偏差。

从式(2-9)和图 2-8 可以看出,遵循正态分布的随机误差具有以下四个基本特性。

(a) 单峰性。绝对值小的误差比绝对值大的误差出现的次数多。

(b) 对称性。绝对值相等的正、负误差出现的次数大致相等。

(c) 有界性。在一定条件下,误差的绝对值不会超过一定界限(即 $\delta \leqslant \pm 3\sigma$)。

(d) 抵偿性。当测量次数 N 无限增加时,随机误差的算术平均值趋于零。

2. 随机误差的评定指标

评定随机误差时,通常以正态分布曲线的两个参数,即算术平均值 L 和标准偏差 σ 作为评定指标。

1) 算术平均值 L

对同一尺寸进行一系列等精度测量,得到 $L_1, L_2, \cdots, L_N$ 一系列不同的测量值,则

$$\overline{L} = \frac{L_1 + L_2 + \cdots + L_N}{N} = \frac{\sum\limits_{i=1}^{n} L_i}{N} \qquad (2-10)$$

由此可知,当测量次数 N 增大时,算术平均值 $\overline{L}$ 越趋近于真值 L,由于真值未知,因此用算术平均值 $\overline{L}$ 作为最后测量结果是可靠的、合理的。

2) 标准偏差 σ

用算术平均值表示测量结果是可靠的,但它不能反映测得值的精度。

有些数据测得值比较集中,而有些就比较分散,但可能有相同的平均值,这说明有一组测得值比另一组更接近于算术平均值 L(即真值),即其中有一组测得值精密度比另一组的高,故通常用标准偏差 σ 反映测量精度的高低。

根据误差理论,等精度测量列中单次测量(任一测量值)的标准偏差 σ 可用下式计算

$$\sigma = \sqrt{\frac{\delta_1^2 + \delta_2^2 + \cdots + \delta_n^2}{N}} \qquad (2-11)$$

21

式中　δ_i——测量列中第 i 次测得值的随机误差,即 $\delta_i = L_i - L$;

　　N——测量次数。

由式 2-9 可知,概率密度 y 与随机误差 δ 及标准偏差 σ 有关。当 $\delta = 0$ 时,概率密度最大,$y_{max} = \dfrac{1}{\sigma \sqrt{2\pi}}$。如图 2-9 所示,若三条正态分布曲线,$\sigma_1 < \sigma_2 < \sigma_3$,则 $y_{1max} > y_{2max} > y_{3max}$。这表明 σ 越小,曲线越陡,随机误差分布也就越集中,即测得值分布越集中,测量的精密度也就越高,反之,σ 越大,曲线越平缓,随机误差分布就越分散,即测得值分布越分散,测量的精密度也就越低。因此 σ 可作为随机误差评定指标来评定测得值的精密度。

由概率论可知,随机误差 $\delta = \pm 3\sigma$ 范围之内的概率为 99.73%,误差落在此区间之外的概率为 0.27%,属于小概率事件,也就是说随机误差分布在 $\pm 3\sigma$ 之外的可能性很小,几乎不可能出现。所以可以把 $\delta = \pm 3\sigma$ 看做随机误差的极限值,记为 $\delta_{lim} = \pm 3\sigma$。很显然 δ_{lim} 也是测量列中任一测得值的测量极限误差,或称为概率为 99.73% 的随机不确定度,随机误差绝对值不会超出的限度,如图 2-10 所示。

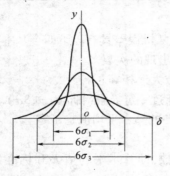

图 2-9　标准偏差对随机
误差分布特性的影响

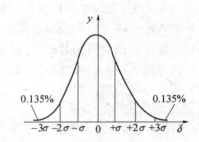

图 2-10　3σ 概率区间

3) 残余误差 ν

测量中各测得值与算术平均值的代数差叫做残余误差 ν_i,即

$$\nu_i = L_i - L \tag{2-12}$$

残余误差是由随机误差引伸出来的。

4) 标准偏差的估计值 σ'

由式 (2-11) 计算 σ 值必须具备三个条件:①真值 L 必须已知;②测量次数要无限次 ($N \to \infty$);③无系统误差。

但在实际测量中要达到这三个条件是不可能的。因为真值 L 无法得知,则 $\delta_i = L_i - L$ 也无法得到;测量次数也是有限量。所以在实际测量中常采用残余误差 ν_i 代替 δ_i 来估算标准偏差。因此,标准偏差的估算值 σ' 为

$$\sigma' = \sqrt{\dfrac{\nu_1^2 + \nu_2^2 + \cdots + \nu_n^2}{N-1}} \tag{2-13}$$

上式中的 $N-1$ 不同于式 (2-11) 中的分母 N,因为受各剩余误差平方的代数和等于零这

个条件的约束,因此,N个剩余误差只能等效于$(N-1)$个独立的随机变量。

5)算术平均值的标准偏差 σ_{L}

标准偏差 σ 代表一组测量值中任一测得值的精密度。但在系列测量中,是以测得值的算术平均值作为测量结果的。因此,更重要的是要知道算术平均值的精密度,即算术平均值的标准偏差。根据误差理论,测量列算术平均值的标准偏差 σ_{L} 与测量列中任一测得值的标准偏差 σ 存在如下关系:

$$\sigma_{\mathrm{L}} = \frac{\sigma}{\sqrt{N}} = \sqrt{\frac{\sum_{i=1}^{n} \nu_i^2}{N(N-1)}} \qquad (2-14)$$

式中　N——总的测量次数。

由式(2-14)可知,多次测量的算术平均值的标准偏差 σ_{L} 要比单次测量的标准偏差 σ 小 $\sqrt{N}$ 倍。这说明,测量次数越多,σ_{L} 越小,测量结果越接近于真值,测量精度越高。

2.3.6　各类测量误差的处理

由于测量误差的存在,测量结果不可能绝对精确地等于真值,因此,应根据要求对测量结果进行处理和评定。

1. 系统误差处理

在测量过程中产生系统误差的因素是复杂的,有多种因素。系统误差的数值往往比较大,对测量结果的影响是很明显的。因此在测量数据中如何发现进而消除或减少系统误差,是提高测量精确度的一个重要问题。

1)常值系统误差的发现

由于常值系统误差的大小和方向不变,对测量结果的影响也是一定值。因此它不能从一系列测得值的处理中揭示,而只能通过实验对比方法去发现,即通过改变测量条件进行不等精度测量来揭示常值系统误差。例如,在相对测量中,用量块作标准件并按其标称尺寸使用时,由于量块的尺寸偏差引起的系统误差可用高精度的仪器对量块实际尺寸进行检定来发现它,或用更高精度的量块进行对比测量来发现。

2)变值系统误差的发现

变值系统误差可以从系列测量值的处理和分析观察中发现,方法有多种。常用的方法有残余误差观察法,即将测量列按测量顺序排列(或作图)观察各残余误差 ν_i 的变化规律,如图 2-11 所示。若残余误差大体正负相同,无显著变化,则不存在变值系统误差,如图 2-11(a)所示;若残余误差有规律地递增或递减,且其趋势始终不变,则可认为存在线性变化,如图 2-11(b)所示;若残余误差有规律地增减交替,形成循环重复时,则认为存在周期性变化的系统误差,如图 2-11(c)所示。

3)系统误差的消除

(1)误差根除法。即从产生误差的根源上消除,这是消除系统误差的最根本方法。为此,在测量之前,应对测量过程中可能产生系统误差的环节进行仔细分析,找出产生系统误差的根源并加以消除。例如,为了防止测量过程中仪器零位的变动,测量开始和结束时都需检查仪器零位;又如,为了防止仪器因长期使用磨损等因素而降低精度,要定期进行严格的检定与维修;再如量块按"等"使用即可消除量块的制造和磨损误差。

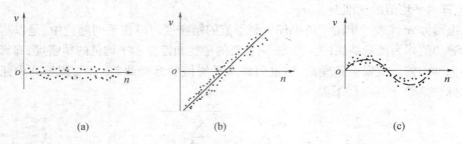

图 2 – 11　变值系统误差变化规律

（2）误差修正法。这种方法是预先检定出计量器具的系统误差,将其数值反向后作为修正值,用代数法加到实际测得值上,即可得到不包含该系统误差的测量结果。

（3）误差抵消法。根据具体情况拟定测量方案,进行两头测量,使得两次测量读数时出现的系统误差大小相等、方向相反,再取两次测得值的平均值作为测量结果,即可消除系统误差。例如,测量螺纹零件的螺距时,分别测出左、右牙面螺距,然后进行平均,则可抵消螺纹零件测量时安装不正确引起的系统误差。

系统误差消除除以上几种方法外,还有对称消除法和半周期消除法等。

2. 随机误差的处理

随机误差不可能被消除,它可应用概率与数理统计方法,通过对测量列的数据处理,评定其对测量结果的影响。在具有随机误差的测量列中,常以算术平均值 L 表征最可靠的测量结果,以标准偏差表征随机误差。其处理方法如下。

（1）计算测量列算术平均值 L。

（2）计算测量列中任一测得值的标准偏差的估计值 σ'。

（3）计算测量列算术平均值的标准偏差的估计值 σ_{L}。

（4）确定测量结果。多次测量结果可表示为

$$L = \bar{L} \pm 3\sigma_{\mathrm{L}} \tag{2 – 15}$$

3. 粗大误差的处理

粗大误差的数值比较大,会对测量结果产生明显的歪曲。因此,必须采用一定的方法判断并加以剔除。判断粗大误差的基本原则,应以随机误差的实际分布范围为依据,凡超出该范围的误差,就有理由视为粗大误差。但随机误差实际分布范围与误差分布规律、标准偏差估计方法、重复测量次数等有关,因而出现了判断粗大误差的各种准则,如拉依达准则（或称 3σ 准则）等。拉依达准则认为,当测量列服从正态分布时,残余误差超出 $\pm 3\sigma$ 的情况不会发生,故将超出 $\pm 3\sigma$ 的残余误差作为粗大误差,即如果

$$\mid v_i \mid > 3\sigma \tag{2 – 16}$$

则认为该残余误差对应的测得值含有粗大误差,在误差处理时应予以剔除该测量值。

注:当测量次数 $n < 10$ 时,该准则无法发现粗大误差,因此,该准则适用于 $n > 10$ 的情况。

2.3.7 直接测量列的数据处理

根据以上分析,对直接测量列的综合数据处理应按以下步骤进行。

(1)判断测量列中是否存在系统误差,倘若存在,则应设法消除或减少。

(2)计算测量列的算术平均值、残余误差和标准偏差的估计值。

(3)判断粗大误差,若存在,则应剔除并重新组成测量列,重复上述步骤(2),直至无粗大误差为止。

(4)计算测量列算术平均值的标准偏差估计值和测量极限误差 $\delta_{\lim}$。

(5)确定测量结果。

2.3.8 间接测量列的数据处理

间接测量的特点是所需的测量值不是直接测出的,而是通过测量有关的独立量值 $x_1, x_2, \cdots, x_n$ 后,再经过计算而得到的。所需测量值是有关独立量值的函数,即

$$y = f(x_1, x_2, \cdots, x_n) \tag{2-17}$$

式中 y——间接测量求出的量值;

x_i——各个直接测量值。

该多元函数的增量可近似地用函数的全微分表示

$$dy = \frac{\partial F}{\partial x_1}dx_1 + \frac{\partial F}{\partial x_2}dx_2 + \cdots + \frac{\partial F}{\partial x_n}dx_n \tag{2-18}$$

式中 dy——间接测量的测量误差;

dx_i——各直接测量值的测量误差;

$\dfrac{\partial F}{\partial x_i}$——函数对各独立量值的偏导数,称为误差传递系数。

1. 系统误差的计算

根据式(3-18)知,y 值由 $x_1, x_2, \cdots, x_n$ 各直接测量的独立变量决定,若已知各独立变量的系统误差分别为 $\Delta x_1, \Delta x_2, \cdots \Delta x_n$,则间接量 y 的系统误差为 Δy,其函数关系为

$$\Delta y = \frac{\partial F}{\partial x_1}\Delta x_1 + \frac{\partial F}{\partial x_2}\Delta x_2 + \cdots + \frac{\partial F}{\partial x_n}\Delta x_n \tag{2-19}$$

式(2-19)为间接测量列的系统误差传递公式。

2. 随机误差的计算

由于各种直接测量值中存在随机误差,因此函数也相应存在随机误差。根据误差理论,函数的标准偏差 σ_y 与各直接测量值的标准偏差 σ_{x_i} 的关系为

$$\sigma_y = \sqrt{\left(\frac{\partial F}{\partial x_1}\right)^2 \sigma_{x_1}^2 + \left(\frac{\partial F}{\partial x_2}\right)^2 \sigma_{x_2}^2 + \cdots + \left(\frac{\partial F}{\partial x_n}\right)^2 \sigma_{x_n}^2} \tag{2-20}$$

式(2-20)为间接测量的随机误差传递公式。

如果各直接测量值的随机误差服从正态分布,则得间接测量的测量极限误差为

$$\delta_{\lim(y)} = \pm \sqrt{\left(\frac{\partial F}{\partial x_1}\right)^2 \delta_{\lim(x_1)}^2 + \left(\frac{\partial F}{\partial x_2}\right)^2 \delta_{\lim(x_2)}^2 + \cdots + \left(\frac{\partial F}{\partial x_n}\right)^2 \delta_{\lim(x_n)}^2} \tag{2-21}$$

式中 $\delta_{\lim(y)}$ ——函数的测量极限误差；

  $\delta_{\lim(x_i)}$ ——各直接测量值的极限误差。

3. 间接测量列的数据处理

间接测量的数据处理步骤如下。

（1）根据函数关系式和各直接测得值 x_i 计算间接测量值 y_0。

（2）按式（2-19）计算函数的系统误差 Δy。

（3）按式（2-21）计算函数的测量极限误差 $\delta_{\lim(y)}$。

（4）确定测量结果为

$$y = (y_0 - \Delta y) \pm \delta_{\lim(y)} \tag{2-22}$$

习　题

2-1　量块的作用是什么？其结构上有何特点？量块的"等"和"级"有何区别？并说明按"等"和"级"使用时，各自的测量精度如何？

2-2　从83块一套的量块中选取合适尺寸的量块，组合出尺寸为19.985mm 和 65.365mm 的量块组。

2-3　说明下列术语的区别：

（1）分度值、分度间距和灵敏度；

（2）测量范围与示值范围；

（3）相对误差与绝对误差；

（4）相对测量方法与绝对测量方法。

2-4　试比较下列两轴颈测量精度的高低。两轴颈的测量值分别为99.976mm 和 60.036mm，它们的绝对测量误差分别为 +0.008mm 和 -0.006mm。

2-5　用立式光学计测量某塞规直径15次，得到各次测量值为（单位为 mm）：16.02，16.035，16.032，16.027，16.027，16.030，16.028，16.034，16.031，16.028，16.030，16.029，16.032，16.029，16.029。试求该塞规直径任一测量值的极限误差及测量值的算术平均值标准偏差，并给出测量结果。

2-6　用两种方法分别测两个尺寸，它们的真值 $L_1 = 50$mm，$L_2 = 80$mm，若测得值分别为 50.004mm 和 80.006mm，试问哪种方法测量精度高。

2-7　今用公称尺寸为10mm 的量块将千分表调零后测量某零件的尺寸，千分表的读数为 +15um。若量块实际上尺寸为 10.0005mm，试计算千分表的调零误差和校正值。若不计千分表的示值误差，试求被测零件的实际尺寸。

第3章 孔、轴公差与配合及其尺寸检测

机械制造与装配工业中,为使零件具有互换性,最理想的办法是让同一规格的零件的功能参数(包括几何参数及材质等)完全相同,但这是办不到的,也没有必要这样做。实际生产中,是将零件的有关参数(主要是几何参数)的量值,限制在一定的能满足零件使用性能要求的范围之内,这个允许的参数量值的变动范围,就叫做"公差"。规定公差,是保证互换性生产的一项基本技术措施。而零件是否满足公差要求,就要靠正确的测量和检验来保证,所以测量检验是保证互换性生产的又一基本技术措施。

本章主要对有关极限与配合的国家标准主要内容及其应用进行介绍。

3.1 基本术语和定义

3.1.1 孔和轴

GB/T 1800.1–2009《极限与配合》中规定了39个术语及其定义,其中常用的术语及其定义如下。

1. 孔

通常指工件的圆柱形内表面,也包括非圆柱形内表面(由两个平行平面或切面形成的包容面)。

2. 轴

通常指工件的圆柱形外表面,也包括非圆柱形外表面(由两个平行平面或切面形成的被包容面)。例如,图 3 – 1(a)和(b)中由尺寸 D_1、D_2、D_3、D_4 和 D_5 等所确定的内表面都称为孔;由尺寸 d_1、d_2、d_3 和 d_4 等所确定的外表面都称为轴。它们都是由两反向的表面形成的,或两个表面相向,其间没有材料而形成孔;或两表面背向,其外没有材料而形成轴。若两个表面同向,其间和其外均有材料,不能形成包容或被包容的状态,则既不形成孔,也不形成轴,如图中由 L_1、L_2、L_3 等尺寸所确定的表面。

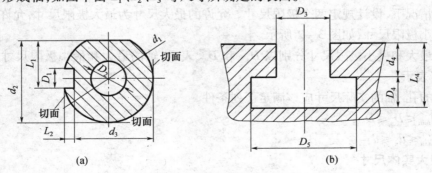

(a)   (b)

图 3 – 1 孔和轴

3.1.2 尺寸

1. 尺寸

以特定单位表示线性尺寸值的数值。例如,圆柱面的直径 $\phi 50\text{mm}$,槽宽 18mm 等都是线性尺寸,在零件图上,线性尺寸通常都以毫米为单位进行标注,此时,单位的符号(mm)可以省略不注。根据性质不同,尺寸可以分为基本尺寸、实际尺寸和极限尺寸。

2. 基本尺寸

通过它应用上、下偏差可算出极限尺寸的尺寸(图 3-2)。它可以是一个整数或一个小数值,例如 32,15,8.75,0.5 等。孔的基本尺寸常用 D 表示,轴的基本尺寸常用 d 表示。基本尺寸是在机械设计过程中,根据强度、刚度、运动等条件,或根据工艺需要、结构合理性、外观要求,经过计算或直接选用确定的。计算得到的基本尺寸应该按照基本尺寸系列标准予以标准化。直接选用的基本尺寸也应该符合基本尺寸系列标准的规定。

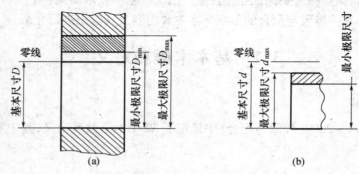

图 3-2　基本尺寸和极限尺寸示例

(a) 孔;(b) 轴。

3. 实际尺寸

通过测量获得的某一孔、轴的尺寸。孔的实际尺寸常用 D_a 表示,轴的实际尺寸常用 d_a 表示。

4. 局部实际尺寸

一个孔或轴的任意横截面中的任一距离,即任何两相对点之间测得的尺寸。

5. 极限尺寸

一个孔或轴允许的尺寸的两个极端。也就是尺寸允许变动的界限值。

通常情况下,设计规定两个极限尺寸。允许的最大尺寸为最大极限尺寸,允许的最小尺寸为最小极限尺寸,如图 3-2 所示。

孔的最大和最小极限尺寸分别以 D_{max} 和 D_{min} 表示;轴的最大和最小极限尺寸分别以 d_{max} 和 d_{min} 表示。

合格的孔、轴的实际尺寸应该满足下列条件。

孔:$D_{min} \leqslant D_a \leqslant D_{max}$

轴:$d_{min} \leqslant d_a \leqslant d_{max}$

6. 最大实体尺寸

对应于孔或轴最大实体尺寸的那个极限尺寸,即轴的最大极限尺寸、孔的最小极限尺寸。

28

最大实体尺寸是孔或轴具有允许的材料量为最多时状态下的极限尺寸。孔和轴的最大实体尺寸分别用 D_M 和 d_M 表示。

$$D_M = D_{min}, d_M = d_{max}$$

7. 最小实体尺寸

对应于孔或轴最小实体尺寸的那个极限尺寸,即轴的最小极限尺寸、孔的最大极限尺寸。

最小实体尺寸是孔或轴具有允许的材料量为最少时状态下的极限尺寸。孔和轴的最小实体尺寸分别用 D_L 和 d_L 表示。

$$D_L = D_{max}, d_L = d_{min}$$

3.1.3 偏差和公差

1. 偏差

(1)偏差:某一尺寸减其基本尺寸所得的代数差。偏差可以是正值、负值或零。

(2)实际偏差:实际尺寸减去其基本尺寸所得到的代数差。孔和轴的实际偏差分别以 E_a 和 e_a 表示。

(3)极限偏差:极限尺寸减去其基本尺寸所得的代数差。包括上偏差和下偏差。

(4)上偏差:最大极限尺寸减其基本尺寸所得的代数差。孔的上偏差用 ES 表示,轴的上偏差用 es 表示。

$$ES = D_{max} - D, es = d_{max} - d$$

(5)下偏差:最小极限尺寸减其基本尺寸所得的代数差。孔的下偏差用 EI 表示,轴的下偏差用 ei 表示。

$$EI = D_{min} - D, ei = d_{min} - d$$

2. 公差

(1)尺寸公差(简称公差):最大极限尺寸减最小极限尺寸之差,或上偏差减下偏差之差。公差是尺寸允许的变动量,是一个没有符号的绝对值。

孔和轴的尺寸公差分别用 T_D 和 T_d 表示。

$$T_D = D_{max} - D_{min} = ES - EI$$
$$T_d = d_{max} - d_{min} = es - ei$$

(2)公差带示意图及公差带。在分析孔、轴的尺寸、偏差、公差的关系时,可以采用公差带示意图的形式。如图 3-3 所示,公差带示意图中,有一条表示基本尺寸的零线和相应公差带,基本尺寸的单位用 mm 表示,极限偏差和公差的单位可用 mm 表示,也可用 μm 表示。

(3)尺寸公差带:在公差带图解中,由代表上偏差和下偏差或最大极限尺寸和最小极限尺寸的两条直线所限定的一个区域,公差带在零线垂直方向上的宽度代表公差值,沿零线方向的长度可适当选取。由公差大小和其相对零线的位置来确定。

(4)零线:在极限与配合图解中,表示基本尺寸的一条直线,以其为基准确定偏差和公差。通常零线沿水平方向绘制,正偏差位于其上,负偏差位于其下。

(5)基本偏差:在标准极限与配合制中,确定公差带相对零线位置的那个极限偏差。它可以是上偏差或下偏差。一般为靠近零线的那个偏差。

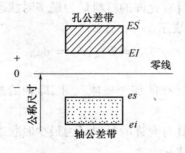

图 3 – 3　公差带示意图

（6）尺寸公差带的两项特性：大小和位置。公差带的大小由尺寸公差确定；公差带的位置由基本偏差（上偏差或下偏差）确定。在进行精度设计时，必须既给出尺寸公差以确定尺寸公差带的大小，又给出基本偏差以确定尺寸公差带的位置，才能完整地描述一个尺寸公差，表达对尺寸的设计要求。

3.1.4　间隙和过盈

间隙和过盈是一对相配孔、轴的尺寸差。

1. 间隙

当孔的尺寸大于相配的轴的尺寸时，孔的尺寸减去相配合轴的尺寸之差为正数，称为间隙，用 S 表示，如图 3 – 4 所示。

2. 过盈

当孔的尺寸小于相配的轴的尺寸时，孔的尺寸减去相配合轴的尺寸之差为负，称为过盈，过盈量用 δ 表示，指过盈的绝对值，如图 3 – 5 所示。

可以在同一坐标轴上，表示间隙和过盈。过盈就是负间隙，间隙就是负过盈。

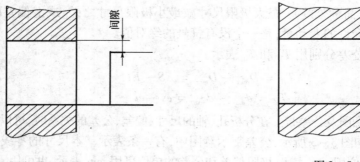

图 3 – 4　间隙　　　　　　　　　　　　　图 3 – 5　过盈

3.1.5　配合

配合：基本尺寸相同的相互结合的孔和轴公差带之间的关系。

根据相互结合的孔轴公差带之间的相对位置关系，配合可以分成三大类：间隙配合、过盈配合和过渡配合。

1. 间隙配合

具有间隙(包括最小间隙等于零)的配合。此时,孔的公差带在轴的公差带之上(图3-6和图3-7)。

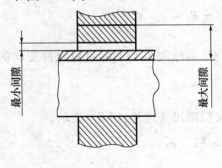

图3-6 间隙配合

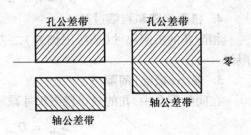

图3-7 间隙配合的示意图

2. 过盈配合

具有过盈(包括最小过盈等于零)的配合。此时,孔的公差带在轴的公差带之下(图3-8、图3-9)。

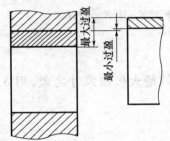

图3-8 过盈配合

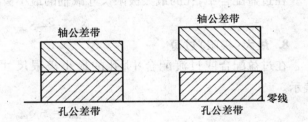

图3-9 过盈配合的示意图

3. 过渡配合

可能具有间隙或过盈的配合。此时,孔的公差带与轴的公差带相互交叠(图3-10、图3-11)。

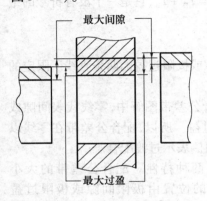

图3-10 过渡配合

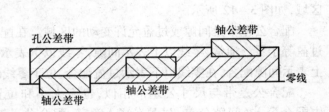

图3-11 过渡配合的示意图

31

实际间隙和实际过盈:相配孔和轴的实际尺寸(或实际偏差)之差。S_a 表示实际间隙,δ_a 表示实际过盈,则有

$$S_a(-\delta_a) = D_a - d_a = E_a - e_a$$

4. 极限间隙和极限过盈

相配孔的极限尺寸(或极限偏差)之差。它们是实际间隙和实际过盈允许变动的界限值。

5. 最小(极限)间隙

在间隙配合中,孔的最小极限尺寸减轴的最大极限尺寸之差,用 S_{min} 表示。

$$S_{min} = D_{min} - d_{max} = EI - es$$

6. 最大(极限)间隙

在间隙配合或过渡配合中,孔的最大极限尺寸减轴的最小极限尺寸之差,用 S_{max} 表示。

$$S_{max} = D_{max} - d_{min} = ES - ei$$

7. 最小(极限)过盈

在过盈配合中,孔的最大极限尺寸减轴的最小极限尺寸之差,用 δ_{min} 表示。

$$\delta_{min} = -S_{max}$$

8. 最大(极限)过盈

在过盈配合或过渡配合中,孔的最小极限尺寸减轴的最大极限尺寸之差,用 δ_{max} 表示。

$$\delta_{max} = -S_{min}$$

9. 间隙公差

最大间隙与最小间隙之差,用 T_s 表示,$T_s = S_{max} - S_{min} = T_D + T_d$。

10. 过盈公差

最大过盈与最小过盈之差,用 T_δ 表示,$T_\delta = (\delta_{max} - \delta_{min}) = \delta_{min} - \delta_{max} = T_d + T_D$。

11. 配合公差

间隙公差和过盈公差统称配合公差,用 T_F 表示,$T_F = T_D + T_d$,它是一个没有符号的绝对值。

12. 配合公差带

配合公差带:在配合公差带图解中,由代表极限间隙或极限过盈的两条直线所限定的区域,如图 3-12 所示。

配合公差带是间隙或过盈允许变动的区域。在配合公差带图解中,零线代表间隙或过盈等于零。通常,零线以上表示间隙,零线以下表示过盈。所以,配合公差带在零线以上表示间隙配合,在零线以下表示过盈配合,位于零线两侧表示过渡配合。

配合公差带与尺寸公差带相似,也有大小和位置两种特性。配合公差带的大小由配合公差(间隙公差、过盈公差)确定,配合公差带的位置由极限间隙或极限过盈确定。

32

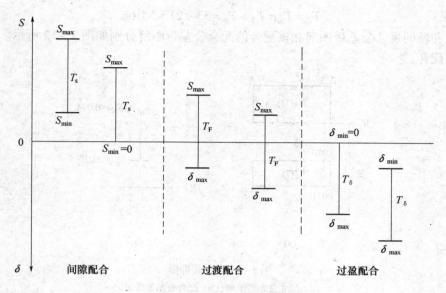

图 3 – 12　配合公差带图解

在进行精度设计时,对于形成配合的孔轴,应该根据其功能要求确定极限间隙或极限过盈,再据此分别确定相配合孔、轴的极限尺寸或极限偏差。

3.1.6　计算举例

设某配合的孔的尺寸为 $\phi 30_0^{+0.033}$（H8）,轴的尺寸为 $\phi 30_{-0041}^{-0.020}$（f7）,试分别计算孔与轴的极限尺寸、极限偏差和公差,以及该配合的极限间隙和配合公差（间隙公差）,并画出孔与轴的尺寸公差带图和配合公差带图解,说明配合类型。

解:

孔和轴的基本尺寸:$D = d = 30\text{mm}$

孔的极限偏差:$ES = +0.033\text{mm} = +33\mu\text{m}$;$EI = 0$

孔的极限尺寸:$D_{max} = D + ES = 30 + 0.033 = 30.033\text{mm}$;$D_{min} = D + EI = 30 + 0 = 30\text{mm}$

轴的极限偏差:$es = -0.020\text{mm} = -20\mu\text{m}$;$ei = -0.041\text{mm} = -41\mu\text{m}$

轴的极限尺寸:$d_{max} = d + es = 30 + (-0.020) = 29.980\text{mm}$;

$\qquad\qquad d_{min} = d + ei = 30 + (-0.041) = 29.959\text{mm}$

孔的尺寸公差:$T_D = D_{max} - D_{min} = 30.033 - 30 = 0.033\text{mm} = 33\mu\text{m}$

或者 $\qquad\qquad T_D = ES - EI = 0.033 - 0 = 0.033\text{mm} = 33\mu\text{m}$

轴的公差:$T_d = d_{max} - d_{min} = 29.980 - 29.959 = 0.021\text{mm} = 21\mu\text{m}$

或者 $\qquad\quad T_d = es - ei = (-0.020) - (-0.041) = 0.021\text{mm} = 21\mu\text{m}$

配合的极限间隙:$S_{max} = D_{max} - d_{min} = 30.033 - 29.959 = 0.74\text{mm} = 74\mu\text{m}$

$\qquad\qquad\quad S_{min} = D_{min} - d_{max} = 30 - 29.980 = 0.020\text{mm} = 20\mu\text{m}$

或者 $\qquad\qquad S_{max} = ES - ei = (+33) - (-41) = 74\mu\text{m}$

$\qquad\qquad\quad S_{min} = EI - es = 0 - (-20) = 20\mu\text{m}$

配合公差（间隙公差）:$T_F = T_S = S_{max} - S_{min} = 74 - 20 = 54\mu\text{m}$

或者
$$T_F = T_S = T_D + T_d = 33 + 21 = 54\,\mu m$$

孔和轴的尺寸公差带图解和该配合的配合公差带图解分别如图 3-13 所示。此配合为间隙配合。

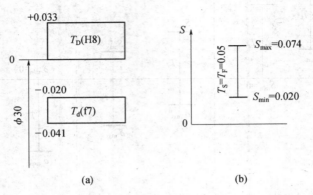

图 3-13　公差带图
（a）尺寸公差带图解；（b）配合公差带图解。

3.2　常用尺寸孔、轴公差与配合国家标准

《极限与配合》国家标准（孔、轴公差与配合国家标准）是用于机械零件尺寸精度设计的基础标准。各种配合是由孔、轴的公差带之间的关系决定的，而公差带的大小和位置则分别由标准公差和基本偏差决定。

3.2.1　标准公差

标准公差为国家标准极限与配合制中所规定的任一公差。标准公差的数值由标准公差等级和标准公差因子确定。

1. 标准公差等级代号

标准公差等级代号用符号 IT 和阿拉伯数字组成，如 IT7。当其与代表基本偏差的字母一起组成公差带时，省略 IT 字母，如 h7。

标准公差等级分 IT01，IT0，IT1 至 IT18 共 20 级，其中 IT01 最高，等级依次降低，IT18 最低。其中，基本尺寸至 500mm 内规定了 IT01，IT0，IT1，…，IT18 共 20 个标准公差等级，基本尺寸大于 500mm ~ 3150mm 内规定了 IT1 至 IT18 共 18 个标准公差等级。

对所有基本尺寸来说，如果其公差等级相同，则认为其精度等级相同。

2. 基本尺寸分段

标准公差值与基本尺寸是按基本尺寸段计算的。为减少公差数目，统一标准公差值，进行了尺寸分段。对于每一个尺寸段中不同的基本尺寸，同一公差等级的标准公差值都相等。

计算标准公差时，基本尺寸用每一尺寸段中首尾两个尺寸 D_1 和 D_2 的几何平均值代入，即

$$D = \sqrt{D_1 D_2}$$

对小于或等于 3mm 的基本尺寸段用 1mm 和 3mm 的几何平均值，即

$$D = \sqrt{1 \times 3} = 1.732 \text{mm}$$

基本尺寸分主段落和中间段落见附表 3-1。

3. 标准公差因子

标准公差因子是用于确定标准公差的基本单位，它是基本尺寸的函数。标准公差因子曾被称为"公差单位"。

基本尺寸至 500mm，等级 IT5~IT18 的标准公差值作为标准公差因子 i 的函数，i 值由下式计算：

$$i = 0.45 \sqrt[3]{D} + 0.001D$$

式中　i——标准公差因子（μm）；

　　　D——基本尺寸段的几何平均值（mm）。

基本尺寸大于 500mm~3150mm，等级 IT1~IT18 的标准公差值作为标准公差因子 i 的函数，i 值由下式计算：

$$i = 0.004D + 2.1$$

式中　i——标准公差因子（μm）；

　　　D——基本尺寸段的几何平均值（mm）。

4. 标准公差数值

基本尺寸至 500mm，IT01，IT0 和 IT1 标准公差计算公式如表 3-1 所列。IT2，IT3，IT4 没有给出计算公式，规定在 IT1~IT5 大致按几何级数递增。

表 3-1　IT01，IT0 和 IT1 的标准公差计算公式（μm）

标准公差等级	计算公式
IT01	$0.3 + 0.008D$
IT0	$0.5 + 0.012D$
IT1	$0.8 + 0.020D$
注:式中的 D 为基本尺寸段的几何平均值（mm）	

基本尺寸至 500mm、等级 IT5~IT18 和基本尺寸大于 500mm~3150mm、等级 IT1~IT18 的标准公差计算公式如表 3-2 所列。

表 3-2　标准公差数值的计算公式

标准公差等级	公式	标准公差等级	公式	标准公差等级	公式
IT01	$0.3 + 0.008D$	IT6	$10i$	IT13	$250i$
IT0	$0.5 + 0.012D$	IT7	$16i$	IT14	$400i$
IT1	$0.8 + 0.020D$	IT8	$25i$	IT15	$640i$
IT2	$(IT1)(IT5/IT1)^{1/4}$	IT9	$40i$	IT16	$1000i$
IT3	$(IT1)(IT5/IT1)^{1/2}$	IT10	$64i$	IT17	$1600i$
IT4	$(IT1)(IT5/IT1)^{3/4}$	IT11	$100i$	IT18	$2500i$
IT5	$7i$	IT12	$160i$		

等级至 IT11 的标准公差的计算结果需要按照一定的规则进行修约,等级低于 IT11 的标准公差数值是由 IT7～IT11 的标准公差数值延伸来的,故不再需要修约。有关标准公差的详细计算和修正过程可参考相关文献。

至此计算出基本尺寸至 3150mm,等级 1T1～IT18 标准公差数值见附表 3－2;基本尺寸至 500mm,等级 IT01 和 IT0 的标准公差数值见附表 3－3。在实际工程中,标准公差数值根据基本尺寸分段和设计要求的标准公差等级直接查表得到。

3.2.2 基本偏差

1. 标准基本偏差代号

对孔用大写字母 A,…,ZC 表示;对轴用小写字母 a,…,zc 表示(图 3－14 和图 3－15),孔、轴各 28 个。其中,基本偏差 H 代表基准孔;h 代表基准轴。

为避免混淆,偏差代号不用字母 I,i;L,l;O,o;Q,q;W,w。

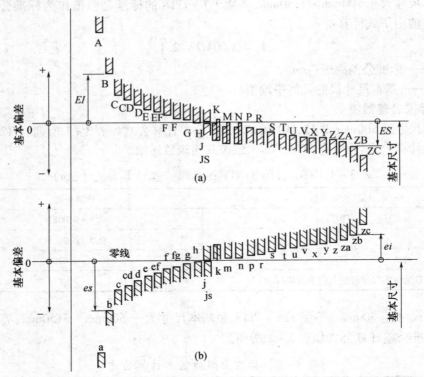

图 3－14　基本偏差系列示意图
(a) 孔;(b) 轴。

注:J/j, K/k, M/m 和 N/n 的基本偏差详见图 3－15。

由上图可见,a～h 的基本偏差是轴的上偏差,且为负值(或零);k～zc 的基本偏差是轴的下偏差,且为正值,基本偏差 js 是对零线对称配置的公差带,严格说来,j 和 js 无基本偏差。其他基本偏差的数值与选用的标准公差等级无关。

A～H 的基本偏差是孔的下偏差,且为正值(或零);K～ZC 的基本偏差是孔的上偏差,且为负值,基本偏差 JS 是对零线对称配置的公差带。严格地说,J 和 JS 也无基本偏

36

差,其他基本偏差的数值与选用的标准公差等级无关。

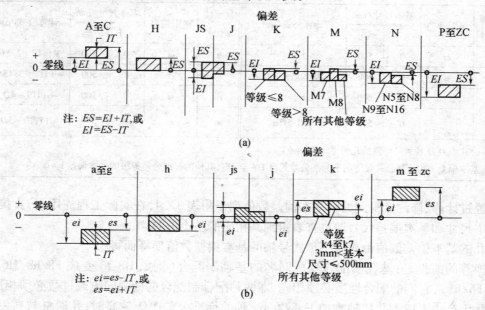

图 3-15 孔和轴的偏差
(a) 孔;(b) 轴。

2. 轴和孔的基本偏差数值

轴的基本偏差数值的计算如表 3-3 所列。

由表 3-3 计算得到的轴基本偏差的计算结果还需要按照一定的规则进行修约。详细的计算和修约过程可参考有关文献。

表 3-3 轴的基本偏差计算公式

基本偏差代号	极限偏差	基本尺寸/mm 大于	至	计算公式/μm	基本偏差代号	极限偏差	基本尺寸/mm 大于	至	计算公式/μm
a	es	1	120	$-(265+1.3D)$	k	ei	0	500	$+0.6\sqrt[3]{D}$
a	es	120	500	$-3.5D$	m	ei	0	500	$+(IT7-IT6)$
b	es	1	160	$-(140+0.85D)$	n	ei	0	500	$+5D^{0.34}$
b	es	160	500	$-1.8D$	p	ei	0	500	$+[IT7+(0 至 5)]$
c	es	0	40	$-52D^{0.2}$	r	ei	0	500	$+\sqrt{p\cdot s}$
c	es	40	500	$-(9.5+0.8D)$	s	ei	0	50	$+[IT8+(1 至 4)]$
cd	es	0	10	$-\sqrt{e\cdot d}$	s	ei	50	500	$+(IT7+0.4D)$
d	es	0	500	$-16D^{0.44}$	t	ei	24	500	$+(IT7+0.63D)$
e	es	0	500	$-11D^{0.41}$	u	ei	0	500	$+(IT7+D)$
ef	es	0	10	$-\sqrt{e\cdot f}$	v	ei	14	500	$+(IT7+1.25D)$
f	es	0	500	$-5.5D^{0.41}$	x	ei	0	500	$+(IT7+2D)$
fg	es	0	10	$-\sqrt{f\cdot g}$	y	ei	18	500	$+(IT7+2D)$

37

基本偏差代号	极限偏差	基本尺寸/mm 大于	至	计算公式/μm	基本偏差代号	极限偏差	基本尺寸/mm 大于	至	计算公式/μm
g	es	0	500	$-2.5D^{0.34}$	z	ei	0	500	$+(IT7+2.5D)$
h	es	0	500	基本偏差 = 0	za	ei	0	500	$+(IT8+3.15D)$
j		0	500	无公式	zb	ei	0	500	$+(IT9+4D)$
js	es ei	0	500	$\pm 0.5ITn$	zc	ei	0	500	$+(IT10+5D)$

注：① 公式中 D 是基本尺寸段的几何平均值（mm）；
　　② 基本偏差 k 的计算公式仅适用于标准公差等级 IT4 至 IT7，其他的标准公差等级的基本偏差 $k=0$

经过计算、修约后得到的轴基本偏差数值列于附表 3 - 4，在实际工程应用中，直接根据基本尺寸和基本偏差代号通过查表得到其相应的基本偏差。

孔的基本偏差数值由相同字母代号轴的基本偏差数值换算而得。

换算的前提是：基孔制配合变成同名的基轴制配合（例如 H8/f8 变成 F8/h8，H6/f5 变成 F6/h5），它们的配合性质必须相同，即两种配合制配合的极限间隙或过盈必须相同。在实际生产中考虑到孔比轴难加工，故在孔、轴的标准公差等级较高时，孔通常与高一级的轴配合。而孔、轴的标准公差等级不高时，则孔与轴采用同级配合。

根据上述前提，孔的基本偏差数值应按以下两种规则进行换算。

1）通用规则

一般情况下，同一字母的孔的基本偏差与轴的基本偏差相对于零线是完全对称的。也就是说，孔与轴的基本偏差对应（如 A 对应 a）时，两者的基本偏差的绝对值相等，而符号相反，即

$$EI = -es$$
$$或 \quad ES = -ei$$

通用规则适用于所有的孔的基本偏差。但是，在基本尺寸大于 3mm ~ 500mm，标准公差等级大于 IT8（标准公差等级为 9 级或 9 级以下）时，代号为 N 的孔基本偏差（ES）的数值等于零。此外，较高标准公差等级的孔与轴的过盈配合、过渡配合采用轴比孔高一级配合时，通用规则也不适用。

2）特殊规则

在基本尺寸大于 3mm ~ 500mm 的同名基孔制和基轴制配合中，给定某一标准公差等级的孔与高一级的轴相配合（如 H7/p6 和 P7/h6），并要求两者的配合性质相同（具有相同的极限过盈或间隙）时，基轴制孔的基本偏差数值为按式（3 - 18）确定的数值加上一个 Δ 值（图 3 - 16），即

$$ES = -ei + \Delta$$

式中　Δ——尺寸分段内给定的某一标准公差等级的孔的标准公差数值 ITn 与高一级的轴的标准公差数值 $IT(n-1)$ 的差值，即 $\Delta = ITn - IT(n-1) = Th - Ts$。

在《极限与配合》国标中，上述的特殊规则仅用于基本尺寸大于 3mm ~ 500mm，标准公差等级小于等于 IT8（标准公差等级为 8 级或高于 8 级）的代号 K、M、N 和标准公差等级小

于等于 IT7(标准公差等级为 7 级或高于 7 级)的代号为 P～ZC 的孔基本偏差的计算。

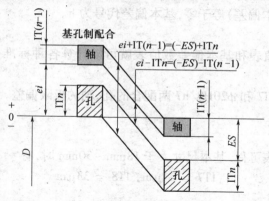

图 3 - 16　孔、轴基本偏差换算的特殊规则

（ei 为带正号的数值，ES 为带负号的数值）

　　按以上通用规则和特殊规则计算出孔的基本偏差数值，经化整后，就编制出孔的基本偏差数值表(附表 3 - 5)。

3.2.3　基准配合制

　　配合制是由同一极限制的孔和轴的公差带组成配合的一种制度。GB/T 1800.1 - 2009 规定了两种配合制：基孔配合制和基轴配合制。

　　基孔配合制：基本偏差为一定的孔的公差带，与不同基本偏差的轴的公差带形成各种配合的一种制度，简称基孔制，如图 3 - 17 所示。

　　基孔制中，选作基准的孔的公差带称为基准孔。基准孔的最小极限尺寸与基本尺寸相等，即其下偏差(基本偏差)等于零，基本偏差代号为 H。

　　基轴制配合：基本偏差为一定的轴的公差带，与不同基本偏差的孔的公差带形成各种配合的一种制度简称基轴制，如图 3 - 18 所示。

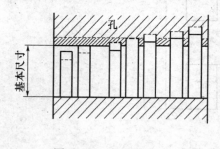

图 3 - 17　基孔制配合

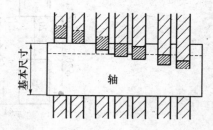

图 3 - 18　基轴制配合

　　注：(1)在图 3 - 17 中，水平实线代表孔或轴的基本偏差；虚线代表另一极限，表示孔和轴之间可能的不同组合，与它们的公差等级有关。

　　(2)图 3 - 18 中，水平实线代表孔或轴的基本偏差；虚线代表另一极限，表示孔和轴之间可能的不同组合，与它们的公差等级有关。

基轴制中，选作基准的轴的公差带称为基准轴。基准轴的最大极限尺寸与基本尺寸相等，即其上偏差（基本偏差）等于零，基本偏差代号为 h。

计算举例：

根据标准公差数值表和基本偏差数值表就可以计算各种标准公差带的极限偏差数值，现举例说明。

查表计算 φ20H8/f7 和 φ20H8/h7 两配合的孔、轴的极限偏差，画出其尺寸公差带图，并进行比较。

解：

由标准公差数值表可得，基本尺寸大于 18mm ~ 30mm 时，有

$$IT7 = 21\mu m,\ IT8 = 33\mu m$$

对于 H8，有

$$EI = 0$$

则

$$ES = EI + IT8 = 0 + 33\mu m = +33\mu m$$

对于 f7，由轴的基本偏差数值表，得

$$es = -20\mu m$$

则

$$ei = es - IT7 = -20 - 21 = -41\mu m$$

所以

$$S_{max} = (+33) - (-41) = +74\mu m$$
$$S_{min} = (0) - (-20) = +20\mu m$$

φ20H8/f7 的尺寸公差带图如图 3 - 19 所示。

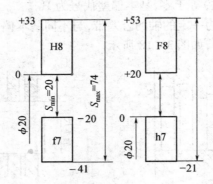

图 3 - 19　尺寸公差带图解

对于 F8，由孔的基本偏差数值表，得

$$EI = +20\mu m$$

则

$$ES = EI + IT8 = (+20) + (+33) = +53\mu m$$

对于 h7，有

40

$$es = 0$$

则

$$ei = es - \text{IT7} = 0 - 21 = -21\mu m$$

所以

$$S'_{max} = (+53) - (-21) = +74\mu m$$
$$S'_{min} = (+20) - 0 = +20\mu m$$

$\phi20\text{F8}/\text{h7}$ 的尺寸公差带图如图 3 – 19 所示。

显然,由于

$$S_{max} = S'_{max}, \quad S_{min} = S'_{min}$$

所以

$$\phi20\text{H8}/\text{f7} = \phi20\text{F8}/\text{h7}$$

由此可见,无论相配孔、轴的公差等级是否相同,基轴制的间隙配合与相应的基孔制的间隙配合一定具有相同的极限间隙,即配合性质相同。

3.2.4 公差与配合在图样上的标注

GB/T 1800.2—2009 规定公差带代号用基本偏差的字母和公差等级数字表示,如 H7(孔公差带)、h7(轴公差带)。在设计图纸上,尺寸的设计要求是由极限尺寸或极限偏差表达的,并在基本尺寸后面加注极限偏差数值或公差带代号,而不是标准尺寸公差,这样就需要将设计要求正确标注在图纸上。在零件图和装配图上分别采用不同的标注方法。

零件图上,在基本尺寸后面标注孔或轴的公差带代号,或者标注上、下偏差数值,或者同时标注公差带代号及上、下偏差数值。如孔标注 $\phi50\text{H7}$(图 3 – 20(b))或 $\phi50^{+0.025}_{0}$ 或 $\phi50\text{H7}(^{+0.025}_{0})$;轴标注 $\phi50\text{H7f6}$(图 3 – 20(c))或 $\phi50^{-0.025}_{-0.041}$ 或 $\phi50\text{f6}(^{-0.025}_{-0.041})$。在零件图上标注上、下偏差数值时,零偏差必须用数字"0"标出,不得省略。如 $\phi50^{+0.025}_{0}$、$\phi50^{\ 0}_{-0.016}$。当上、下偏差绝对值相等而符号相反时,则在偏差数值前面标注"±"号,如 $\phi50\pm0.008$。

装配图上,在基本尺寸后面标注配合代号,如 $\phi50\dfrac{\text{H7}}{\text{f6}}$、$\phi50\text{H7}/\text{f6}$(图 3 – 20(a))。

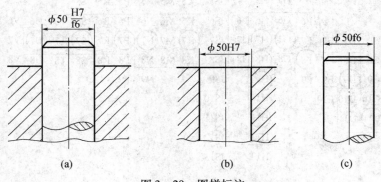

图 3 – 20　图样标注
(a) 装配图;(b) 零件图;(c) 零件图。

3.2.5 公差带与配合的选择

孔、轴公差与配合的选择是机械产品设计中的重要部分,这直接影响机械产品的使用精度、性能和加工成本。孔、轴公差与配合的选择包括基准制、标准公差等级和配合种类三方面的选择。选择的原则是在满足使用要求的前提下,获得最佳的技术经济效益。标准公差等级和配合种类的选择方法有计算法、实验法和类比法。

用计算法选择标准公差等级和配合种类,通常要用到相关专业理论知识,通过一些公式计算出极限间隙或过盈,可以借助计算机来完成。

用实验法选择标准公差等级和配合种类,主要用于对产品质量和性能有极大影响的重要配合,通过一定数量的实验,确定出最佳工作性能所需的极限间隙或极限过盈。这种方法费时、费力,费用颇高,因此很少采用。

用类比法选择标准公差等级和配合种类是设计时较常应用的方法,借鉴使用效果良好的同类产品的技术资料或参考有关资料并加以分析来确定孔、轴的极限尺寸。

1. 推荐选用的公差带

按 GB/T 1800—2009 提供的标准公差和基本偏差,可以得到大量不同大小和位置的公差带,但如果广泛选用这些公差带,势必造成刀、量具品种、规格繁杂;虽然 GB/T 1800—2009 中对公差带的选择已作了限制,但范围仍然很广,需进一步对公差带的选择加以限制,并选用适当的孔、轴公差带以组成配合。因此,GB/T 1801—2009《极限与配合 公差带和配合的选择》作了如下规定。

1)孔公差带

(1)基本尺寸至 500mm 的孔公差带。基本尺寸至 500mm 的孔公差带规定如图 3-21 所示,有 105 种。选择时,应该优先选用圆圈中的公差带(共 13 种),其次选用方框中的,最后选用其他的公差带。

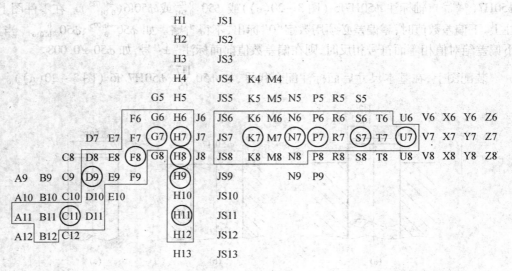

图 3-21 优先、常用和一般用途的孔公差带

（2）基本尺寸大于 500mm ～3150mm 的孔公差带规定如下：

			G6		H6		JS6	K6		M6		N6
			G7		H7		JS7	K7		M7		N7
					F7		H8		JS8			
	D8	E8	F8		H9		JS9					
	D9	E9	F9		H10		JS10					
	D10				H11		JS11					
	D11				H12		JS12					

2）轴的公差带

（1）基本尺寸至 500mm 的轴公差带。基本尺寸至 500 的轴公差带规定如图 3 – 22 所示，有 116 种。选择时，应优先选用圆圈中的公差带（共 13 种），其次选用方框中的公差带，最后选用其他公差带。

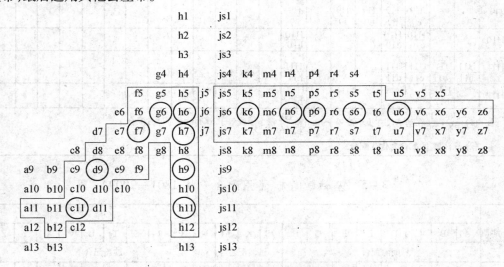

图 3 – 22　优先、常用和一般用途的轴公差带

（2）基本尺寸大于 500mm ～3150mm 的轴公差带规定如下：

			g6	h6	js6	k6	m6	n6	p6	r6	s6
		f7	g7	h7	js7	k7	m7	n7	p7	r7	s7
d8	e8	f8		h8	js8						
d9	e9	f9		h9	js9						
d10				h10	js10						
d12				h11	js11						
				h12	js12						

2. 推荐选用的配合

1）基本尺寸至 500mm 的配合

为了使配合的选择比较集中，GB/T 1801—2009 还规定了基本尺寸至 500mm 的基孔制优先配合 13 种，常用配合 59 种，如表 3 – 4 所列，基轴制优先配合 13 种，常用配合 47

种(表3-5)。选择时,首先选用优先配合,其次选用常用配合。

表 3-4　基孔制优先、常用配合（GB 1801—2009）

轴

基准孔	a	b	c	d	e	f	g	h	js	k	m	n	p	r	s	t	u	v	x	y	z
				间隙配合						过渡配合				过盈配合							
H6						H6/f5	H6/g5	H6/h5	H6/js5	H6/k5	H6/m5	H6/n5	H6/p5	H6/r5	H6/s5	H6/t5					
H7						H7/f6	▼H7/g6	▼H7/h6	H7/js6	▼H7/k6	H7/m6	▼H7/n6	▼H7/p6	H7/r6	▼H7/s6	H7/t6	▼H7/u6	H7/v6	H7/x6	H7/y6	H7/z6
H8					H8/e7	▼H8/f7	H8/g7	▼H8/h7	H8/js7	H8/k7	H8/m7	H8/n7	H8/p7	H8/r7	H8/s7	H8/t7	H8/u7				
				H8/d8	H8/e8	H8/f8		H8/h8													
H9			H9/c9	▼H9/d9	H9/e9	H9/f9		▼H9/h9													
H10			H10/c10	H10/d10				H10/h10													
H11	H11/a11	H11/b11	▼H11/c11	H11/d11				▼H11/h11													
H12		H12/b12						H12/h12													

注:(1) H6/n5、H7/p6 在基本尺寸小于或等于3mm和 H8/r7 在小于或等于100mm时为过渡配合;

　　(2) 标注▼的配合为优先配合

表 3-5　基轴制优先、常用配合（GB 1801—2009）

孔

基准轴	A	B	C	D	E	F	G	H	JS	K	M	N	P	R	S	T	U	V	X	Y	Z
				间隙配合						过渡配合				过盈配合							
h5						F6/h5	G6/h5	H6/h5	JS6/h5	K6/h5	M6/h5	N6/h5	P6/h5	R6/h5	S6/h5	T6/h5					
h6						F7/h6	▼G7/h6	▼H7/h6	JS7/h6	▼K7/h6	M7/h6	▼N7/h6	▼P7/h6	R7/h6	▼S7/h6	T7/h6	▼U7/h6				
h7					E8/h7	▼F8/h7		▼H8/h7	JS8/h7	K8/h7	M8/h7	N8/h7									
h8				D8/h8	E8/h8	F8/h8		H8/h8													
h9				▼D9/h9	E9/h9	F9/h9		▼H9/h9													
h10				D10/h10				H10/h10													
h11	A11/h11	B11/h11	▼C11/h11	D11/h11				▼H11/h11													
h12		H12/h12						H12/h12													

注:标注▼的配合为优先配合

2）配制配合

基本尺寸大于 500mm～3150mm 的配合一般采用基孔制的同级配合。除采用互换性生产外，根据零件制造特点和生产实际情况，可采用配制配合。GB/T 1801—2009 可以指导有关配制配合的正确理解和使用。

配制配合是以一个零件的实际尺寸为基数，来配制另一个零件的一种工艺措施，一般用于公差等级较高、单件小批生产、尺寸大于 500mm 的配合零件。

对配制配合零件的一般要求先按互换性生产选取配合。配制的结果应满足配合公差。

一般选取较难加工，但能得到较高测量精度的那个零件（在多数情况下是孔）作为先加工件，给它一个比较容易达到的公差或按线性尺寸未注公差加工。

配制件（多数情况下是轴）的公差可按表 3－4 和表 3－5 所定的配合公差来选取。所以配制件的公差比采用互换性生产时单个零件的公差要大。

配制件的偏差和极限尺寸以先加工件的实际尺寸为基数来确定。

配制配合是关于尺寸公差方面的技术规定，不涉及其他技术要求。如零件的形状和位置公差、表面粗糙度等不因采用配制配合而降低。

测量对保证配合性质有很大关系，应注意温度、形状和位置误差对测量结果的影响。配制配合应采用尺寸相互比较的测量方法；在同样条件下，应使用同一基准装置或校对量具，由同一组测量人员进行测量，以提高测量精度。

（1）配制配合在图样上的标注方法。用 MF 表示配制配合。借用基准孔代号 H 或基准轴代号 h 表示先加工件。在装配图和零件图的相应部位均应标出。装配图上还要标明按互换性生产时的配合要求。

示例如下：

基本尺寸为 $\phi3000$mm 的孔和轴，要求配合的最大间隙为 0.450mm，最小间隙为0.140mm。按互换性生产可选用 $\phi3000$H6/f6 或 $\phi3000$F6/f6，其最大间隙为 0.415mm，最小间隙为 0.145mm。现确定采用配制配合。

① 在装配图上标注为

$$\phi3000\text{H6/f6MF}（先加工件为孔）$$

或

$$\phi3000\text{F6/f6MF}（先加工件为轴）$$

② 若先加工件为孔，给一个较容易达到的公差，如 H8，在零件图上标注为

$$\phi3000\text{H8MF}$$

若按线性尺寸未注公差加工孔，则标注为

$$\phi3000\text{MF}$$

③ 配制件轴根据已确定的配合公差选取合适的公差带，如 f7，此时其最大间隙为0.355mm，最小间隙为 0.145mm，图上标注为

$$\phi3000\text{f7MF} \text{ 或 } \phi3000^{-0.145}_{-0.355}\text{MF}$$

（2）配制件极限尺寸的计算。用尽可能准确的测量方法测出先加工件的实际尺寸，

45

配制件的极限尺寸便可计算出来。如上例，若测得孔的实际尺寸为 3000.195mm 则配制件轴的极限尺寸计算如下：

$$最大极限尺寸 = 3000.195 - 0.145 = 3000.050mm$$
$$最小极限尺寸 = 3000.195 - 0.355 = 2999.840mm$$

3）优先、常用配合

GB/T 1800.4—2009《极限与配合 标准公差等级和孔、轴极限偏差表》中列出了标准公差和基本偏差数值计算出的孔、轴常用公差带的极限偏差数值。GB/T 1801—2009 中列出了基孔制和基轴制优先、常用配合的极限间隙和极限过盈数值。实际设计时可以直接查这些标准。

3. 公差等级的选择

选择标准公差等级时，要正确处理使用要求与制造工艺、加工成本之间的关系。因此，选择标准公差等级的基本原则是，在满足使用要求的前提下，尽量选取低的标准公差等级。

标准公差等级可用类比法选择，参考从生产实践中总结出来的技术资料，把所设计产品的技术要求与之进行对比选择。用类比法选择标准公差等级时，应熟悉各个标准公差等级的应用范围。

IT01 ~ IT1 用于量块的尺寸公差。

IT1 ~ IT7 用于量规的尺寸公差，这些量规常用于检验 IT6 ~ IT16 的孔和轴。

IT2 ~ IT5 用于精密配合，如滚动轴承各零件的配合。

IT5 ~ IT10 用于有精度要求的重要和较重要配合。IT5 的轴和 IT6 的孔用于高精度重要配合，例如，精密机床主轴轴颈与轴承、内燃机的活塞销与活塞上的两个销孔的配合。IT6 的轴与 IT7 的孔在机械制造业中的应用很广，用于较高精度的重要配合，例如普通机床的重要配合、内燃机曲轴的主轴颈与滑动轴承的配合，也用于滚动轴承内、外圈分别与轴颈和箱体孔（外壳孔）的配合。IT7，IT8 通常用于中等精度要求的配合，例如，通用机械中轴的轴颈与滑动轴承的配合以及重型机械和农业机械中较重要的配合。IT9，IT10 用于一般精度要求的配合，如键宽与键槽宽的配合等。

IT11，IT12 用于不重要的配合。

IT12 ~ IT18 用于非配合尺寸。

在选择标准公差等级时，还应考虑下列几个问题。

1）同一配合中孔与轴的工艺等价性

工艺等价性是指同一配合中的孔和轴的加工难易程度基本相同。对于间隙配合和过渡配合，标准公差等级为 8 级或高于 8 级的孔应与高一级的轴配合，如 φ50H8/f7，φ40K7/h6；标准公差等级为 9 级或低于 9 级的孔可与同一级的轴配合，如 φ30H9/g9。对于过盈配合，标准公差等级为 7 级或高于 7 级的孔应与高一级的轴配合，如 φ100H7/u6，φ60R6/h5；标准公差等级为 8 级或低于 8 级的孔可与同一级的轴配合，如 φ60H8/t8。

2）相配件或相关件的结构或精度

某些孔、轴的标准公差等级决定于相配件或相关件的结构或精度。例如，与滚动轴承相配合的轴颈和箱体孔的标准公差等级决定于相配件滚动轴承的类型和公差等级以及配合尺寸的大小。盘形齿轮的基准孔与轴的配合中，该孔和该轴的标准公差等级决定于相关件齿轮的精度等级。

3）配合性质及加工成本

过盈、过渡配合和间隙较小的间隙配合中,孔的标准公差等级应不低于 8 级,轴的标准公差等级通常不低于 7 级,如 H7/g6。而间隙较大的间隙配合中,孔的标准公差等级较低（9 级或 9 级以下）,如 H10/d10。

间隙较大的间隙配合中,孔和轴之一由于某种原因,必须选用较高的标准公差等级,则与它配合的轴或孔的标准公差等级可以低两三级,以便在满足使用要求的前提下降低加工成本。例如减速箱中,轴套孔与轴颈配合为 D9/k6;箱体孔与端盖定位圆柱面的配合为 J7/e9。

4. 基准制的选择

基孔制和基轴制可以满足同样的使用要求。选用基孔制或基轴制主要从产品结构、工艺和经济性等方面来考虑。

1）优先选用基孔制

设计时,应优先选用基孔制。因为孔通常使用定值刀具（如钻头、铰刀、拉刀等）加工,使用光滑极限塞规检验,而轴使用通用刀具（如车刀、砂轮等）加工,便于用普通计量器具测量,所以采用基孔制配合可以减少孔公差带的数量,这就可以减少定值刀具和光滑极限塞规的规格种类,经济合理。

2）特殊情况采用基轴制

在有些情况下,采用基轴制比较经济合理。例如,农业机械和纺织机械中,常用具有一定精度的冷拉钢材直接作轴,这种轴不需要切削加工,因此应采用基轴制。又如,根据结构上的需要,在同一根轴的不同部位上装配几个不同配合要求的孔的零件应采用基轴制。如图 3 - 23 所示,在内燃机的活塞、连杆机构中,活塞销与活塞上的两个销孔的配合要求紧些（过渡配合性质）,而活塞销与连杆小头孔的配合要求松些（最小间隙为零）。若采用基孔制（图 3 - 24（a））,则活塞上的两个销孔和连杆小头孔的公差带相同（H6）,而满足两种不同配合要求的活塞销要按两种公差带（h5,m5）加工成阶梯轴,这既不利于加工,又不利于装配（装配时会将连杆小头孔刮伤）。反之,采用基轴制（图 3 - 24（b））,则活塞销按一种公差带加工,制成光轴,这样活塞销的加工和装配都方便。

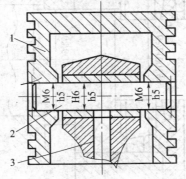

图 3 - 23　活塞、连杆机构中的三处配合
1—活塞;2—活塞销;3—连杆。

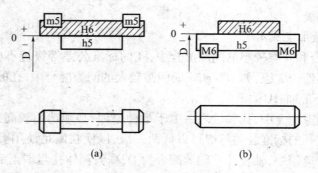

图 3-24　活塞销与活塞及连杆上的孔的公差带

（a）基孔制配合；（b）基轴制配合。

3）以标准部件为基准选择基准制

对于与标准部件（或标准件）相配合的孔或轴，它们的配合必须以标准部件（或标准件）为基准来选择基准制。例如，滚动轴承外圈与箱体孔（外壳孔）的配合必须采用基轴制，内圈与轴颈的配合必须采用基孔制。

4）必要时采用任何适当的孔、轴公差带组成非基准制的配合

如图 3-25 所示，圆柱齿轮减速器中，输出轴轴颈的公差带按它与轴承内圈配合的要求已确定为 $\phi55k6$，而起轴向定位作用的轴套的孔与轴颈的配合，允许间隙较大，轴套孔的尺寸精度要求不高，只要求拆装方便，因此按轴颈的上偏差和最小间隙的大小，来确定轴套孔的下偏差，本例确定该孔的公差带为 $\phi55D9$。箱体孔的公差带按它与轴承外圈配合的要求已确定为 $\phi100J7$，而端盖定位圆柱面与箱体孔的配合，允许间隙较大，端盖要求拆装方便，而且尺寸精度要求不高，因此端盖定位圆柱面的公差带可选取 $\phi100e9$。这样组成非基准制配合由 $\phi55D9/k6$ 和 $\phi100J7/e9$ 既满足使用要求，又获得最佳的技术经济效益。

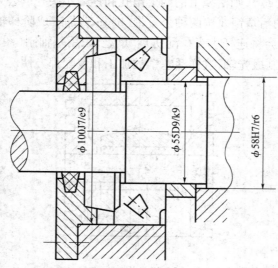

图 3-25　减速器中轴套处和轴承端盖处的配合

5. 配合种类的选择

确定了基准制与孔、轴的标准公差等级之后,就是选择配合种类。选择配合的种类实际上就是确定基孔制中的非基准轴或基轴制中的非基准孔的基本偏差代号。设计时,可按配合的特征和极限间隙或极限过盈的大小,采用类比法选择孔或轴的基本偏差代号,且应尽量采用国标规定的优先配合。这样,就需要了解各种基本偏差的特点和应用场合,表3-6 所列各种基本偏差的应用实例可供参考。

表 3-6　各种基本偏差的应用实例

配合	基本偏差	各种基本偏差的特点及应用实例
间隙配合	a(A) b(B)	可得到特别大的间隙,应用很少。主要用于工作时温度高、热变形大的零件的配合,如发动机中的活塞与缸套的配合为 H9/a9
	c(C)	可得到很大的间隙。一般用于工作条件较差(如农业机械)、工作时受力变形大及装配工艺性不好的零件的配合,也适用于高温工作的间隙配合、如内燃机排气阀杆与导管的配合为 H8/d9
	d(D)	与 IT7～IT11 对应,适用于较松的间隙配合(如滑轮、活套的带轮与轴的配合),以及大尺寸滑动轴承与轴颈的配合(如涡轮机、球磨机等的滑动轴承)。活塞环与活塞环槽的配合可用 H9/d9
	e(E)	与 IT6～IT9 对应,具有明显的间隙,用于大跨距及多支点的转轴轴颈与轴承的配合,以及高速、重载的大尺寸轴颈与轴承的配合,如大型电机、内燃机的主要轴承处的配合为 H8/e7
	f(F)	多与 IT6～IT8 对应,用于一般的转动配合,受温度影响不大,采用普通润滑油的轴颈与滑动轴承的配合,如齿轮箱、小机电、泵等的转轴轴颈与滑动轴承的配合为 H7/f6
	g(G)	多与 IT5～IT7 对应,形成配合的间隙较小,用于轻载精密装置中的转动配合,用于插销的定位配合,滑阀、连杆销等处的配合,钻套导向孔多用 G6
	h(H)	多与 IT4～IT11 对应,广泛用于无相对转动的配合、一般的定位配合。若没有温度、变形的影响,也可用于精密滑动轴承,如车床尾座导向孔与滑动套筒的配合为 H6/h5
过渡配合	js(JS)	多用于 IT4～IT7 具有评价间隙的过渡配合,用于略有过盈的定位配合,如联轴器,齿圈与轮毂的配合,滚动轴承外圈与外壳孔的配合多用 JS7。一般用手或木槌装配
	k(K)	多用于 IT4～IT7 评价间隙接近于零的配合,用于定位配合,如滚动轴承的内、外圈分别与轴颈、外壳孔的配合。用木槌装配
	m(M)	多用于 IT4～IT7 平均过盈较小的配合,用于精密的定位配合,如蜗轮的青铜轮缘与轮毂的配合为 H7/m6
	n(N)	多用于 IT4～IT7 平均过盈较大的配合,很少形成间隙。用于加键传递较大转矩的配合,如冲床上齿轮的孔与轴的配合。用槌子或压力机装配
过盈配合	p(P)	用于过盈小的配合。与 H6 或 H7 的孔形成过盈配合,而与 H8 的孔形成过渡配合。碳钢和铸铁零件形成的配合为标准压入配合,如卷扬机绳轮的轮毂与齿圈的配合为 H7/p6。合金钢零件的配合需要过盈小时可用 p(或 P)
	r(R)	用于传递大转矩或受冲击负荷而需要加键的配合,如蜗轮孔与轴的配合为 H7/r6。必须注意,H8/r8 配合在基本尺寸小于 100mm 时,为过渡配合
	s(S)	用于钢和铸铁零件的永久性和半永久性结合,可产生相当大的结合力,如套环压在轴、阀座上用 H7/s6 配合
	t(T)	用于钢和铸铁零件的永久性结合,不用键可传递转矩,需要用热套法和冷轴法装配,如联轴器与轴的配合为 H7/t6

配合	基本偏差	各种基本偏差的特点及应用实例
	u(U)	用于过盈大的配合,最大过盈需验算,用热套法进行装配,如火车轮毂和轴的配合为 H6/u5
	v(V),x(X) y(Y),z(Z)	用于过盈特大的配合,目前使用的经验和资料很少,需经试验后才能应用。一般不推荐

选择配合种类时,应考虑的主要因素如下。

(1) 孔、轴间是否有相对运动。相互配合的孔、轴间有相对运动,必须选取间隙配合;无相对运动且传递载荷(转短或轴向力)时,应选取过盈配合,也可选取过渡配合,这时必须加键或销等连接件。

(2) 过盈配合中的受载情况。利用过盈配合中的过盈来传递转矩时,传递的转矩越大,则所选配合的过盈应越大。

(3) 孔和轴的定心精度要求。相互配合的孔、轴定心精度要求较高时不宜采用间隙配合,通常采用过渡配合或过盈小的过盈配合。

(4) 带孔零件和轴的拆装情况。经常拆装的零件的孔与轴的配合,如带轮的孔与轴配合,滚齿机、车床等机床的变换齿轮的孔与轴配合,要比不经常拆装零件的孔与轴的配合松些。有的零件虽不经常拆装,但拆装困难,也应选取较松的配合。

(5) 孔和轴工作时的温度。如果相互配合的孔、轴工作时与装配时的温度差别较大,则选择配合要考虑热变形的影响。现以铝活塞与气缸钢套孔的配合为例加以说明,设配合的基本尺寸 D 为 $\phi 110\text{mm}$,活塞的工作温度 t_1 为 180℃,线膨胀系数 α_1 为 $24 \times 10^{-6}/\text{℃}$;钢套的工作温度 t_2 为 110℃,线膨胀系数 α_2 为 $12 \times 10^{-6}/\text{℃}$。要求工作时的间隙为 $+0.1\text{mm} \sim +0.28\text{mm}$。装配时温度 t 为 20℃,这时钢套孔与活塞的配合种类可如下确定。

由热变形引起的钢套孔与活塞间的间隙变化量为。

$$\Delta X = D[\alpha_2(t_2 - t) - \alpha_1(t_1 - t)] = 110 \times [12 \times 10^{-6} \times (110 - 20) - 24 \times 10^{-6} \times (180 - 20)] = -0.304\text{mm}$$

即工作时将把装配间隙减小 0.304mm。

因此,装配时必须满足最小间隙

$$X_{\min} = 0.1 + 0.304 = +0.404\text{mm}$$

最大间隙

$$X_{\max} = 0.28 + 0.304 = +0.584\text{mm}$$

才能保证工作间隙为 $+0.1\text{mm} \sim +0.28\text{mm}$。

根据 $X_{\max} - X_{\min} = 0.584 - 0.404 = T_D + T_d = 0.18\text{mm}$,取钢套孔和活塞的标准公差等级相同,并采用基孔制,则 $T_D = T_d = 90\mu\text{m}$,孔的下偏差 $EI = 0$,由标准公差数值表查得孔、轴的标准公差等级靠近 IT9,则取为 IT9。由 $X_{\min} = EI - es$,得 $es = 0 - 0.404 = -0.404\text{mm}$(轴的基本偏差数值)。由轴的基本偏差数值表查得轴的基本偏差代号为 a(其数值为 $-410\mu\text{m}$)。最后确定钢套孔与活塞的配合为公 $\phi 110H9/a9$。

(6) 装配变形。在机械结构中,有时会遇到薄壁套筒装配后变形的问题。如图 3-26 所示,套筒外表面与机座孔的配合为过盈配合 $\phi 80H7/u6$,套筒内孔与轴的配合为间隙

配合 φ60H7/f6。由于套筒外表面与机座孔的装配会产生过盈,当套筒压入机座孔后,套筒内孔会收缩,产生变形,使套筒孔径减小,而不能满足使用要求。因此,在选择套筒内孔与轴的配合时应考虑这变形量的影响。具体办法有两个:其一是预先将套筒内孔加工得比 φ60H7 稍大,以补偿装配变形;其二是用工艺措施保证,将套筒压入机座孔后,再按 φ60H7 加工套筒内孔。

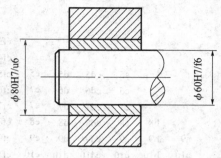

图 3 - 26　会产生装配变形的结构

（7）生产类型。选择配合种类时,应考虑生产类型(批量)的影响。在大批大量生产时,多用调整法加工,加工后尺寸的分布通常遵循正态分布。而在单件小批生产时,多用试切法加工,孔加工后尺寸多偏向孔的最小极限尺寸,轴加工后尺寸多偏向轴的最大极限尺寸,即孔和轴加工后尺寸的分布皆遵循偏态分布。为了满足相同的使用要求,单件小批生产时采用的配合应比大批大量生产时松些。

3.3　其他尺寸孔、轴公差与配合国家标准

3.3.1　基本尺寸大于 500mm ~ 3150mm 的标准公差和基本偏差

基本尺寸大于 500mm ~ 3150mm 的标准公差和基本偏差,见附表 3 - 6。

3.3.2　小尺寸的孔、轴公差带

为了满足精密机械和钟表制造业的需要,GB/T 1803—2003 规定了尺寸至 18mm 的孔、轴公差带,通常称为小尺寸的孔、轴公差带。

基本尺寸至 18mm 的孔的公差带如图 3 - 27 所示,共 153 种;轴的公差带如图 3 - 28 所示,共 169 种。

											H1		JS1	
											H2		JS2	
				EF3	F3	FG3	G3		H3		JS3	K3
				EF4	F4	FG4	G4		H4		JS4	K4
			E5	EF5	F5	FG5	G5		H5		JS5	K5
		CD6	D6	E6	EF6	F6	FG6	G6		H6	J6	JS6	K6
		CD7	D7	E7	EF7	F7	FG7	G7		H7	J7	JS7	K7
	B8	C8	CD8	D8	E8	EF8	F8	FG8	G8		H8	J8	JS8	K8
A9	B9	C9	CD9	D9	E9	EF9	F9	FG9	G9		H9		JS9	K9
A10	B10	C10	CD10	D10	E10	EF10	F10			H10		JS10	
A11	B11	C11		D11						H11		JS11	
A12	B12	C12								H12		JS12	
										H13		JS13	

图 3 - 27　基本尺寸至 18mm 的孔公差带

									h1		js1		
									h2		js2		
					ef3	f3	fg3	g3	h3		js3	k3	m3
					ef4	f4	fg4	g4	h4		js4	k4	m4
	c5	cd5	d5	e5	ef5	f5	fg5	g5	h5	j5	js5	k5	m5
	c6	cd6	d6	e7	ef6	f6	fg6	g6	h6	j6	js6	k6	m6
	c7	cd7	d7	e7	ef7	f7	fg7	g7	h7	j7	js7	k7	m7
b8	c8	cd8	d8	e8	ef8	f8	fg8	g8	h8		js8	k8	m8
a9	b9	c9	cd9	d9	e9	ef9	f9	fg9	g9	h9		js9	k9	m9
a10	b10	c10	cd10	d10	e10	ef10	f10			h10		js10	k10
a11	b11	c11	d11							h11		js11	
a12	b12	c12								h12		js12	
a13	b13	c13								h13		js13	

图 3 - 28　基本尺寸至 18mm 的轴公差带

3.3.3　一般公差

一般公差又通称未注公差。尺寸的一般公差就是在图样上不单独注出极限偏差或公差带代号,而是在图样上、技术文件或标准中作出公差要求总的说明。它是在车间普通工艺条件下,机床设备一般加工能力可以保证的公差,在正常维护和操作情况下,它代表经济加工精度,对功能上无特殊要求的要素可以给出一般公差。采用一般公差的尺寸在保证正常车间精度的条件下,一般可以不予检验。一般公差主要用于较低精度的非配合尺寸。

GB/T 1804—2000《一般公差 未注公差的线性尺寸和角度尺寸的公差》规定了未注公差的线性和角度尺寸的一般公差的公差等级和极限偏差数值,适用于金属切削加工的尺寸,也适用于一般的冲压加工的尺寸,非金属材料的其他工艺方法加工的尺寸可参照采用。

该标准中规定,一般公差分精密 f、中等 m、粗糙 c、最粗 v 共四个公差等级,表 3-7 给出了一般公差线性尺寸的极限偏差数值。

表 3-7　线性尺寸的极限偏差(mm)

公差等级	尺寸分段							
	0.5~3	>3~5	>6~30	>30~120	>120~400	>400~1000	>1000~2000	>2000~4000
f(精密级)	±0.05	±0.05	±0.1	±0.15	±0.2	±0.3	±0.5	—
m(中等级)	±0.1	±0.1	±0.2	±0.3	±0.5	±0.8	±1.2	±2
c(粗糙级)	±0.2	±0.3	±0.5	±0.8	±1.2	±2	±3	±4
v(最粗级)	—	±0.5	±1	±1.5	±2.5	±4	±6	±8

一般公差的图样标准:在图样标题栏附近或技术要求、技术文件中注出标准编号及公差等级代号,例如选取中等精度时,标注为

线性或角度尺寸的未注公差按 GB/T 1804—m

3.4 光滑极限量规

光滑极限量规用于对圆柱形工件按极限尺寸判断原则(即泰勒原则)进行检验,能控制工件极限尺寸(最大实体尺寸与最小实体尺寸)。

检验孔径的光滑极限量规称为塞规(图3-29)。塞规的通端(通规)按被测孔的最大实体尺寸(即孔的最小极限尺寸)制造;塞规的止端(止规)按被测孔的最小实体尺寸(即孔的最大极限尺寸)制造。检验轴径的光滑极限量规称为环规或卡规。其通端按被测轴的最大实体尺寸(即轴的最大极限尺寸)制造;其止端按被测轴的最小实体尺寸(即轴的最小极限尺寸)制造。

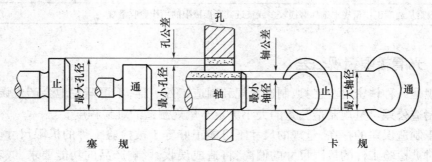

图3-29 光滑极限量规

3.4.1 量规的种类和代号

根据用途不同,量规分为工作量规、验收量规和校对量规三类。

工作量规是在加工过程中用来检验工件时使用的量规。

验收量规是检验部门或用户验收产品时使用的量规。

校对量规是用来检验轴用工作量规(卡规或环规)在制造中是否符合制造公差,在使用中是否已达到磨损极限所用的量规。由于孔用工作量规的刚性较好,不易变形和磨损,又便于用通用测量器具检验,所以孔用工作量规没有校对量规。校对量规分为三种:其中包括轴用工作通规的两种校对量规和一种轴用工作止规的校对量规。检验轴用工作量规通端的校对量规,称为"校通—通"量规;检验轴用工作量规通端磨损极限的校对量规,称为"校通—损"量规;检验轴用工作量规止端的校对量规,称为"校止—通"量规。

光滑极限量规的名称、代号、用途、特征和使用规则如表3-8所列。

表3-8 光滑极限量规的名称、代号、用途、特征和使用规则

种类		代号	用途	特征	使用规则
工作量规	通端工作量规	T	控制工件的作用尺寸应不超越工件的最大实体尺寸	全形	应在工件的配合长度上顺利地通过
	止端工作量规	Z	控制工件的实际尺寸应不超越工件最小实体尺寸	不全形	在工件的任何位置不应通过

种类		代号	用途	特征	使用规则
验收量规①	通端验收量规	TY	控制工件的作用尺寸应不超越工件的最大实体尺寸	全形	应在工件的配合长度上顺利地通过
校对量规	"校通—通"量规	TT	控制通端工作量规的作用尺寸应在通端工作量规制造公差带内	全形	应通过新的通端工作量规
	"校止—通"量规	ZT	控制止端工作量规的实际尺寸应在止端工作量规制造公差带内	全形	应通过新的止端工作量规
	"校通—损"量规	TS	控制使用中通端工作量规作用尺寸应不超越磨损极限	全形	不应通过使用中的通端工作量规
注:①一般是从通端工作量规中选择磨损较多或接近其磨损极限的用作验收量规					

3.4.2　光滑极限量规公差

量规是一种精密检验工具,制造量规和制造工件一样,不可避免地会产生误差,故必须规定制造公差。量规制造公差的大小决定于量规制造的难易程度。

由于制造误差的存在,量规的尺寸不可能正好等于被检验工件的极限尺寸。量规实际尺寸对被检验工件的极限尺寸的偏离,将造成误收、影响产品的功能要求,或者造成误废、影响生产过程的经济性。由于产品的功能要求是必须满足的,误收的现象是不允许发生的。GB/T 1957—2005 规定工作量规和校对量规的尺寸公差带都按照"内缩"的原则安排,即工作量规的尺寸公差带由被检验工件相应的极限尺寸向工件公差带内安置。考虑到通规的磨损,它比止规内缩更多,其位移量以"位置参数 Z"表示。光滑极限量规的公差带图如图 3 – 30 所示。

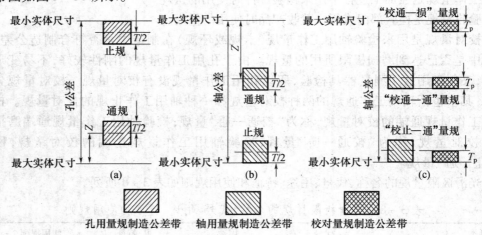

图 3 – 30　光滑极限量规公差带图
（a）孔用量规公差带;（b）轴用量规公差带;（c）校对量规公差带。
T—工作量规制造公差;Z—工作量规通规制造公差的中心线到工件最大实体
尺寸之间的距离（位置要素）;T_p—校对量规制造公差。

GB/T 1957—2005 规定了用于检验基本尺寸至 500mm,公差等级为 IT6~IT16 的孔和轴的工作量规的制造公差 T 以及位置参数 Z,如附表 3-7 所示,各种校对量规的制造公差 T_p 等于被检验的轴用工作量规制造公差 T 的 1/2,即 $T_p = T/2$。

3.4.3 量规极限偏差的计算

1. 量规极限偏差的计算公式

量规极限偏差的计算公式如表 3-7 所列。

2. 量规极限偏差计算的一般步骤

(1) 由国标查取孔与轴上、下偏差 ES、EI 与 es、ei。

(2) 由附表 3-7 查得 T 和 Z 值。

(3) 计算 $Z + T/2$、$Z - T/2$。

(4) 按表 3-9 量规极限偏差计算公式,算出量规的极限偏差。

表 3-9 量规极限偏差计算公式

量规名称		相对于基本尺寸的量规极限偏差计算公式		相对于工艺尺寸的量规极限偏差计算公式	
孔用量规	通规	上偏差 = $EI + (Z + T/2)$	孔用通规工艺尺寸 = $D + EI + (Z + T/2)$	上偏差 = 0	
		下偏差 = $EI + (Z - T/2)$		下偏差 = $-T$	
		磨损偏差 = EI		磨损偏差 = $-(Z + T/2)$	
	止规	上偏差 = ES	孔用止规工艺尺寸 = $D + ES$	上偏差 = 0	
		下偏差 = $ES - T$		下偏差 = $-T$	
轴用量规	通规	上偏差 = $es - (Z - T/2)$	轴用通规工艺尺寸 = $D + es - (Z + T/2)$	上偏差 = $+T$	
		下偏差 = $es - (Z + T/2)$		下偏差 = 0	
		磨损偏差 = es		磨损偏差 = $+(Z + T/2)$	
	止规	上偏差 = $ei + T$	轴用止规工艺尺寸 = $D + ei$	上偏差 = $+T$	
		下偏差 = ei		下偏差 = 0	
校对量规	"校通—通"量规	上偏差 = $es - Z$	"校通—通"量规工艺尺寸 = $D + es - Z$	上偏差 = 0	
		下偏差 = $es - (Z + T/2)$		下偏差 = $-T/2$	
	"校止—损"量规	上偏差 = es	"校通—损"量规工艺尺寸 = $D + es$	上偏差 = 0	
		下偏差 = $es - T/2$		下偏差 = $-T/2$	
	"校止—通"量规	上偏差 = $ei + T/2$	"校止—通"量规工艺尺寸 = $D + ei + T/2$	上偏差 = 0	
		下偏差 = ei		下偏差 = $-T/2$	

注:相对于基本尺寸的量规极限偏差计算公式中基本尺寸为 D。

3.4.4 量规形式的选择

检验圆柱形工件的光滑极限量规的形式很多,合理的选择和使用,对正确判断测量影响很大。按照国标推荐,测孔时可用以下形式的量规(图 3-31(a)):①全形塞规;②不全形塞规;③片状塞规;④球端杆规。

测轴时,可用下列形式的量规(图3-31(b)):① 环规;② 卡规。

上述各种形式的量规及应用尺寸范围,供选用时参考。

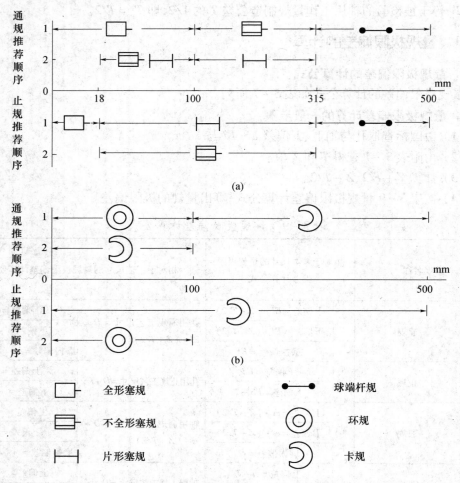

图3-31 国标推荐的量规形式和应用尺寸范围
(a)孔用量规形式和应用尺寸范围;(b)轴用量规形式和应用尺寸范围。

3.4.5 光滑极限量规应该满足的技术要求

(1)量规的测量面不应有锈迹、毛刺、黑斑、划痕等明显影响外观和使用质量的缺陷,其他表面不应有锈蚀和裂纹。

(2)塞规的测头与手柄的联结应牢固可靠,在使用过程中不应松动。

(3)量规可用合金工具钢、碳素工具钢、渗碳钢及其他耐磨材料制造。

(4)钢制量规测量面的硬度应为58HRC~65HRC。

(5)量规测量面的表面粗糙度应按表3-10的规定。

(6)量规应经过稳定性处理。

56

表 3 - 10　光 滑 极 限 量 规 的 表 面 粗 糙 度

工作量规	工件基本尺寸/mm		
	~120	>120 ~315	>315 ~500
	表面粗糙度 Ra(不大于)/μm		
IT6 级孔用量规	0.025	0.05	0.1
IT6 至 IT9 级轴用量规 IT7 至 IT9 级孔用量规	0.05(0.025)	0.1(0.05)	0.2(0.1)
IT10 至 IT12 级孔、轴用量规	0.1(0.05)	0.2(0.1)	0.4(0.2)
IT13 至 IT16 级孔、轴用量规	0.2(0.1)	0.4(0.2)	0.4(0.2)

习　题

3-1　孔的基本尺寸为 50mm，最大极限尺寸为 50.087mm，最小极限尺寸为50.025mm，求孔的上偏差、下偏差及公差，并画出公差带示意图。

3-2　按 ϕ30k6 加工一批轴，完工后，测得每一轴的实际尺寸，其中最大的尺寸为 ϕ30.015mm，最小的尺寸为 ϕ30mm。请问这批轴规定的尺寸公差值是多少？这批轴是否全部合格？为什么？

3-3　查表画出下列相互配合的孔、轴的公差带示意图、配合公差带示意图，并说明各配合代号的含义及配合性质。

（1）ϕ20H8/f7　（2）ϕ30F8/h7　（3）ϕ18H8/h7　（4）ϕ14H7/r6　（5）ϕ60H6/k5　（6）ϕ85H7/js6　（7）ϕ90D9/h9　（8）ϕ50K7/h6　（9）ϕ40H7/t6　（10）ϕ45JS6/h5

3-4　有一孔、轴配合，基本尺寸为 15mm，配合公差为 19μm，轴的上偏差为 0，最小过盈为 1μm，孔的尺寸公差为 11μm，试画出孔、轴的尺寸公差带示意图和配合公差带示意图，并说明配合类别。如果有一对实际的孔和轴，其中，轴的上下偏差分别为 0 和 -8μm，孔的上下偏差分别为 -9μm 和 -20μm，判断孔和轴的尺寸是否合格，并判断这对孔和轴的结合是否合用。

3-5　设某一孔、轴配合的基本尺寸为 60mm，配合公差为 49μm，最大极限间隙为 19μm，孔的尺寸公差为 30μm，轴的下偏差为 +11μm，试画出其孔、轴的尺寸公差带示意图和该配合公差带示意图，并说明配合类型。

3-6　有一基孔制的孔、轴配合，基本尺寸为 25mm，轴的尺寸公差为 21μm，最大极限间隙为 74μm，平均间隙为 47μm，试求孔、轴的极限偏差、配合公差，并画出孔、轴尺寸公差带及其配合公差带示意图，说明其配合性质（平均间隙为最大极限间隙和最小极限间隙的平均值）。

3-7　计算 ϕ25m8 的各种工作量规和校对量规的工作尺寸和磨损极限尺寸，画出公差带图解，选定其工作量规的结构形式。

3-8　计算 ϕ60H9 的工作量规的工作尺寸和磨损极限尺寸，画出公差带图解，选定其结构形式。

第4章 几何公差及其检测

4.1 概　述

图样上的零件都是没有误差的理想几何体。零件在加工过程中,由于机床、刀具、夹具和零件所组成的工艺系统本身具有一定的误差,以及加工时力(机械力和热应力)、振动、磨损等因素的影响,致使加工后零件的实际几何体和理想几何体之间存在差异。这种差异表现在几何体本身的形状上,表现在几何体的线、面相互位置上等,统称为几何误差。

几何误差影响零件的使用性能、寿命和可装配性,从而影响机器、设备等的工作性能和精度。如气阀的形状误差影响其气密性;轴承与轴颈的圆度误差影响轴承的旋转精度;导轨的直线度误差影响运动部件的运动精度;轴承盖上的位置误差影响其装配性。因此,为了保证机械产品的质量,保证机械零件的互换性和制造经济性,设计时必须对零件的几何误差进行必要的、合理的限制,即对零件进行形状和位置精度设计。

4.1.1 零件的几何要素

几何公差的研究对象是构成零件的点、线、面,它们统称为几何要素。图 4-1 所示的零件是由多种要素组成的。

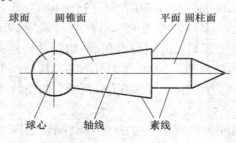

图 4-1 几何要素

为了方便研究和分析问题,几何要素可根据不同的特征进行分类,分为以下几类。

1. 按存在状态分类

(1)理想要素:指具有几何意义的点、线、面,它们不存在任何误差。零件图上的要素均为理想要素。

(2)实际要素:指零件上实际存在的要素,在加工过程中形成,所以不可避免地存在误差。在测量时,通常以测得要素代替实际要素。

2. 按结构特征分类

(1)轮廓要素:指构成零件轮廓的具体点、线、面,其特征是看得见、摸得着。图

4-1所示零件上的球面、圆锥面、平面、圆柱面、素线以及圆锥定点,都属于轮廓要素。

(2)中心要素:指表示轮廓要素对称中心的抽象点、线、面,它们依存于相应的轮廓要素,其特征是看不见,摸不着。图4-1所示零件上的球心和轴线都属于中心要素。

3. 按检测关系分类

(1)被测要素:指给出了几何公差要求的要素,是需要研究和测量的要素。

(2)基准要素:指用来确定被测要素的方向或者位置关系的要素。理想的基准要素称为基准,它是检测时用来确定实际被测要素方向和位置的参考对象。

4. 按功能关系分类

(1)单一要素:指给出几何公差要求的要素,即仅对本身有要求的点、线、面,而与其他要素没有功能关系。

(2)关联要素:指给出方向、位置或者跳动公差要求的要素,它们相对基准要素存在功能关系(如平行、垂直、同轴等)。

4.1.2 几何公差和公差带

1. 几何公差

几何公差是指被测实际要素对理想要素允许的最大变动量,也就是允许的最大几何误差。几何公差就是设计给定的、用以限制被测实际要素的几何误差的,它包括形状公差、方向公差、位置公差和跳动公差四大类。

1)形状公差

形状公差是指单一实际要素的形状所允许的变动全量。例如,图4-2所示销轴的素线是单一要素,加工后的素线是单一实际要素。由于加工中各种因素的影响,实际素线是弯曲的,为了保证零件的使用性能,在素线的整个长度上,其最大弯曲程度不能超过某一规定值,该值就是允许的变动全量,称为形状公差。

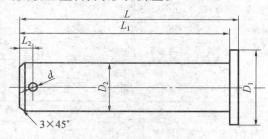

图4-2 销轴

2)方向公差

方向公差是实际关联要素相对于基准的实际方向对理想方向的允许变动量。

3)位置公差

位置公差是指关联实际要素相对基准在方向和位置上允许的变动全量。例如,量块的顶面相对底有平行程度要求,则加工后的实际顶面就是关联实际要素。加工过程中,由于各种因素的影响,顶面可能与底面不平行,为了保证零件的使用性能,在整个平面上,其最大弯曲程度不能超过某一规定值,称为位置公差。

4）跳动公差

跳动公差是按照特定的测量方法定义的位置公差。

国家标准 GB/T 1182 - 2008 规定的几何公差共有 19 项,其中形状公差特征项目 6 项;方向公差项目 5 项,位置公差项目有 6 项,跳动公差项目有 2 项;没有基准要求的线、面轮廓度公差属于形状公差,有基准要求的线、面轮廓度公差则属于方向、位置公差。各种公差特征项目的名称和符号如表 4 - 1 所列。

2. 公差带

几何公差带是限制实际被测要素变动的区域。一般情况下,实际被测要素在公差带内可以具有任意形状和方向,只要不超出给定的公差带,就表明其合格。

几何公差带具有形状、大小和方位等特性。其形状取决于被测要素的理想形状、方向和位置等公差要求等。对于所研究的零件点、线、面的几何公差带形状,概括起来主要有五类九种,如表 4 - 2 所列。

几何公差带的大小取决于设计给定的公差值,通常用公差带的宽度或直径来表示。

表 4 - 1 几何公差的特征项目及符号

公差类型	特征项目	符号	公差类型	特征项目	符号
形状公差	直线度	—	位置公差	同心度（用于中心点）	◎
	平面度	▱		同轴度（用于轴线）	◎
	圆度	○			
	圆柱度	⌀		对称度	=
	线轮廓度	⌒		位置度	⊕
	面轮廓度	⌓		线轮廓度	⌒
方向公差	平行度	//		面轮廓度	⌓
	垂直度	⊥	跳动公差	圆跳动	↗
	倾斜度	∠			
	线轮廓度	⌒		全跳动	⌇⌇
	面轮廓度	⌓			

表 4 - 2 几何公差带的九种主要形状

形状	说明	形状	说明
	网平行直线之间的区域		圆柱内的区域
	两等距曲线之间的区域		两间轴线圆柱面之间的区域
	两同心圆之间的区域		
	圆内的区域		两平行面之间的区域
	球内的区域		两等距曲面之间的区域

4.2 几何公差的标注

国家标准规定,在技术图样中,零件要素的几何公差要求应按规定的方法,采用符号正确标注。几何公差的标注主要包括公差框格、被测要素的标注和基准要素的标注。

4.2.1 公差框格

对被测要素提出的特定几何公差要求,在图样上采用矩形框格的形式标出,这种矩形框格称为几何公差框格。公差框格由两格或多格组成,无基准要求的形状公差框格只有两格,有基准要求的方向、位置和跳动公差框格一般有三格、四格或五格。

1. 公差框格的放置

图样上,几何公差框格一般情况下按水平方向放置,必要时也可按垂直方向放置。

2. 公差框格的内容

几何公差框格从左至右(垂直放置的应从下往上)的框格内依次填写下列内容。

第一格:几何公差特征符号。

第二格:几何公差值及附加符号。几何公差值通常是以毫米(mm)为单位的线性值;若公差值为几何公差带的直径,则必须在其数值前加注"φ"(圆形、圆柱形公差带)或"Sφ"(球形公差带)。必要时,还需要在公差值后加注与被测要素有关的其他符号,如图4-4所示。

第三格~第五格:表示被测要素基准的英文大写字母和相关符号。为了避免混淆和误解,表示基准要素的英文大写字母不得采用 E,F,I,J,L,M,O,P,R;另外,第三格~第五格内的字母填写是有顺序要求的,即三格中应分别填写代表第一基准、第二基准、第三基准的字母,而这与字母在字母表中的顺序无关,如图4-3所示,第三格~第五格中的字母C,A,B分别代表被测要素的第一基准~第三基准。

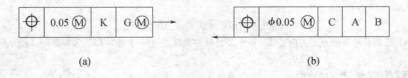

(a)   (b)

图4-3 多基准公差框格填写示例

3. 必要说明的标注

若公差框格的几何公差要求是对多个相同被测要素提出的,必须对被测要素的数量作以说明,并标注在几何公差框格的上方,而对几何公差框格的其他说明性要求应标注在公差框格的下方。如图4-4所示,齿轮轴两个轴颈的结构和尺寸均相同,且有相同的圆柱度和径向圆跳动公差要求。

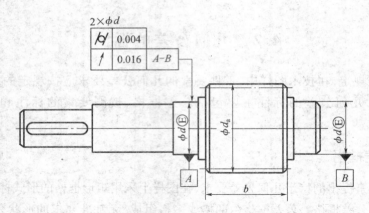

图 4 - 4 两个轴颈有相同公差带要求

4.2.2 被测要素的标注

几何公差框格通过带箭头的指引线与被测要素相连。

1. 指引线的标注

指引线从公差框格的一端(左端或右端)引出,而且必须垂直于该框格,通过箭头与被测要素相连。在指引线引向被测要素时,允许折弯,通常只允许折弯一次。

指引线的箭头应指向几何公差带的宽度方向或直径方向。当指引线的箭头指向圆形或圆柱形公差带的直径方向时,需在几何公差框格公差值的数字前加注"ϕ",如图 4 - 5 所示;当指引线的箭头指向球形公差带的直径方向时,需在几何公差值的数字前加注"$S\phi$",如图 4 - 5 所示。

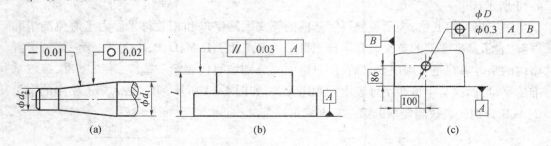

图 4 - 5 指引线箭头指向标注

(a)指向公差带的宽度方向;(b)指向公差带的宽度方向;(c)指向圆形公差带的直径方向。

2. 被测轮廓要素的标注

当被测要素是轮廓要素时,指引线的箭头应直接指向被测要素或其延长线上,并且箭头指引线应与尺寸线明显错开,如图 4 - 6(a)和(b)所示。对于实际的被测表面,还可用带点的参考线把该表面引出,将指引线的箭头置于该参考线上,如图 4 - 6(c)所示。

3. 被测中心要素的标注

当被测要素是中心要素(轴线、轴心直线、中心平面、球心等)时,箭头指引线应与被测中心要素所对应的轮廓要素的尺寸线对齐,如图 4 - 7 所示。

62

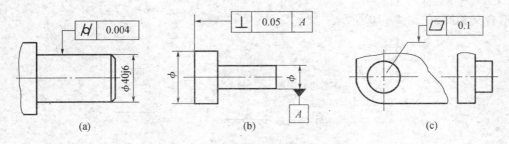

图 4 - 6　被测轮廓要素的标注示例

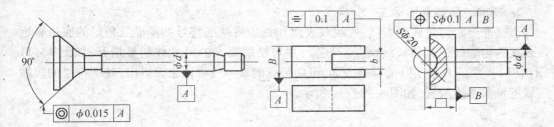

图 4 - 7　被测中心要素的标注示例

4. 公共被测要素的标注

对于由几个同类要素所组成的公共被测要素(公共轴线、公共平面、公共中心平面等),应采用一个公差框格标注,并在框格的第二格内公差值后标注公共公差带符号 CZ,从该公差框格的一端引出的箭头指引线应分别指向组成该公共被测要素的几个同类要素。如图 4 - 8 所示,要求两个孔的轴线共线构成公共被测轴线,图 4 - 9 所示的三个表面要求共面从而构成公共被测平面。

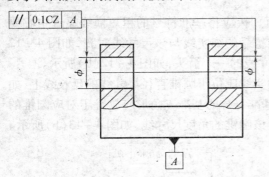

图 4 - 8　公共被测轴线标注示例

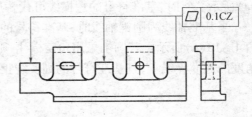

图 4 - 9　公共被测平面标注示例

4.2.3　基准要素的标注

1. 基准符号

基准符号由细实线连接的小方框和一个涂黑或空白的基准三角形组成,表示基准的英文大写字母填写在小方框内,也要标注在相应被测要素的位置公差框格内。注意:无论基准符号在图样上放置方向如何,小方框中的字母都应水平书写。涂黑和空白的基准三角形含义相同,如图 4 - 10 所示。

图 4 - 10　基准符号

2. 基准轮廓要素的标注

当基准要素为轮廓要素(轮廓线或表面)时,应将基准符号的基准三角形的底边靠近该要素的轮廓线或其延长线而平行放置,并与轮廓要素的尺寸线明显错开,如图 4 - 11 (a)、(b)所示。对于实际的基准表面,可用带点的参考线将该表面引出,基准符号的短横线靠近该参考线放置,如图 4 - 11(c)所示。

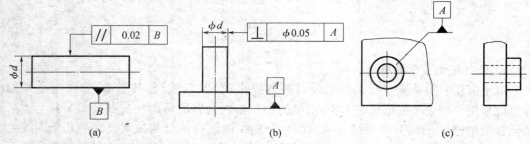

图 4 - 11　基准轮廓要素标注示例

3. 基准中心要素的标注

当基准要素为中心要素(轴线或中心平面)时,应将基准符号的粗短横线靠近中心要素所对应的轮廓要素的尺寸线放置,并使基准符号的细实线与该尺寸线对齐,如图 4 - 12 (a)所示。有时,基准符号的短横线可代替尺寸线的一个箭头,如图 4 - 12(b)所示。

当基准轴线为圆锥轴线时,基准符号的细实线应位于圆锥直径尺寸线的延长线上,如图 4 - 13(a)所示。若圆锥采用角度标注,则基准符号的基准三角形应放置于对应圆锥的角度的尺寸界线上,且基准符号的细实线正对该圆锥的角度尺寸线,如图 4 - 13(b)所示。

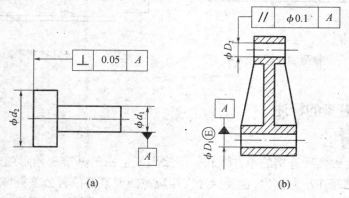

图 4 - 12　基准中心要素的标注示例

64

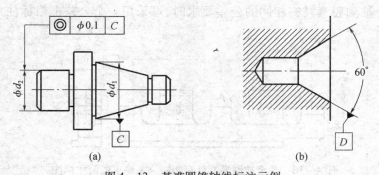

(a)   (b)

图 4 – 13   基准圆锥轴线标注示例

(a) 圆锥注出最大圆锥直径；(b) 圆锥注出角度。

4. 公共基准的标注

公共基准是指由两个或两个以上的同类基准要素构成的一个独立的基准,又称组合基准,如公共基准轴线、公共基准中心平面等。标注公共基准时,应采用不同基准字母的基准符号分别标注各个同类基准要素,并将各基准字母用断横线相连,填写在被测要素公差框格的一个格内,如图 4 – 14 所示。

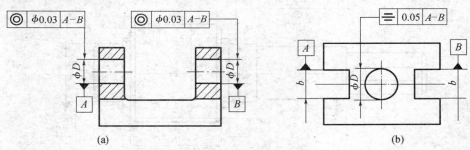

图 4 – 14   公共基准标注示例

4.2.4   几何公差的其他标注方法

(1) 对同一被测要素有多个几何公差特征项目的要求,其引出线的方法又一致时,可将多个公差框格叠放在一起标注,如图 4 – 15 所示。

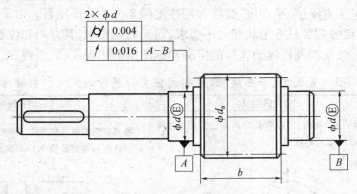

图 4 – 15   同一被测要素有多个几何公差的简化标注

（2）几个被测要素具有相同的公差要求时，可采用一个公差框格标注，如图4-16所示。

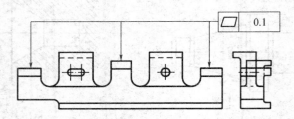

图4-16 几个被测要素具有相同公差要求的简化标注

（3）结构和尺寸分别相同的几个同型被测要素具有相同的几何公差要求时，可只对其中一个被测要素标注公差框格，而在该框格上方标注相同被测要素的尺寸和数量，如图4-17所示。

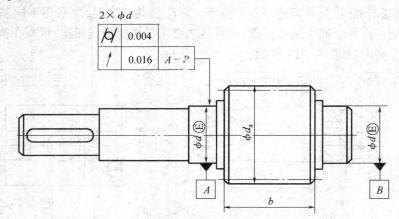

图4-17 几个同型被测要素具有相同公差要求的简化标注

4.3 几何公差带分析

4.3.1 形状公差带

形状公差包括直线度、平面度、圆度和圆柱度四个公差特征项目。由于形状公差不涉及基准，所以形状公差带只有形状和大小要求，而无方位要求，其方向和位置都是浮动的。直线度、平面度、圆度和圆柱度公差带的定义和标注示例如表4-3所列。

表4-3 直线度、平面度、圆度和圆柱度公差带的定义和标注示例

特征项目	公差带定义	标注示例和解释
直线度公差	在给定平面内，公差带是距离为公差值 t 的两平行直线之间的区域	被测表面的素线必须位于平行于图样所示投影面上且距离为公差值 0.1mm 的两平行直线内

66

特征项目	公差带定义	标注示例和解释
直线度公差	在给定方向上,公差带是距离为公差值 t 的两平行平面之间的区域 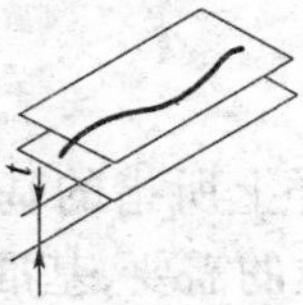	被测棱线必须位于箭头所示方向且距离为公差值 0.02mm 的两平行平面内 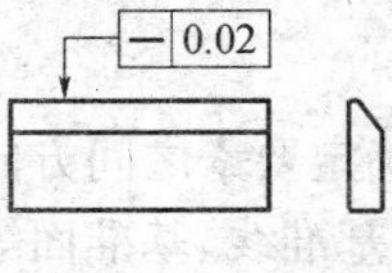
	在任意方向上,公差带是直径为公差值 t 的圆柱面内的区域 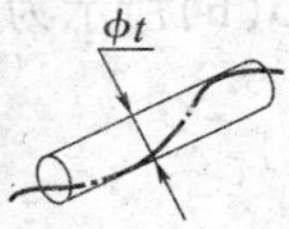	被测圆柱面的轴线必须位于直径为 $\phi0.08$mm 的圆柱面内 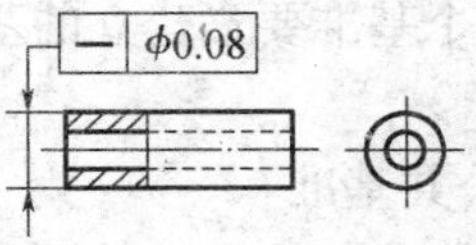
平面度公差	公差带是距离为公差值 t 的两平行平面之间的区域 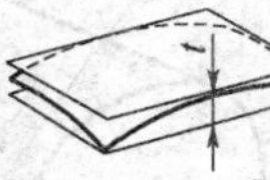	被测表面必须位于距离为公差值 0.08mm 的两平行平面内 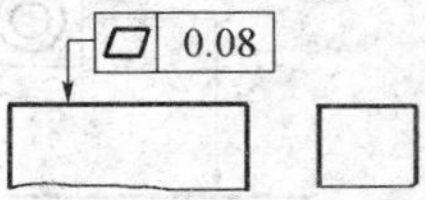
圆度公差	公差带是在同一正截面上,半径差为公差值 t 的两同心圆之间的区域 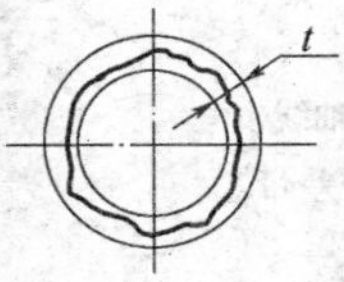	被测圆柱面任一正截面上的圆周必须位于半径差为公差值 0.03mm 的两同心圆之间 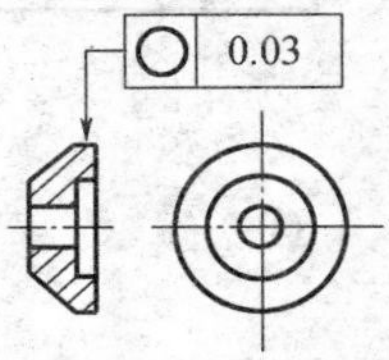
		被测圆锥面任一正截面上的圆周必须位于半径差为公差值 0.1mm 的两同心圆之间 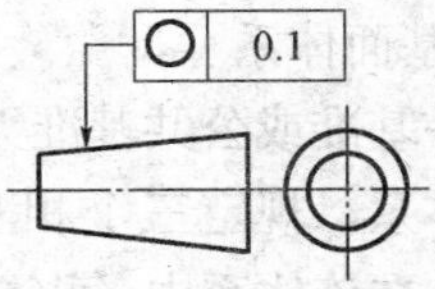
圆柱度公差	公差带是半径差为公差值 t 的两同轴线圆柱面之间的区域 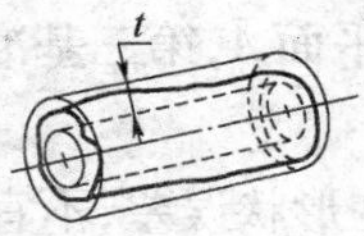	被测圆柱面必须位于半径差为公差值 0.1mm 的两同轴线圆柱面之间 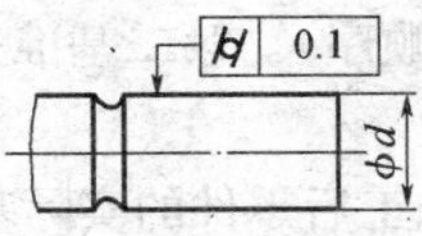

4.3.2 位置公差带

位置公差包括定向公差（平行度、垂直度和倾斜度）、定位公差（同轴度、对称度和位置度）和跳动公差，它表示被测要素的实际位置对理想位置所允许的变动全量，而理想位置由基准确定。

1. 基准

基准是确定要素之间方向或位置关系的依据。图样上所指的基准应具有理想形状，包括基准点、基准线、基准面等形式。根据被测要素定位的需要，基准可分为单一基准、公共基准和三基面体系三种情况。

1）单一基准

由一个基准要素建立的基准称为单一基准。图 4 - 5（b）所示为由一个平面要素建立的基准。

2）公共基准

由两个或两个以上的同类基准要素所建立的一个独立基准称为公共基准或组合基准。如图 4 - 18 所示。

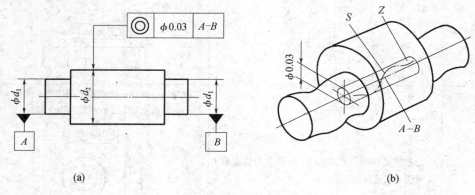

图 4 - 18 同轴度

（a）图样标注；（b）公共基准轴线。

S—实际被测轴线；Z—圆柱形公差带。

3）三基面体系

当单一基准或公共基准无法对被测要素提供完整的定位时，就需要多个基准，有必要引入基准体系。规定三个相互垂直的基准平面构成的基准体系称为三基面体系，如图 4 - 19 所示，在该体系中，每个平面都称为基准平面，每两个平面的交线称为基准轴线，基准轴线的交点称为基准点。定位被测要素时，可以从三基面体系中选择适当的基准面和基准轴线。三基面体系中的三个基准平面，按功能要求分别称为第一、第二、第三基准平面（基准的顺序）。第二基准平面 B 垂直于第一基准平面 A，第三基准平面 C 垂直于 A，且垂直于 B。

由于加工后零件的实际基准要素不可避免地存在形状误差，不宜直接作为基准，故在加工和测量过程中，常以形状足够精确的表面来模拟体现，例如，基准平面可用精度较高的工作台表面来模拟体现；轴的基准轴线和孔的基准轴线可分别用 V 形块和心轴来体现。

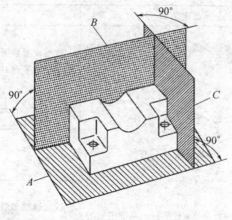

图 4-19 三基面体系

2. 定向公差带

定向公差是关联实际被测要素对具有确定方向的理想被测要素的允许变动量,理想被测要素的方向由基准及理论正确尺寸确定。定向公差带是关联实际被测要素允许变动的区域,它一般具有确定的方向,而位置往往是浮动的。

平行度、垂直度和倾斜度公差的被测要素和基准要素各有平面和直线之分,因此,它们的公差各有被测平面相对于基准平面(面对面)、被测直线相对于基准平面(线对面)、被测平面相对于基准直线(面对线)和被测直线相对于基准直线(线对线)等四种形式。平行度、垂直度和倾斜度公差带分别相对于基准保持平行、垂直和倾斜一理论正确角度关系,它们分别如图 4-20(a)、(b)、(c)所示。

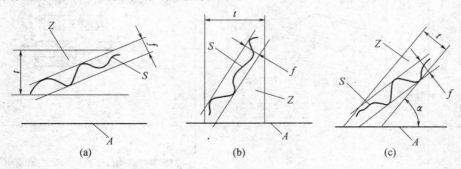

图 4-20 定向公差带示例

(a)平行度公差带;(b)垂直度公差带;(c)倾斜度公差带。

A—基准;t—定向公差值;Z—定向公差带;S—实际被测要素;f—形状误差值。

典型平行度、垂直度和倾斜度公差带的定义和标注示例如表 4-4 所列。

从平行度、垂直度和倾斜度公差可以看出,定向公差不仅限制了被测要素相对基准的定向误差,而且综合限制了被测要素的形状误差。因此,规定了定向公差的被测要素,一般不再规定形状公差,只有需进一步限制形状公差时,才提出更严格的形状公差要求。

表 4−4　典型平行度、垂直度和倾斜度公差带的定义和标注示例

特征项目		公差带定义	标注示例和解释
平行度公差	面对面平行度公差	公差带是距离为公差值 t 且平行于基准平面的两平行平面之间的区域 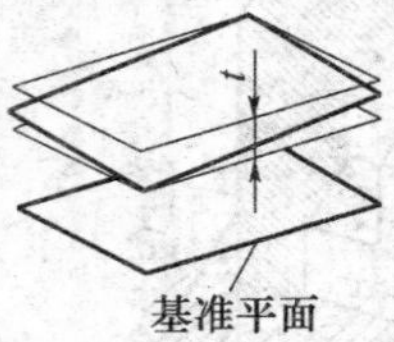 基准平面	被测表面必须位于距离为公差值 0.01mm 且平行于基准平面 D 的两平行平面之间 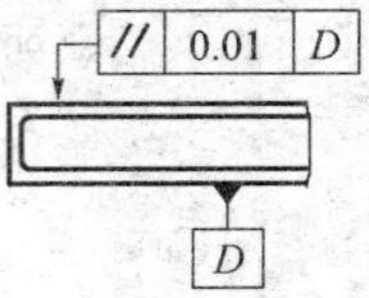 // | 0.01 | D D
	线对面平行度公差	公差带是距离为公差值 t 且平行于基准平面的两平行平面之间的区域 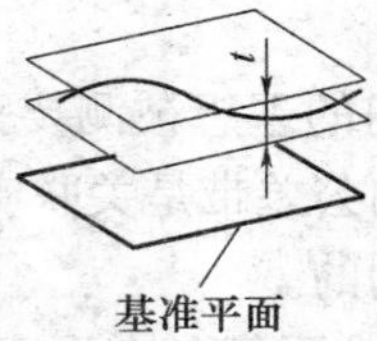 基准平面	被测轴线必须位于距离为公差值 0.01mm 且平行于基准平面 B 的两平行平面之间 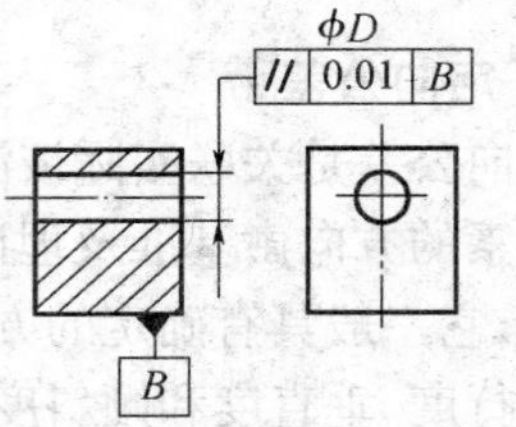 ϕD // | 0.01 | B B
	面对线平行度公差	公差带是距离为公差值 t 且平行于基准直线的两平行平面之间的区域 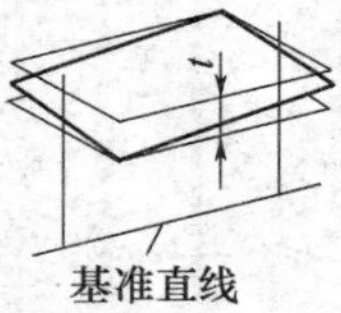 基准直线	被测表面必须位于距离为公差值 0.1mm 且平行于基准轴线 C 的两平行平面之间 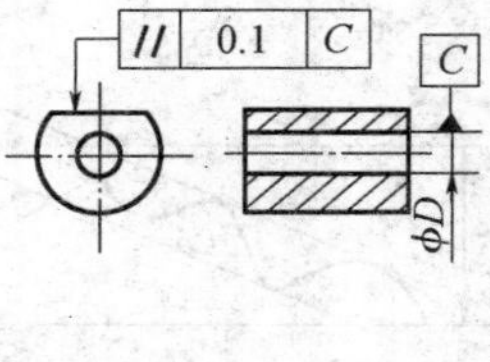 // | 0.1 | C　C ϕD
	线对线平行度公差（任意方向上）	公差带是直径为公差值 t 且平行于基准直线的圆柱面内的区域 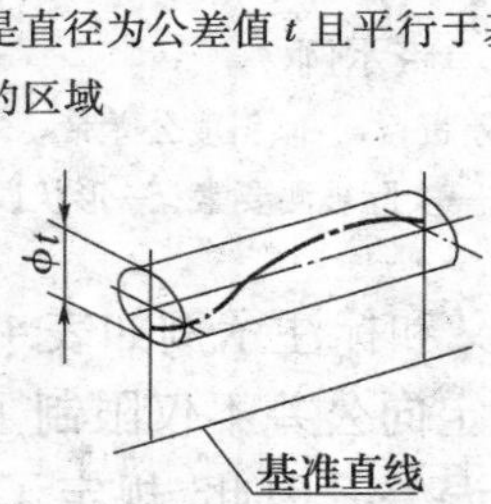 ϕt　基准直线	被测轴线必须位于直径为公差值 $\phi 0.03$mm 且平行于基准轴线 A 的圆柱面内 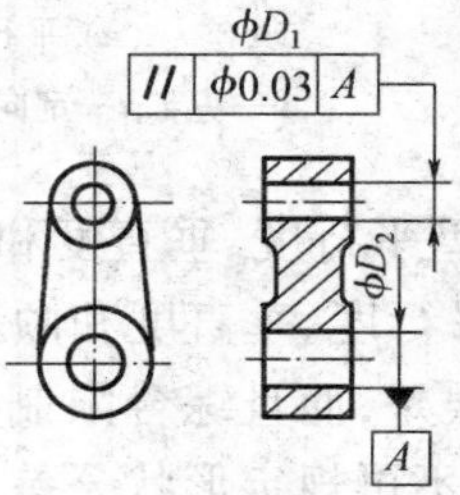 ϕD_1 // | $\phi 0.03$ | A ϕD_2 A

70

特征项目		公差带定义	标注示例和解释
平行度公差	线对线平行度公差（互相垂直的方向上）	公差带是互相垂直的距离分别为 t_1 和 t_2 且平行于基准直线的两组平行平面之间的区域 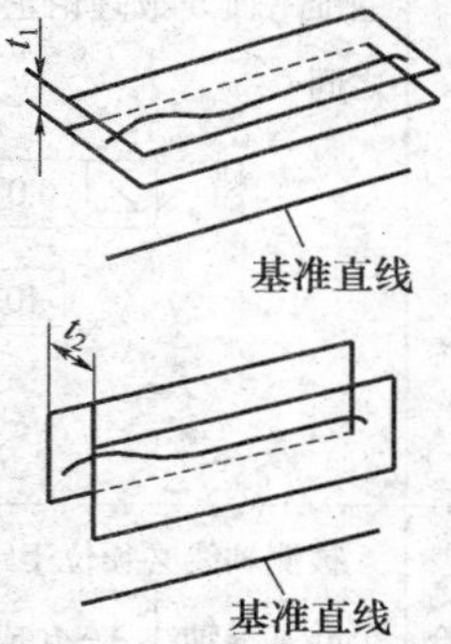	被测轴线必须位于距离分别为公差值 0.2mm 和 0.1mm，在给定的互相垂直方向上且平行于基准轴线 A 的两组平行平面之间 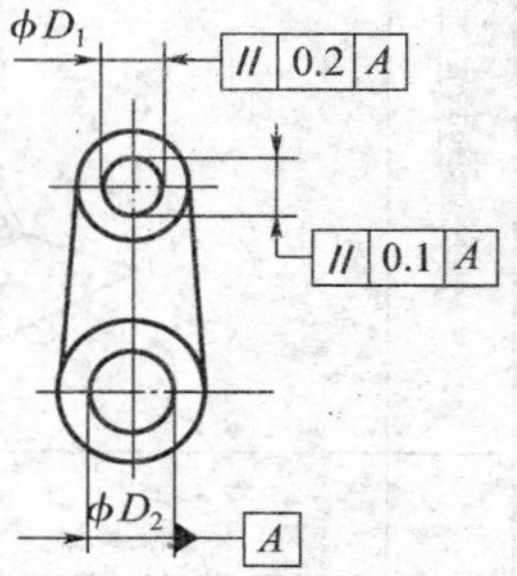
垂直度公差	面对面垂直度公差	公差带是距离为公差值 t 且垂直于基准平面的两平行平面之间的区域 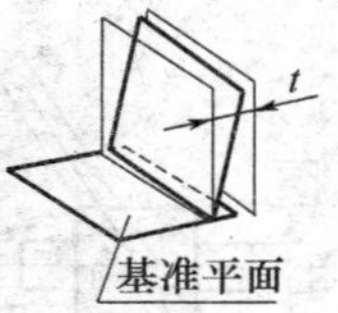	被测表面必须位于距离为公差值 0.08mm 且垂直于基准平面 A 的两平行平面之间 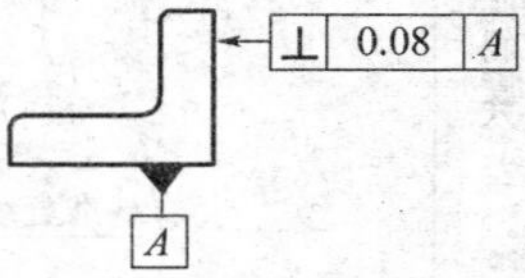
	面对线垂直度公差	公差带是距离为公差值 t 且垂直于基准直线的两平行平面之间的区域 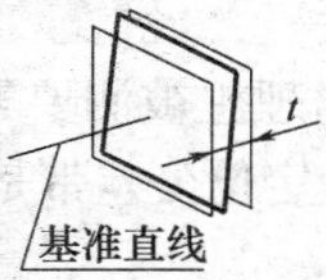	被测表面必须位于距离为公差值 0.08mm 且垂直于基准轴线 A 的两平行平面之间 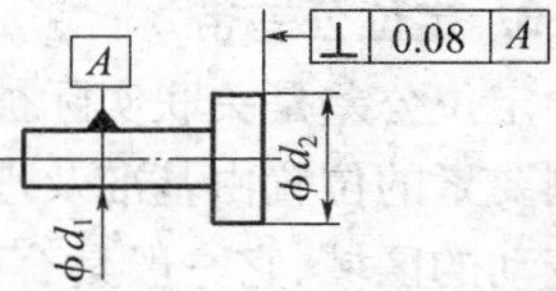
	线对线垂直度公差	公差带是距离为公差值 t 且垂直于基准直线的两平行平面之间的区域 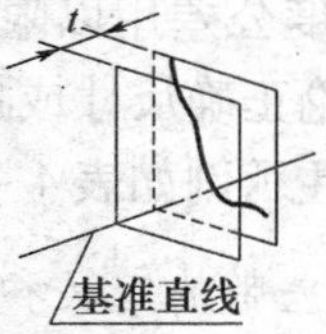	被测轴线必须位于距离为公差值 0.06mm 且垂直于基准轴线 A 的两平行平面之间的区域 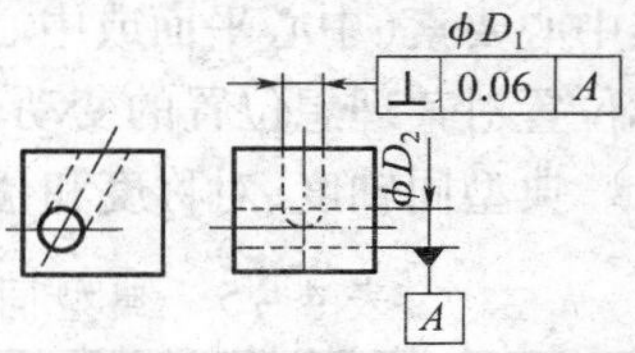
	线对面垂直度公差（任意方向上）	公差带是距离为公差值 t 且垂直于基准平面的圆柱面内的区域 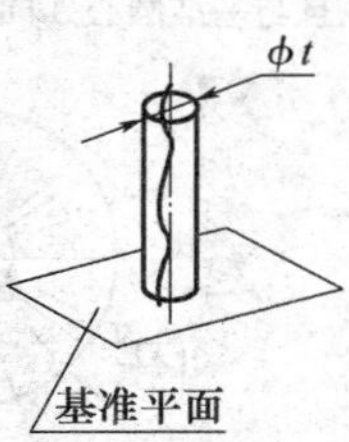	被测轴线必须位于距离为公差值 ϕ0.01mm 且垂直于基准平面 A 的圆柱面内 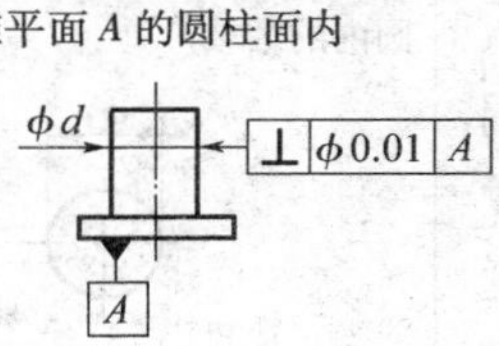

71

（续）

特征项目		公差带定义	标注示例和解释
倾斜度公差	面对面倾斜度公差	公差带是距离为公差值 t 且与基准平面成一给定角度的两平行平面之间的区域 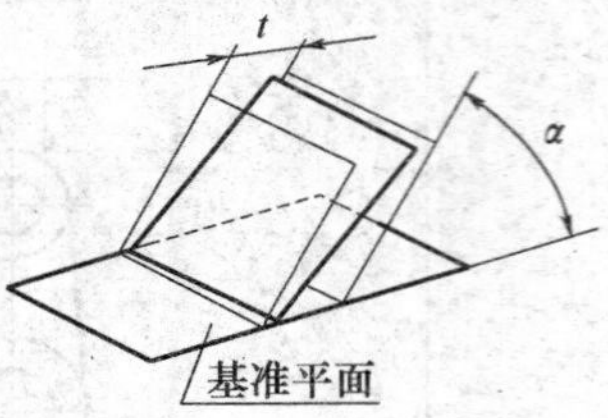	被测表面必须位于距离为公差值 0.08mm 且与基准平面 A 成理论正确角度 40° 的两平行平面之间 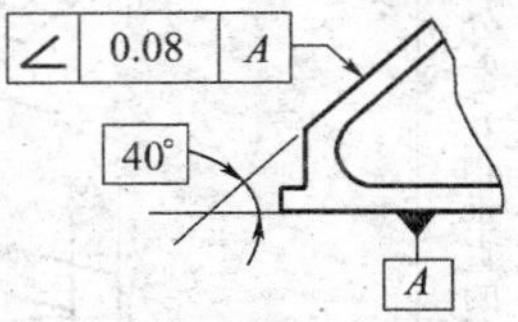
	线对线倾斜度公差	公差带是距离为公差值 t 且与基准直线成一给定角度的两平行平面之间的区域 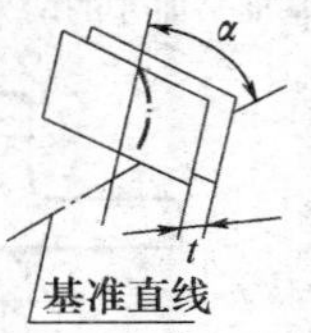	被测轴线必须位于距离为公差值 0.08mm 且与公共基准轴线 $A-B$ 成理论正确角度 60° 的两平行平面之间 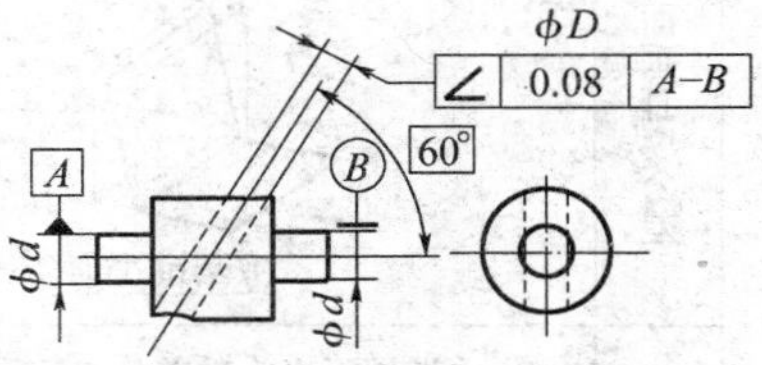

3. 定位公差带

定位公差是关联实际被测要素对具有确定位置的理想被测要素的允许变动量,理想被测要素的位置由基准及理论正确尺寸或角度确定。定位公差带是关联实际被测要素允许变动的区域,它一般具有确定的位置。

同轴度公差用以限制被测轴线对基准轴线的变动。同心度公差是限制被测圆心相对于基准圆心的变动。对称度公差用以限制被测中心要素(中心平面或中心线、轴线)对基准中心要素(中心平面或中心线、轴线)的变动。位置度公差用以限制被测点、线、面的实际位置对其理想位置的变动,其理想位置由基准及理论正确尺寸或角度确定。

典型同轴度、对称度和位置度公差带的定义和标注示例如表 4-5 所列。

表 4-5　典型同轴度、对称度和位置度公差带的定义和标注示例

特征项目		公差带定义	标注示例和解释
同轴度公差	点的同心度公差	公差带是直径为公差值 t 且与基准圆心同心的圆内的区域 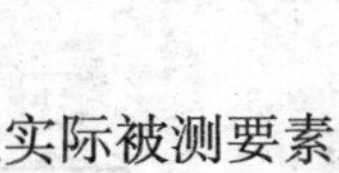	被测外圆的圆心必须位于直径为公差值 $\phi 0.01$ mm 且与基准圆心 A 同心的圆内 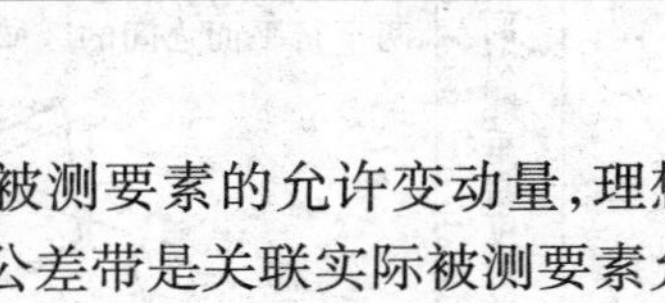

72

特征项目		公差带定义	标注示例和解释
同轴度公差	线的同轴度公差	公差带是直径为公差值 t 的圆柱面内的区域，该圆柱面的轴线与基准轴线同轴线 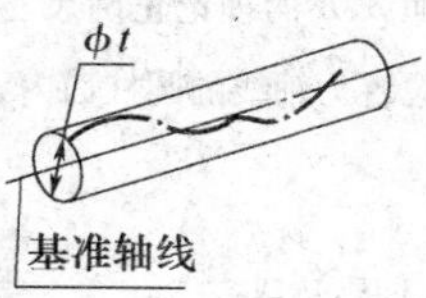 	ϕd_1 被测圆柱面的轴线必须位于直径为公差值 $\phi 0.04\text{mm}$ 且与基准轴线 A 同轴线的圆柱面内 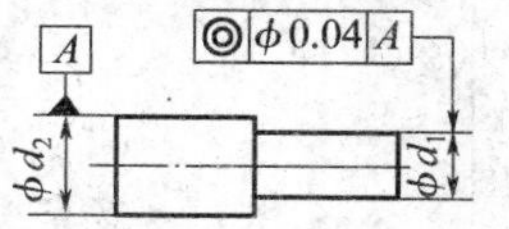
对称度公差	面对面对称度公差	公差带是距离为公差值 t 且相对于基准中心平面对称配置的两平行平面之间的区域 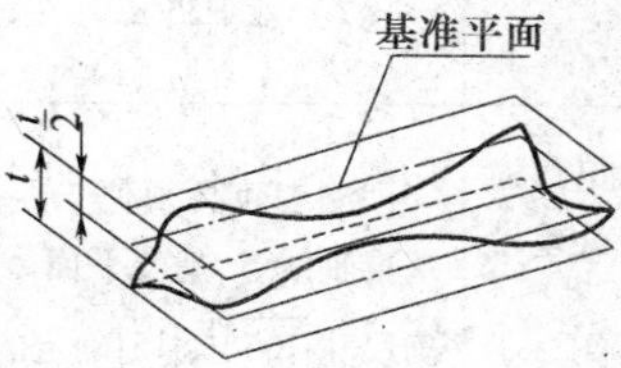 	被测中心平面必须位于距离为公差值 0.08mm 且相对于公共基准中心平面 $A-B$ 对称配置的两平行平面之间 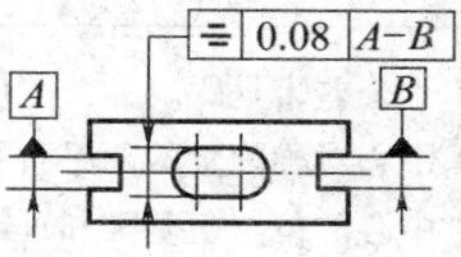
	面对线对称度公差	公差带是距离为公差值 t 且相对于基准轴线对称配置的两平行平面之间的区域 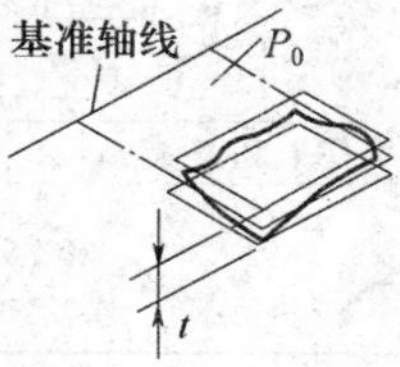 	宽度为 b 的被测键槽的中心平面必须位于距离为 0.05mm，且相对于基准轴线 B（通过基准轴线 B 的理想平面 P_0）对称配置的两平行平面之间 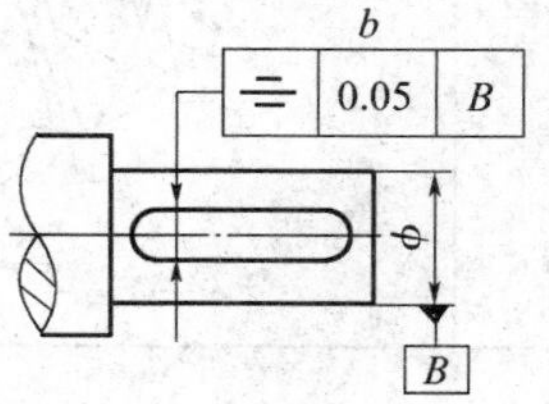
位置度公差	点的位置度公差	公差带是直径为公差值 t 且以点的理想位置为中心点的圆或球内的区域。该中心点的位置由基准和理论正确尺寸确定 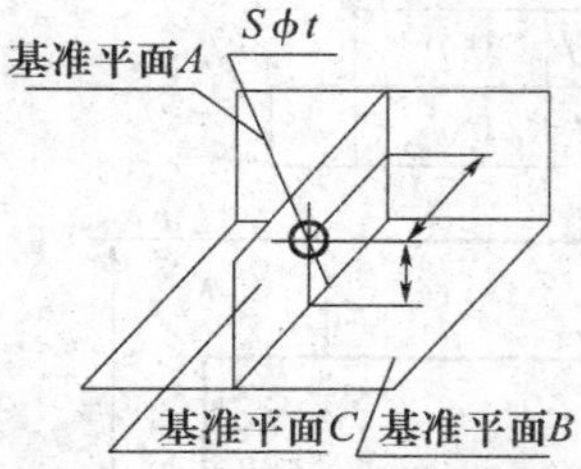 	被测球的球心必须位于直径为公差值 0.3mm 的球内。这 $S\phi 0.3$ 球的球心位于由基准平面 A、B、C 和理论正确尺寸 30、25 确定的理想位置上 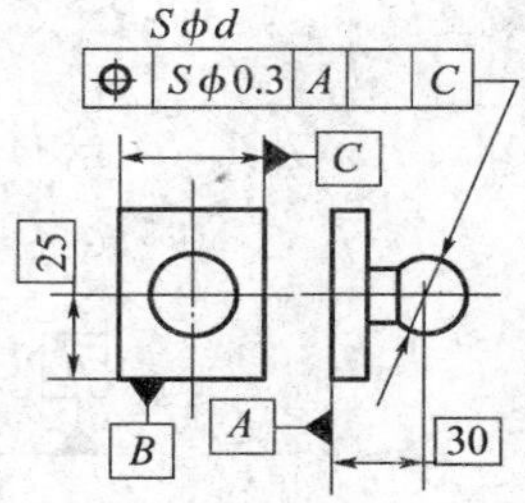

73

特征项目		公差带定义	标注示例和解释
位置度公差	线的位置度公差	公差带是直径为公差值 t 且以线的理想位置为轴线的圆柱面内的区域。公差带轴线（中心）的位置由基准和理论正确尺寸确定 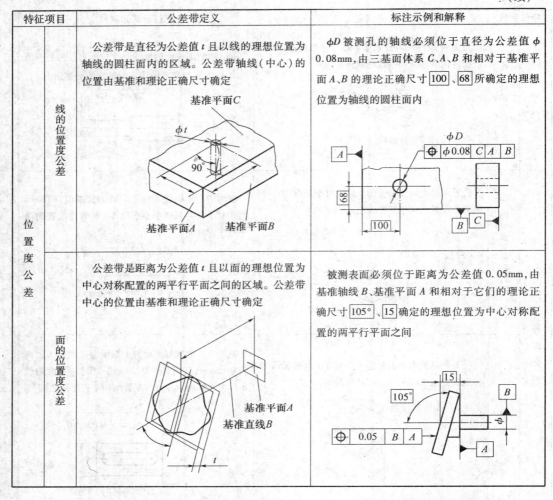	ϕD 被测孔的轴线必须位于直径为公差值 ϕ 0.08mm，由三基面体系 C、A、B 和相对于基准平面 A、B 的理论正确尺寸 100、68 所确定的理想位置为轴线的圆柱面内
	面的位置度公差	公差带是距离为公差值 t 且以面的理想位置为中心对称配置的两平行平面之间的区域。公差带中心的位置由基准和理论正确尺寸确定	被测表面必须位于距离为公差值 0.05mm，由基准轴线 B、基准平面 A 和相对于它们的理论正确尺寸 105°、15 确定的理想位置为中心对称配置的两平行平面之间

定位公差综合限制了被测要素位置、方向和形状误差。因此,对被测要素规定了位置公差后,无特殊要求时一般无需再规定形状公差和定向公差。仅在对其定向精度和(或)形状精度有进一步要求时,才另行给出定向公差或(和)形状公差,而定向公差值必须小于定位公差值,形状公差值必须小于定向公差值。如图 4-21 所示,对被测平面同时给出 0.03mm 平行度公差和 0.0lmm 平面度公差。

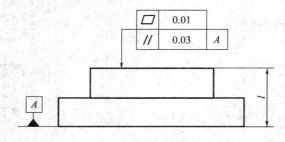

图 4-21　对被测要素同时给出平行度和平面度公差

74

4. 跳动公差带

跳动公差是基于特定的测量方法而定义的具有综合性质的位置公差,用以控制回转体(圆柱或圆锥)表面的实际轮廓相对于基准轴线的位置误差,包括圆跳动和全跳动公差。

根据允许变动的方向,圆跳动可以分为径向圆跳动、端面圆跳动和斜向圆跳动三种。

全跳动公差根据测量方向不同可分为径向全跳动和端面全跳动。

典型跳动公差带的定义和标注示例如表4-6所列。

表4-6　典型跳动公差带的定义和标注示例

特征项目		公差带定义	标注示例和解释
圆跳动公差	径向圆跳动公差	公差带是在垂直于基准轴线的任意测量平面内,半径差为公差值 t 且圆心在基准轴线上的两同心圆之间的区域 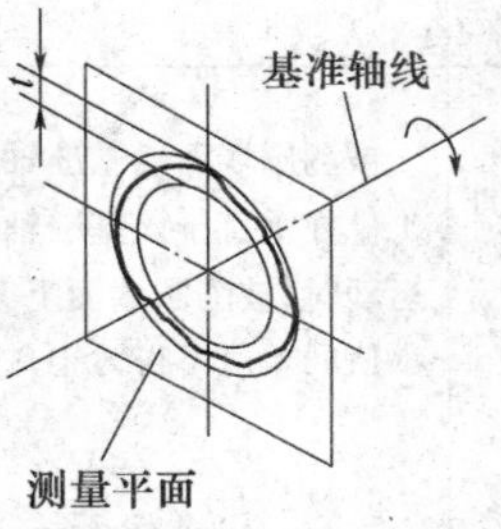	当被测圆柱面绕基准轴线 A 旋转一转时,在任意测量平面内的径向圆跳动均不得大于 0.1mm 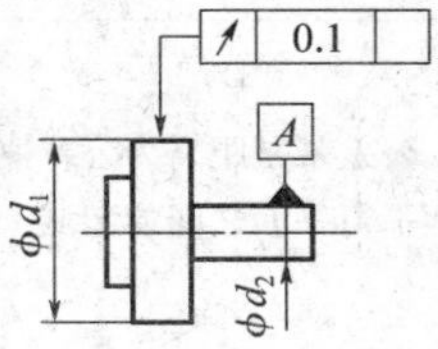
	端面圆跳动公差	公差带是在与基准轴线同轴线的任一半径位置的测量圆柱面上宽度为公差值 t 的两个圆之间的区域 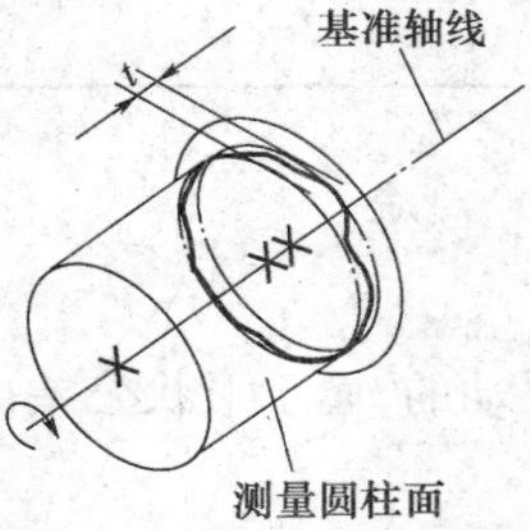	被测圆端面绕基准轴线 D 旋转一转时,在任一测量圆柱面上的轴向跳动均不得大于 0.1mm 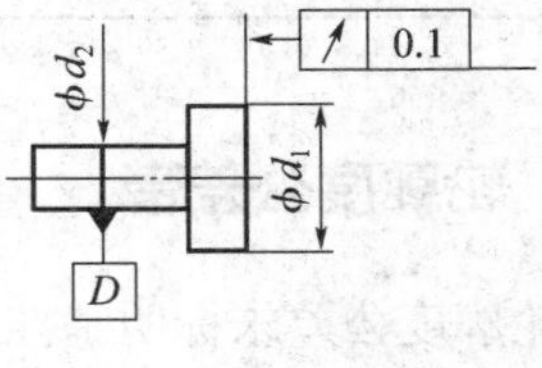
	斜向圆跳动公差	公差带是在与基准轴线同轴线的任一测量圆锥面上宽度为公差值 t 的一段圆锥面区域。除另有规定,测量方向应垂直于被测表面 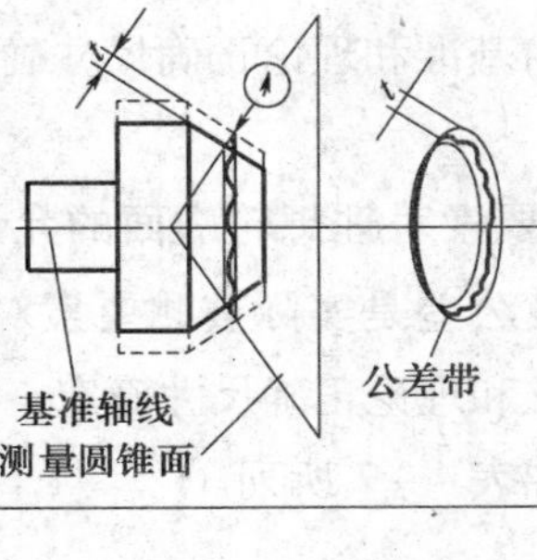	被测圆锥面绕基准轴线 C 旋转一转时,在任一测量圆锥面上的跳动均不得大于 0.1mm 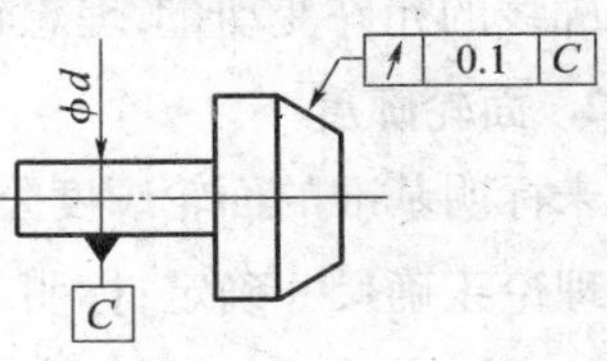

特征项目	公差带定义	标注示例和解释
全跳动公差 / 径向全跳动公差	公差带是半径差为公差值 t 且与基准轴线同轴线的两圆柱面之间的区域 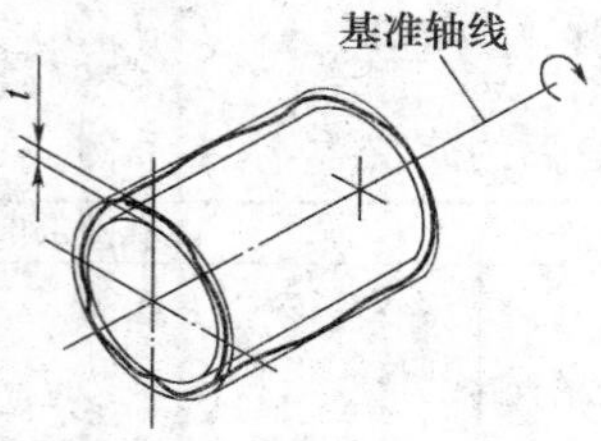 基准轴线 t	被测圆柱面绕公共基准轴线 $A-B$ 连续旋转,指示表与工件在平行于该公共基准轴线的方向作轴向相对直线运动时,被测圆柱面上各点的示值中最大值与最小值的差值不得大于 0.1mm 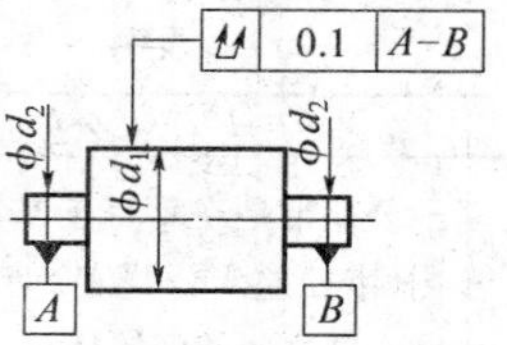 $\not{\angle\angle}$ 0.1 $A-B$ ϕd_2 ϕd_1 ϕd_2 A B
全跳动公差 / 端面全跳动公差	公差带是距离为公差值 t 且与基准轴线垂直的两平行平面之间的区域 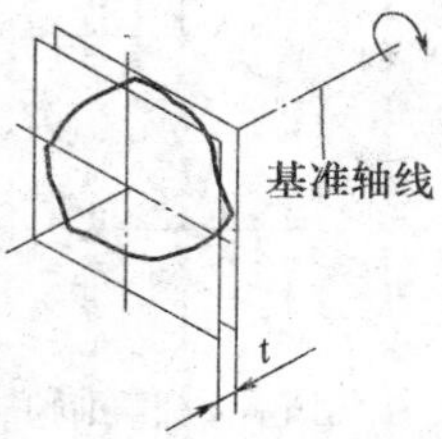 基准轴线 t	被测圆端面绕基准轴线 D 连续旋转,指示表与工件在垂直于该基准轴线的方向作径向相对直线运动时,被测圆端面上各点的示值中最大值与最小值的差值不得大于 0.1mm 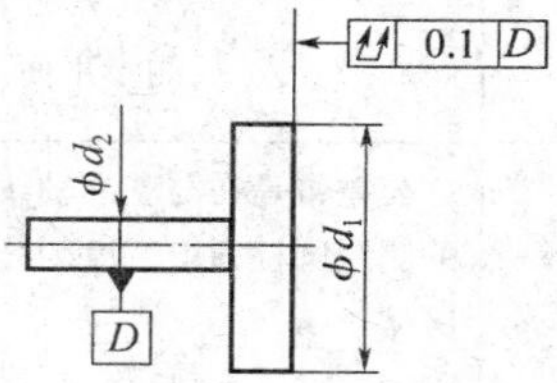 $\not{\angle\angle}$ 0.1 D ϕd_2 ϕd_1 D

4.3.3 轮廓度公差带

当轮廓度公差未标明基准时,其公差带是浮动的,属于形状公差;当轮廓度公差标明基准时,其公差带是固定的,属于位置公差。

1. 线轮廓度

未标明基准的线轮廓度公差是实际被测要素对理想轮廓线的允许变动量,理想轮廓线由理论正确尺寸确定;标明基准的线轮廓度公差是实际被测要素对具有确定位置的理想轮廓线的允许变动量,理想轮廓线的位置由基准和理论正确尺寸确定。

2. 面轮廓度

未标明基准的面轮廓度公差是实际被测要素对理想轮廓面的允许变动量,理想轮廓面由理论正确尺寸确定;标明基准的面轮廓度公差是实际被测要素对位置确定的理想轮廓面的允许变动量,理想轮廓面的位置由基准和理论正确尺寸确定。

线、面轮廓度公差带的定义和标注示例如表 4-7 所列。

表 4-7　线、面轮廓度公差带的定义和标注示例

特征项目	公差带定义	标注示例和解释
线轮廓度公差	公差带是包络一系列直径为公差值 t 的圆的两包络线之间的区域。这些圆的圆心位于具有理论正确几何形状的曲线上 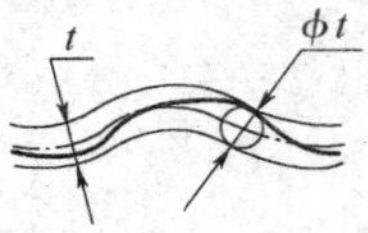	在平行于图样所示投影面的任一截面上，被测轮廓线必须位于包络一系列直径为公差值 0.04mm 的圆且圆心位于具有理论正确几何形状的曲线上的两包络线之间 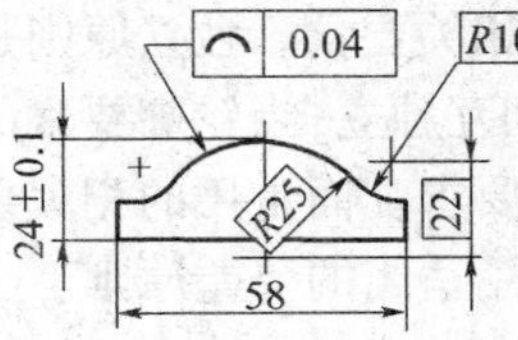 (a) 无基准要求的线轮廓度公差 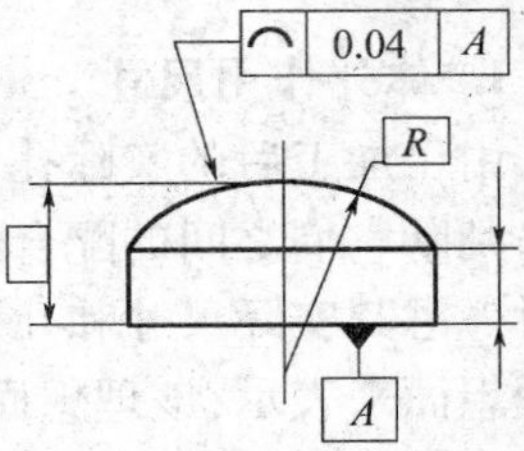 (b) 有基准要求的线轮廓度公差
面轮廓度公差	公差带是包络一系列直径为公差值 t 的球的两包络面之间的区域。这些球的球心位于具有理论正确几何形状的曲面上 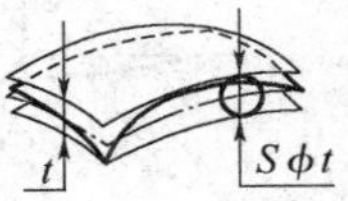	被测轮廓面必须位于包络一系列球的两包络面之间，这些球的直径为公差值 0.02mm 且球心位于具有理论正确几何形状的曲面上 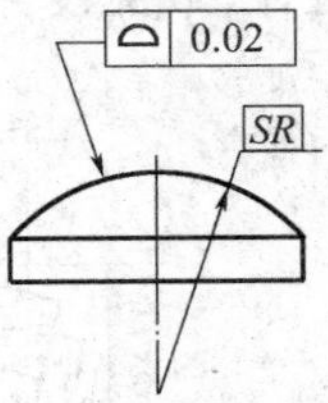 (a)无基准要求的面轮廓度公差 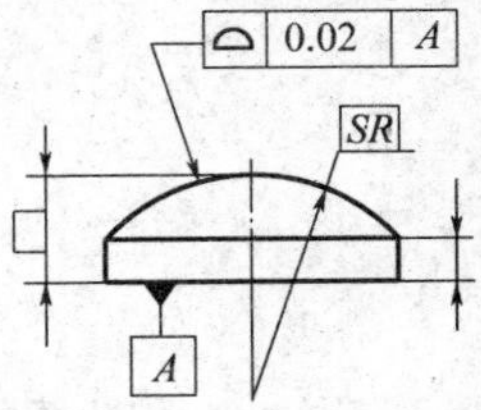 (b) 有基准要求的面轮廓度公差

4.4 公差原则

零件几何要素既有尺寸公差要求，又有几何公差要求，分别保证零件的尺寸精度和形位精度，它们是保证产品质量的两个方面，一般情况下彼此独立。但在一定条件下，二者可以相互影响，因此有必要研究二者的关系。

确定几何公差与尺寸公差之间相互关系的原则称为公差原则。公差原则分为独立原则和相关要求。独立原则是基本的公差原则，遵循该原则的尺寸公差与几何公差彼此无关、相互独立；当轮廓要素的尺寸公差与其相应的中心要素的几何公差相互有关，则采用相关要求。而常用的相关要求有包容要求、最大实体要求。设计时，从功能要求出发，合理选用适当的公差原则。

4.4.1 有关术语及定义

1. 体外作用尺寸

由于加工后的实际孔和轴存在形状误差和位置误差，因此不能单从孔和轴的实际尺寸来判断它们之间的配合性质或装配关系。为了保证设计要求的孔与轴的配合性质，应同时考虑其实际尺寸和几何误差的影响，二者的综合作用结果可用包容实际孔或实际轴的理想面来表示，该理想面的直径就称为实际孔或轴的体外作用尺寸。

1）单一要素的体外作用尺寸

在被测要素的给定长度上，与实际内表面（孔）体外相接的最大理想面（最大理想轴）的直径（或宽度），称为该内表面（孔）的体外作用尺寸，用 D_{fe} 表示，如图 4-22（a）所示。

在被测要素的给定长度上，与实际外表面（轴）体外相接的最小理想面（最小理想孔）的直径（或宽度），称为该外表面（轴）的体外作用尺寸，用 d_{fe} 表示，如图 4-22（b）所示。

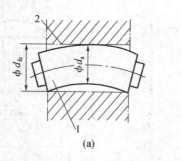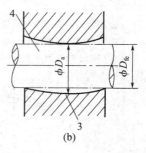

图 4-22 单一要素的体外作用尺寸

（a）轴的体外作用尺寸；（b）孔的体外作用尺寸。

1—实际被测轴；2—最小理想孔；3—实际被测孔；4—最大理想轴；

d_a—轴的实际尺寸；D_a—孔的实际尺寸。

2）关联要素的体外作用尺寸

关联要素的体外作用尺寸除满足单一要素体外作用尺寸的要求外，理想面的轴线还必须与基准保持图样上给定的几何关系。如图4-23所示，被测轴的体外作用尺寸是指在配合面全长上，与实际轴体外相接且轴线垂直于基准平面的最小理想孔的直径。

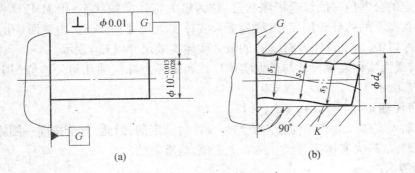

图4-23　关联要素的体外作用尺寸
（a）图样标注；（b）最小理想孔的轴线垂直于基准平面。
s_1, s_2, s_3—轴的实际尺寸。

体外作用尺寸是定义于实际要素上的，因此在一般情况下，按同一图样加工后的一批轴或孔的体外作用尺寸是不全相同的；但对任一实际的轴或孔的体外作用尺寸则是唯一确定的。

2. 最大实体状态（MMC）和最大实体尺寸（MMS）

最大实体状态是指实际要素在给定长度上处处位于尺寸公差带内并具有实体最大时的状态，即孔或轴的实际尺寸在尺寸公差范围内具有允许材料量最多时的状态，用MMC表示。

实际要素在最大实体状态下的极限尺寸称为最大实体尺寸，用MMS表示。内表面（孔）的最大实体尺寸以D_M表示；外表面（轴）的最大实体尺寸以d_M表示。根据定义，内、外表面的最大实体尺寸与其极限尺寸存在如下关系：

内表面（孔）：$D_M = D_{min}$

外表面（轴）：$d_M = d_{max}$

3. 最小实体状态（LMC）和最小实体尺寸（LMS）

最小实体状态是指实际要素在给定长度上处处位于尺寸公差带内并具有实体最小时的状态，即孔或轴的实际尺寸在尺寸公差范围内具有允许材料量最少时的状态，用LMC表示。

实际要素在最小实体状态下的极限尺寸称为最小实体尺寸，用LMS表示。内表面（孔）的最小实体尺寸以D_L表示；外表面（轴）的最小实体尺寸以d_L表示。根据定义，内、外表面的最小实体尺寸与其极限尺寸存在如下关系：

内表面（孔）：$D_L = D_{max}$

外表面（轴）：$d_L = d_{min}$

最大、最小实体状态及其相应的最大、最小实体尺寸是由设计给定的。当尺寸要素的极限尺寸设计给定时，其最大、最小实体状态和最大、最小实体尺寸就完全确定了。所以，对于按同一图样加工的一批孔或轴，其最大、最小实体尺寸是唯一的。

4. 最大实体实效状态(MMVC)和最大实体实效尺寸(MMVS)

在给定长度上,实际尺寸要素处于最大实体状态,且其中心要素的形状或位置误差等于设计给定的公差值时的综合极限状态,称为最大实体实效状态,用 MMVC 表示。最大实体实效状态下的体外作用尺寸,称为最大实体实效尺寸 MMVS。内表面(孔)的最大实体实效尺寸以 D_{MV} 表示;外表面(轴)的最大实体实效尺寸以 d_{MV} 表示。

可见,最大实体实效尺寸与最大实体尺寸和图样上标注的几何公差值(用 t 表示)有关,即内表面(孔): $D_{MV} = D_M - t = D_{min} - t$

外表面(轴): $d_{MV} = d_M + t = d_{max} + t$

由于最大实体尺寸和几何公差值均为设计时给定的,因此,对于按同一图样加工的一批孔或轴来说,最大实体实效尺寸是一个定值,是唯一的。

5. 边界

设计时,为了控制被测要素的实际尺寸和几何误差的综合影响,需要规定允许的极限,这种极限用边界的形式表示。边界是由设计给定的具有理想形状的极限包容面(圆柱面或两平行平面),该极限包容面的直径或距离称为边界的尺寸。对于内表面(孔)而言,其边界相当于一个具有理想形状的外表面(轴);对于外表面(轴)而言,其边界相当于一个具有理想形状的内表面(孔)。

当设计要求被测尺寸要素遵守特定的边界时,即要求该要素的实际轮廓不得超出该边界。根据零件的功能和经济性要求,有以下几种不同的边界。

(1) 最大实体实效边界(MMVB):尺寸为最大实体实效尺寸的边界。如图 4-24 所示。

(2) 最大实体边界(MMB):尺寸为最大实体尺寸的边界。如图 4-25 所示。

(3) 最小实体边界(LMB):尺寸为最小实体尺寸的边界。

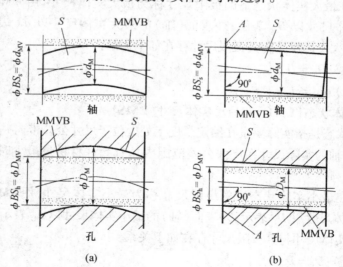

图 4-24　最大实体实效边界
(a) 单一要素;(b) 关联要素。

80

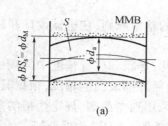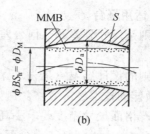

(a)　　　　　　　　　　　　(b)

图 4 – 25　最大实体边界
（a）轴；（b）孔。

BS_a、BS_h—轴、孔的边界尺寸；d_M、D_M—轴、孔的最大实体尺寸；MMB—最大实体边界；

S—轴、孔的实际轮廓；d_a、D_a—轴、孔的实际尺寸。

4.4.2　独立原则

1. 含义

独立原则是指图样上给定的某要素的尺寸公差与几何公差各自独立,彼此无关,分别满足各自要求的公差原则。即几何公差既不受尺寸公差的控制,也不依赖于尺寸公差的补偿,二者各自独立,分别满足零件的形位精度和尺寸精度要求。

2. 图样标注

在图样上,遵守独立原则的尺寸公差和几何公差分别独立标注,相互之间无任何特定的联系符号,如图 4 – 26 所示的尺寸公差和形状公差的标注。另外,采用独立原则时,还应在图样上标注文字说明"公差原则按 GB/T 4249"。

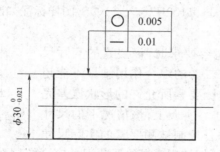

图 4 – 26　独立原则标注示例

3. 尺寸公差和几何公差的职能

采用独立原则时,尺寸公差仅控制被测要素的实际尺寸变动量,而不控制要素的形状误差或要素间的位置误差;而几何公差则只控制实际被测要素形状、方向或位置误差的变动量,与要素的实际尺寸无关,即无论要素的实际尺寸如何,实际被测要素均应控制在设计给定的几何公差带内。

图 4 – 26 中标注的含义是:加工后的所有轴的实际尺寸应在尺寸公差范围内,即 29.979mm ~ 30mm 内;无论某一个轴的实际尺寸如何,其圆度误差不得大于 0.005mm,素线的直线度误差不得大于 0.01mm。尺寸公差和几何公差中若有一项不满足要求,则该轴就不合格。

81

4. 主要适用场合

独立原则是尺寸公差和几何公差相互遵循的基本原则,在机械设计和制造中得到广泛的应用。

独立原则的设计出发点是为了保证零件尺寸、形状和位置精度中某项的单项功能要求,以获得最佳的技术经济效益。例如印刷机滚筒外圆表面的精度,根据其功能要求,形状精度要求严格而尺寸精度要求不高。因此应采用独立原则,规定严格的圆柱度公差和较大的尺寸公差,这样既经济又合理。又如零件上的通油孔,为保证规定的油流量必须有较高的尺寸精度,而孔的轴线弯曲并不影响油的流量。因此,设计通油孔时,采用独立原则规定孔的尺寸公差较严而轴线的直线度公差较大,可获得较好的技术经济效益。

4.4.3 包容要求

包容要求是尺寸公差与几何公差相互有关的一种相关要求,它只适用于单一要素的尺寸公差与形状公差之间的关系。

1. 含义

包容要求是指被测要素的实际轮廓应遵守其最大实体边界,即应用最大实体边界来控制被测要素的实际尺寸和形状误差的综合结果,要求被测要素的体外作用尺寸不超出最大实体尺寸,且其实际尺寸不超出最小实际尺寸。即

内表面(孔):$D_{fe} \geq D_M = D_{min}$ 且 $D_a \leq D_{max}$

外表面(轴):$d_{fe} \leq d_M = d_{min}$ 且 $d_a \geq d_{min}$

2. 图样标注

采用包容要求的被测要素,应在其基本尺寸的极限偏差或尺寸公差带之后标注符号 Ⓔ,如 $\phi50_0^{+0.025}$ Ⓔ、$\phi50k6$ Ⓔ、$\phi100H7(_0^{+0.035})$ Ⓔ。图样标注如图 4-27 所示。

3. 包容要求的实质

单一被测要素采用包容要求时,该要素的实际尺寸和形状误差相互依赖,二者的综合作用结果不能超出最大实体边界,所以被测要素所允许的形状误差完全取决于实际尺寸的大小。实质上,该情况下的尺寸公差具有双重作用,即综合控制被测要素的实际尺寸

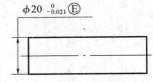

图 4-27 包容要求标注示例

变动和形状误差,也就是要把被测要素的形状误差完全控制在尺寸公差范围内。若轴或孔的实际尺寸处处皆为最大实体尺寸时,则其形状误差必须为零,才能不超出最大实体边界,即合格;当轴或孔的实际尺寸处处皆为最小实体尺寸时,其形状误差的允许值可达最大值,该值刚好等于尺寸公差值。

图 4-27 所示的图样标注,轴的实际轮廓不得超过直径为 $\phi20mm$ 的最大实体边界MMB,也就是要求实际尺寸在公差范围内的每一个轴的体外作用尺寸均不大于 20mm。当轴处于最大实体状态时,由于受到最大实体边界 MMB 的限制,不允许存在任何形状误差,如图 4-28(a)所示;假设轴各处的截面形状正确,只存在轴线的直线度误差,则当轴处于最小尺寸状态时,其直线度误差允许值可达 0.021mm,即尺寸公差值,如图 4-28(b)所示。当轴的实际尺寸介于最大实体尺寸和最小实体尺寸时,其形状误差值则随轴实际尺寸而呈规律变化。

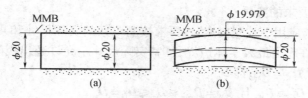

图4-28 包容要求实质举例

（a）轴处于最大实体状态；（b）轴处于最小实体状态。

4. 主要适用场合

包容要求的设计出发点是满足配合要求。设计时通过对相配合的孔、轴规定一个最大实体边界 MMB，要求孔、轴的实际轮廓表面不得超出该边界，这样就可以保证要求的间隙或过盈，即配合性质。所以，包容要求常用于严格保证孔、轴配合性质的场合。

例如，孔 $\phi20H7({}_{0}^{+0.021})$ 与轴 $\phi20h6({}_{-0.013}^{0})$ 的间隙配合中，孔和轴分别采用包容要求，通过孔和轴各自遵守最大实体边界，可以保证其最小间隙为零的配合性质，而不会因孔和轴的形状误差而产生过盈。若采用独立原则，则该孔与轴的装配可能产生过盈。

4.4.4 最大实体要求

最大实体要求是适用于中心要素的一种相关要求，它既可以应用于被测要素，也可以应用于基准要素。此处仅介绍最大实体要求应用于被测要素的情况。

1. 含义

最大实体要求应用于被测要素，是指被测要素的实际轮廓应遵守其最大实体实效边界，即应用最大实体实效边界控制被测要素的实际尺寸和几何误差的综合结果。也就是说，被测要素的体外作用尺寸不得超出最大实体实效尺寸，且其实际尺寸不得超出最大和最小实际尺寸。

2. 图样上的标注

最大实体要求应用于被测要素时，应在被测要素几何公差框格中的公差值后标注符号Ⓜ（图4-29（a））；最大实体要求应用于基准要素时，应在被测要素的几何公差框格内相应的基准字母代号后标注符号Ⓜ（图4-29（b））。

若被测要素采用最大实体要求时，其给出的几何公差值为零，则称为最大实体要求的零几何公差，在被测要素的几何公差框格的公差值一格中用"0 Ⓜ"表示，如图4-29（c）所示。

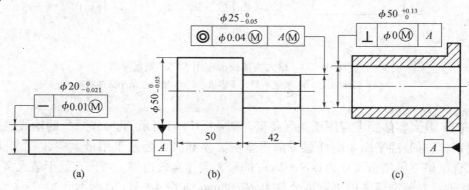

图4-29 最大实体要求的标注示例

83

3. 最大实体要求的实质

最大实体要求应用于被测要素时,要求被测要素的实际尺寸和几何误差的综合结果(实际轮廓)不允许超出最大实体边界,且其实际尺寸不允许超出极限尺寸(或最大和最小实体尺寸)。即 $D_M = D_{min}$ 且 D_a

内表面(孔): $D_{fe} \geq D_{MV}$ 且 $D_M = D_{min} \leq D_a \leq D_L = D_{max}$

外表面(轴): $d_{fe} \leq d_{MV}$ 且 $d_M = d_{max} \geq d_a \geq d_L = D_{min}$

图样上标注的被测要素的公差值是该要素处于最大实体状态时给出的。在被测要素的实际轮廓不超出最大实体边界的前提下,当被测要素的实际轮廓偏离其最大实体状态,即其实际尺寸偏离最大实体尺寸时,几何误差值可以超出图样上标注的几何公差值,即几何公差值可以增大。此时,公差值的增量实质上是因被测要素自最大实体状态向最小实体状态偏离时,从尺寸公差中获得的补偿值;当被测要素处于最小实体状态时,其公差值增量允许达最大值,最大增量等于被测要素的尺寸公差值。

因此,被测要素的尺寸公差和几何公差遵守最大实体原则时,二者之间实质是一种补偿与被补偿的关系。下面举例说明最大实体原则的补偿原理。

(1)最大实体要求应用于单一要素。图 4-30(a)所示,轴 $\phi 20^{0}_{-0.021}$ 的轴线是单一被测要素,其直线度公差和尺寸公差采用最大实体要求,即二者的综合结果不得超出尺寸为 $\phi 20.01$ mm 的最大实体实效边界。

当该轴处于最大实体状态时,其轴线直线度公差为 $\phi 0.01$ mm,如图 4-30(b)所示。若轴的实际尺寸向最小实体尺寸方向偏离最大实体尺寸,即小于最大实体尺寸 $\phi 20$ mm 时,在保证轴的实际轮廓不超出最大实体实效边界的前提下,其轴线直线度误差可以超出图样给出的公差值 $\phi 0.01$ mm。因此,当轴的实际尺寸处处相等时,其轴线直线度公差的增量就等于它相对于最大实体尺寸的偏离量。例如,当轴的实际尺寸处处为 $\phi 19.9$ mm 时,其直线度公差 $t = 0.01 + 0.01 = \phi 0.02$ mm,其中的增量 $\phi 0.01$ mm 就是轴对最大实体尺寸的偏离量,也就是尺寸公差对几何公差的补偿量。当轴的实际尺寸处处为最小实体尺寸 $\phi 19.979$ mm,即处于最小实体状态时,其轴线直线度公差可达最大值,且等于给出的直线度公差和尺寸公差之和,$t = 0.01 + 0.021 = \phi 0.031$ mm,如图 4-43(c)所示。

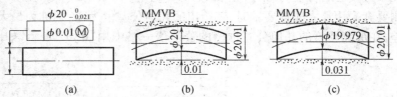

图 4-30 最大实体要求应用于单一要素举例

(a)图样标注;(b)轴处于最大实体状态;(c)轴处于最小实体状态。

(2)最大实体要求应用于关联要素。图 4-31(a)所示,孔 $\phi 50^{+0.13}_{0}$ 的轴线是关联被测要素,其对基准平面 A 的任意方向垂直度公差和尺寸公差采用最大实体要求,即二者的综合结果不得超出尺寸为 $\phi 49.92$ mm 的最大实体实效边界。当该孔处于最大实体状态时,其轴线对基准面 A 的垂直度公差为 $\phi 0.08$ mm,如图 4-31(b)所示。

若孔的实际尺寸向最小实体尺寸方向偏离最大实体尺寸,即大于最大实体尺寸 $\phi50$mm 时,在保证孔的实际轮廓不超出最大实体实效边界的前提下,其轴线对基准面 A 的垂直度误差可以超出图样给出的公差值 $\phi0.08$mm。因此,当孔的实际尺寸处处相等时,其轴线对基准面 A 的垂直度公差的增量就等于它对最大实体尺寸的偏离量。例如,当孔的实际尺寸处处为 $\phi50.07$mm 时,其直线度公差 $t = \phi0.08 + \phi0.07 = \phi0.15$mm,其中 $\phi0.07$mm 就是孔对最大实体尺寸的偏离量,也就是尺寸公差对几何公差的补偿量。当孔的实际尺寸处处为最小实体尺寸 $\phi50.13$mm 时,其轴线对基准面 A 的垂直度公差可达最大值,且等于给出的垂直度公差和尺寸公差之和,$t = \phi0.08 + \phi0.13 = \phi0.21$mm,如图 4-31(c)所示。

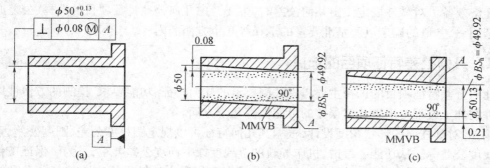

图 4-31　最大实体要求应用于单一要素举例

（3）最大实体要求的零几何公差。图 4-32(a)所示,孔 $\phi50^{+0.13}_{-0.08}$ 的轴线对基准平面 A 的任意方向垂直度公差采用最大实体要求,其最大实体实效边界的尺寸为 $\phi49.92$mm,即最大实体尺寸。当该孔处于最大实体状态时,其轴线对基准面 A 的垂直度公差为 0,即轴线必须具有理想形状且垂直于基准面 A,如图 4-32(b)所示。

只有当孔的实际尺寸向最小实体尺寸方向偏离最大实体尺寸,即大于最大实体尺寸 $\phi49.92$mm 时,才允许其轴线对基准面 A 有垂直度误差,但必须保证孔的作用尺寸(实际轮廓)不超出(不小于)最大实体实效尺寸。因此,当孔的实际尺寸处处相等时,它对最大实体尺寸的偏离量就等于其轴线对基准面 A 的垂直度公差。例如,当孔的实际尺寸处处为 $\phi50.02$mm 时,其直线度公差 $t = \phi0.10$mm,就是孔对最大实体尺寸的偏离量,也就是尺寸公差对几何公差的补偿量。当孔的实际尺寸处处为最小实体尺寸 $\phi50.13$mm 时,其轴线对基准面 A 的垂直度公差可达最大值,即孔的尺寸公差,$t = \phi0.21$mm,如图 4-32(c)所示。

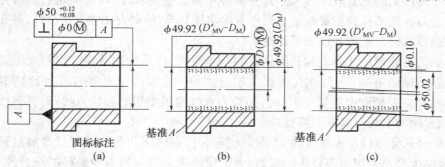

图 4-32　最大实体要求的零几何公差

4. 主要适用场合

最大实体要求的设计出发点是保证零件能自由装配。因此,它主要适用于精度要求不高,仅保证可装配性的场合。例如,螺栓或螺钉连接中通孔的位置度公差广泛采用最大实体要求,以便充分利用图样上给出的通孔尺寸公差,获得最佳的技术经济效益。

4.5 几何公差的选用

在机械设计中,正确地选用几何公差项目并合理确定公差值是一项十分复杂而又重要的技术工作。它不仅影响产品的质量和寿命,而且关系着零件加工的难易程度、生产效率和经济效益。对零件规定注出几何公差时,主要考虑几何公差特征项目的选择、公差原则的选用、公差值的确定以及基准要素的选择等几个方面的内容。

4.5.1 几何公差特征项目的选择

几何公差特征项目的选择主要考虑被测要素的几何特征、功能要求、检测的方便性以及零件在加工过程中出现几何误差的可能性等几个方面。

例如,对圆柱面的形状精度设计,根据其几何特征可以规定圆柱度公差、圆度公差、素线直线度公差等。从功能上考虑,机床导轨的直线度或平面度公差要求,是为了保证工作台的运动平稳性和较高的运动精度;与滚动轴承内孔相配合的轴径规定圆柱度公差和轴肩的端面跳动公差是为了保证滚动轴承的装配精度和旋转精度。考虑到测量圆跳动比较方便,通常对轴类零件规定径向圆跳动或全跳动公差来控制其圆度、圆柱度及同轴度误差。从加工角度考虑,对齿轮箱体上的轴承孔规定同轴度公差是为了控制镗孔加工时容易出现的孔的同轴度误差和位置度误差;阶梯轴或孔加工时易出现同轴度误差,需提出同轴度公差要求等。

选择几何公差特征项目时,应注意各项目之间的关系和特点,避免对同一被测要素重复提出要求。例如,端面圆跳动公差可以代替对轴线的垂直度要求;对同一被测要素规定圆柱度公差,一般不再规定圆度公差;定向公差可以控制与其有关的形状公差,定位公差可以控制与其有关的形状和定向公差。

4.5.2 公差原则的选择

对同一零件上同一要素既有尺寸公差又有几何公差要求时,需要确定它们遵守的公差原则。公差原则的选择主要根据被测要素的功能要求、检测方便性及经济性,并充分考虑尺寸公差对几何公差的补偿的可能性。

独立原则是处理尺寸公差和几何公差的基本原则,应用较为普遍。按独立原则给出的几何公差值是固定的,不允许几何误差超过该值。它常用于对零件有特殊功能要求(尺寸、形状和位置精度中的某一项)时,如检验直线度误差用的刀口直尺,对其直线度要求较高;测量用的平板对其平面度要求较高,等等。

为了严格保证零件的配合性质,即保证相配合件的极限间隙或极限过盈满足设计要求,对重要的配合常采用包容要求。例如,为了保证滚动轴承内圈与轴径的配合性质,轴径应采用包容要求;齿轮的内孔与轴的配合,如需严格保证其配合性质时,齿轮内孔与轴径都应采用包容要求。

对于仅需要保证零件的可装配性,而为了便于零件的加工制造时,可采用最大实体原则。如法兰盘或箱体盖上的孔的位置度公差常采用最大实体要求,这样螺钉孔与螺钉之间的间隙可以给孔间的位置度公差以补偿,从而降低了加工成本,方便了装配。

总之,在保证零件功能要求的前提下,最大限度地提高其工艺性和经济性,是合理选择公差原则的关键。

4.5.3 公差值的确定

国家标准对几何公差值分为注出公差和未注出公差两种表示方法:对形位精度有特殊要求的被测要素,需选择适当、合理的几何公差值,并在图样上用公差框格的形式正确标出;而对几何公差要求不高,用一般加工工艺就能保证精度时,为了简化图样标注,不必单独标出其几何公差而采用未注公差的形式。零件所采用的未注公差应在零件图的技术要求中用文字说明。

几何公差值主要根据被测要素的功能要求和加工经济性等来选择,即在满足使用要求的前提下选取最经济的公差值。

1. 注出几何公差值的确定

确定几何公差值的方法有计算法和类比法,常用的是类比法,即根据现有的经验和资料,参照经过实际生产验证且效果良好的同类产品,将所设计的产品与其进行对比,经分析后确定所设计零件的几何公差值。

在 GB/T 1184—1996 中,对直线度、平面度、圆度、圆柱度、平行度、垂直度、倾斜度、同轴度、对称度、圆跳动和全跳动 11 个公差特征,公差项目分别规定了若干公差等级及相应的公差值。

GB/T 1184—1996 对圆度和圆柱度两个公差特征项目分别规定了 13 个公差等级,用阿拉伯数字 0,1,2,…,12 表示,0 级最高,12 级最低;其余 9 个特征公差项目分别规定了 12 个公差等级,用阿拉伯数字 1,2,…,12 表示,1 级最高,12 级最低。表 4-8 至表 4-15 举例列出了 11 个几何公差特征项目的部分公差等级的应用场合,供选择几何公差等级时参考。

GB/T 1184—1996 分别规定了 11 个几何公差特征项目的不同公差等级所对应的公差值,见附表 4-1~附表 4-3。确定公差特征项目的公差值时,根据所选择的公差等级从相应表格中查取数值。查表时应注意表中主参数的含义。此外,附表 4-5 还规定了位置度公差数系。

对已有专门标准规定的几何公差,应分别按各自的专门标准确定公差值。例如与滚动轴承配合的轴径和箱体孔的几何误差、矩形花键的位置度公差和对称度公差以及齿轮坯的几何公差和齿轮箱体上两对轴承孔的公共轴线之间的平行度公差等。

2. 未注出几何公差值的确定

GB/T 1184-1996 对未注几何公差作了如下规定。

直线度、平面度、垂直度、对称度和圆跳动的未注公差分别分 H、K 和 L 三个公差等级,其中 H 级最高,L 级最低。各公差等级对应的未注公差值分别见附表 4-4~附表4-7。

圆度的未注公差值等于给出的直径公差值,但不能大于其径向圆跳动的未注公差值。由于圆柱度误差可分解为圆度误差、素线直线度误差和相对素线的平行度误差,所以圆柱度精度由圆度、素线直线度和相对素线平行度的未注出公差综合控制。

平行度的未注公差值等于被测要素和基准要素间的尺寸公差与被测要素的形状公差(直线度或平面度)的未注公差值中的较大值,并取两要素中较长者作为基准。若两要素长度相同,则可选两者中任一个作为基准。

GB/T 1184—1996 未对同轴度的未注公差值作出规定,必要时,可以取同轴度的注出公差值等于圆跳动的未注公差值。此外,倾斜度的未注公差值可以采用适当的角度公差代替。对于轮廓度和位置度要求,若不标注理论正确尺寸和几何公差,而标注坐标尺寸,则按坐标尺寸的规定处理。

未注几何公差值应根据零件的特点和生产单位的具体工艺条件,由生产单位自行选定。采用 GB/T 1184—1996 规定的未注几何公差值时,应在图样上标题栏附近或技术要求中注出标准号和所选用公差等级的代号,并用"−"隔开。例如,选用 K 级时标注:未注几何公差按 GB/T 1184—K。

4.5.4　基准要素的选择

确定被测要素的位置公差时,必须确定其基准。选择基准时,主要根据零件的功能和设计要求来考虑,并兼顾基准统一的原则和零件结构特征。根据需要可以选择单一基准、公共基准或多基准。

从设计考虑,应根据零件的功能要求及要素间的几何关系来选择基准,例如,轴类零件常以与滚动轴承配合的轴径表面或轴两端的中心孔的公共轴线为基准。从加工工艺考虑,应选择零件加工过程中的定位要素作为基准;从检测考虑,应选择零件检测时在计量器具中的定位要素为基准;等等。基准要素通常应具有较高的形状精度、较大的刚度和面积。

4.6　几何误差的检测

几何误差是指实际被测要素对其理想要素的变动量,是几何公差的控制对象。加工后的零件,其被测要素的几何误差经一定的方法检测后,其数值不大于设计给定的公差值,则认为是合格的。

4.6.1　几何误差及其评定

1. 形状误差及其评定

形状误差是指实际单一要素对其理想要素的变动量,理想要素的位置应符合最小条件。

最小条件是评定几何误差的基本原则,其含义是理想要素处于符合最小条件的位置时,实际单一要素对理想要素的最大变动量为最小。现以直线度误差为例说明最小条件,如图 4 − 33 所示。被测实际要素的理想要素是唯一的,即是一直线,但理想要素的位置有无穷多个,如图中的 A_1B_1,A_2B_2,A_3B_3。由于所取的理想要素的位置不同,所得的实际要素对理想要素的最大变动量不同,分别为f_1,f_2,f_3。其中f_1最小,即直线A_1B_1为符合最小条件的理想要素,因此实际被测直线的直线度误差为f_1。

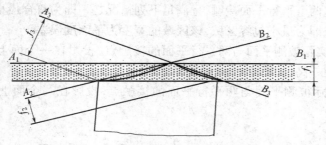

图4-33 最小条件示例

评定形状误差时,按最小条件的要求,用最小包容区域(简称最小区域)的宽度或直径来表示形状误差值。所谓最小区域是指包容实际被测要素且具有最小宽度或直径的包容区域,其形状与相应形状公差项目的公差带形状相同。例如,平面度误差用包容实际平面且距离为最小的两平行平面间的距离评定;圆度误差用包容实际圆且值为最小的两同心圆的半径差来评定。

1)给定平面内直线度误差值的评定

直线度误差可采用最小条件法评定。如图4-34所示,在给定平面内,若两平行直线与实际被测直线的接触呈高低相间接触状态,即高低高或低高低,则此理想要素为符合最小条件,这两条平行直线之间的区域即为最小包容区域,该区域的宽度即为直线度误差值。

直线度误差还可通过两端点连线法评定。如图4-35所示,以实际被测直线首尾两点的连线为理想要素,作平行于该连线且包容实际被测要素的两平行直线,则此平行直线间的坐标距离即为直线度误差。

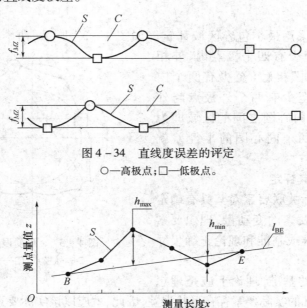

图4-34 直线度误差的评定
○—高极点;□—低极点。

图4-35 端点连线法评定直线度误差

89

2）平面度误差的评定

平面度误差值应采用最小包容区评定。两平行平面包容实际被测平面 S 时，S 上至少有四个极点与这两个平行平面接触，且满足下列情况之一即为符合最小条件，则这两平行平面之间的区域即为最小包容区域，该区域的宽度为平面度误差。

三角形准则：实际被测平面与两平行平面的接触点，投影在一个面上呈三角形，且三高夹一低或三低夹一高，如图 4 - 36(a) 所示。

交叉准则：实际被测平面与两平行平面的接触点，投影在一个面上呈交叉形，如图 4 - 36(b) 所示。

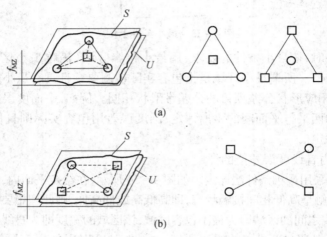

(a)

(b)

图 4 - 36　平面度误差的评定

（a）三角形准则；（b）交叉准则。

3）圆度误差的评定

圆度误差值应采用最小包容区域评定。如图 4 - 37 所示，两个同心圆包容实际被测圆 S 时，S 上至少有四个极点内、外相间地与这两个同心圆接触（至少有两个内极点与内圆接触，至少有两个外极点与外圆接触），则这两个同心圆之间的区域即为最小包容区域，这两个同心圆的半径差就是圆度误差值。

2. 位置误差及其评定

位置误差是实际关联要素对其具有确定方向或位置的理想要素的变动量，理想要素的方向或位置由基准或基准和理论正确尺寸确定。

评定位置误差的基准，理论上应是理想基准要素。由于基准的实际要素存在形状误差，因此，就应以该实际要素的理想要素为基准，该理想要素的位置应符合最小条件。

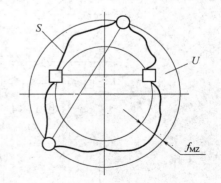

图 4 - 37　圆度误差的评定

〇—外极点；□—内极点。

90

4.6.2 几何误差的检测原则

几何误差的项目很多,根据被测要素的几何特征和精度要求,相应的检测方法也很多。但是,各种检测方法的检测原则可概括为以下五种。

1. 与理想要素比较原则

该原则是指将被测要素与其理想要素比较,从而确定几何误差的大小。理想要素的位置用模拟法获得。此原则在几何误差测量中应用广泛。例如,将被测直线与模拟理想直线的刀口尺刀刃相比较,根据它们接触时光隙的大小确定直线度误差值,如图4-38所示。再如,将实际被测平面与模拟理想平面的平板工作面相比较,用指示表在被测实际表面上的各点进行测量,指示表的最大与最小示数之差就是该零件顶面对基准底面的平行度误差值。

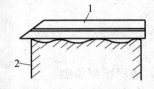

图4-38 与理想要素
比较原则应用示例
1—刀口尺;2—被测零件。

2. 测量坐标值原则

该原则是指利用计量器具的坐标系,测出实际被测要素上各点对该坐标系的坐标值,经过计算确定被测要素的几何误差值。例如图4-39所示,将被测零件安放在坐标测量仪上,使其基准 A 和 B 分别与测量仪的 x 和 y 坐标轴方向一致。然后,测量出孔轴线的实际位置的坐标值,利用孔轴线的理想位置的坐标值,经计算可获得实际坐标值对理想坐标值的偏差,即被测孔轴线的位置度误差值。

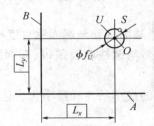

图4-39 测量坐标值原则应用示例

3. 测量特征参数原则

测量特征参数原则是指测量实际被测要素上具有代表性的参数,用其表示几何误差值。如用两点法测量圆柱面的圆度误差,在同一横截面内的几个方向上测量直径,取相互垂直的两直径差值中的最大值的一半作为该截面内的圆度误差。利用该检测原则测得的几何误差值通常是近似值。

4. 测量跳动原则

即被测要素绕基准轴线回转过程中,沿给定方向测量其对某参考点或线的变动量。例如,图4-40所示零件的径向圆跳动和端面圆跳动就是按此原则测量的。测量时,零件无间隙地装在心轴上,心轴安装在两同轴的顶尖之间,则两同轴顶尖的轴线就体现了基准轴线。实际被测圆柱面绕基准轴线回转过程中,固定的指示表的测头沿被测圆周作径向移动,其示值的最大值与最小值之差即为径向圆跳动数值;若实际被测圆柱面绕基准轴线回转过程中,位置固定的指示表的测头沿被测端面作轴向移动,其示值的最大值与最小值之差即为端面圆跳动数值。

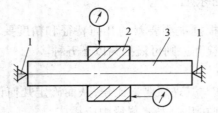

图 4-40　测量跳动原则应用示例

1—顶尖；2—被测零件；3—心轴。

5. 边界控制原则

即检验被测要素是否超出设计给定的边界，以此来判断零件是否合格。通常用光滑极限量规的通规或功能量规的检验部分模拟体现给定的边界，以此来检测实际被测要素。若被测要素的实际轮廓能被量规通过，则合格；否则不合格。

以上五种基本的检测原则概括了几何误差检测的各种方法。在具体项目的检测中，可按照这些基本的检测原则，根据被测零件的特点和有关条件，选择合理的检测方法，也可根据这些基本的检测原则，选择其他的检测方法和测量装置。

习　题

4-1　径向圆跳动与同轴度、端面跳动与端面垂直度有哪些关系？

4-2　试述径向全跳动公差带与圆柱度公差带、端面跳全动公差带与回转体端面垂直度公差带的异同点。

4-3　什么是评定形状误差的最小条件和最小包容区？按最小条件评定几何公差有何意义？

4-4　如图 4-41 所示，试按要求填空并回答问题。

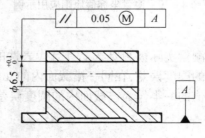

图 4-41　习题 4-4 附图

（1）当孔处在最大实体状态时，孔的轴线对基准平面 A 的平行度公差为____ mm。

（2）孔的局部实际尺寸必须为____ mm ~ ____ mm。

（3）孔的直径均为最小实体尺寸 $\phi6.6$mm 时，孔轴线对基准 A 的平行度公差为____ mm。

（4）一实际孔，测得其孔径为 $\phi6.55$mm，孔轴线对基准 A 的平行度误差为 0.12mm。问该孔是否合格？

92

（5）孔的实效尺寸为____ mm。

4-5　说明图4-42中形状公差代号标注的含义（按形状公差读法及公差带含义分别说明）。

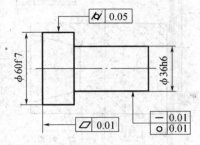

图4-42　习题4-5附图

4-6　将下列各项几何公差要求标注在图4-43上。

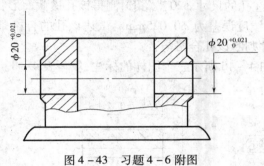

图4-43　习题4-6附图

（1）底面的平面度公差0.012mm；

（2）两个 $\phi 20_0^{+0.021}$ mm 孔的轴线分别对它们的公共轴线的同轴度公差0.015mm；

（3）两个 $\phi 20_0^{+0.021}$ mm 孔的公共轴线对底面的平行度公差0.01mm。

4-7　将下列两项几何公差要求标注在图4-44上。

（1） ϕD 孔轴线相对于两个宽度为 b 的槽的公共基准中心平面的对称度公差0.02mm；

（2）两个宽度为 b 的槽的中心平面分别相对于它们的公共基准中心平面的对称度公差0.01mm。

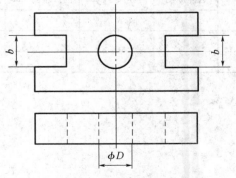

图4-44　习题4-7附图

4-8 试改正图 4-45 所示的图样上几何公差的标注错误(几何公差项目不允许改变)。

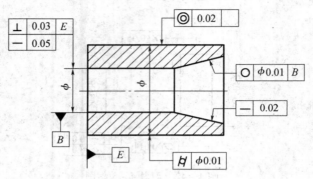

图 4-45 习题 4-8 附图

4-9 图样上标注孔的尺寸 $\phi20^{+0.005}_{-0.034}$Ⓔ,测得该孔横截面形状正确,实际尺寸处处皆为 19.985mm,轴线直线度误差为 $\phi0.025$mm。试述该孔的合格条件,并确定该孔的体外作用尺寸,按合格条件判断该孔合格与否?

4-10 试根据图 4-46 所示三个图样的标注,填写表 4-8。

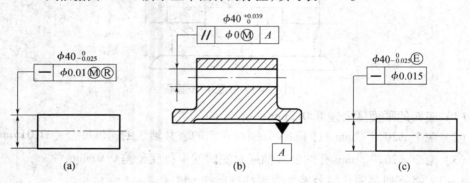

图 4-46 习题 4-10 附图

表 4-8 习题 4-10 附表

图号	最大实体尺寸/mm	最小实体尺寸/mm	采用的公差原则	边界名称及边界尺寸/mm	MMC 时的形位公差值/mm	LMC 时的形位公差值/mm	合格尺寸的变动范围/mm
(a)							
(b)							
(c)							

94

第5章　表面粗糙度及其检测

5.1　基本概念

5.1.1　表面粗糙度的含义

　　经机械加工的零件表面,总是存在着宏观和微观的几何形状误差。按相邻两波峰或波谷之间的距离,即按波距的大小来考虑,或按波距与波幅(峰谷高度)的比值来划分,可将它们划分为表面粗糙度、表面波纹度和表面形状误差。一般而言,波距小于1mm,大体呈周期性变化的属于表面粗糙度范围;波距为1mm～10mm并呈周期性变化的居于表面波纹度范围;波距在10 mm以上而无明显周期性变化的属于表面形状误差的范围,如图5－1所示。

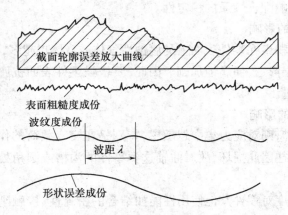

图5－1　零件表面的几何形状误差

　　表面粗糙度是评定机器零件和产品质量的重要指标。为了适应生产的发展,有利于国际技术交流及对外贸易,我国参照 ISO 标准,制定了新国家标准 GB/T 1031—2009、GB/T 131—2006,分别取代原表面粗糙度国家标准 GB 1031—1995、GB 131—1993。

5.1.2　表面粗糙度对零件性能的影响

　　表面粗糙度对机械零件使用性能和寿命都有很大的影响,尤其是对在高温、高压和高速条件下工作的机械零件影响更大,其影响主要表现在以下几个方面。

　　1. 对摩擦和磨损的影响

　　零件工作表面之间的摩擦会增加能量的耗损,因为需要克服"犬牙交错"的表面峰谷之间的阻力,而此阻力来自凸峰的弹、塑性变形或切割作用等。表面越粗糙,摩擦系数就越大,因摩擦而消耗的能量也越大。此外,表面越粗糙,则两配合表面间的实际有效接触面积越小,单位面积压力越大,故更易磨损。因此,减少零件表面的粗糙程度,可以减小摩擦系数,对工作机械可以提高传动效率。对动力机械可以减少摩擦损失,增加输出功。此外,还可以减少零件表面的磨损,延长机器的使用寿命。

但应注意的是,并不是零件表面越光滑,磨损量就一定越小。因为零件的耐磨性除受表面粗糙度影响外,还与磨损下来的金属微粒的刻划、润滑以及分子间的吸附作用等因素有关。所以,特别光滑的表面磨损有时反而加剧。

2. 对机器和仪器工作精度的影响

表面粗糙不平,摩擦系数大,磨损也大,不仅会降低机器或仪器零件运动的灵敏性,而且影响机器或仪器工作精度的保持。由于粗糙表面的实际有效接触面积小,在相同负荷下,接触表面的单位面积压力增大,使表面层的变形增大,即表面层的接触刚度变差,影响机器的工作精度。因此,零件表面粗糙程度越小,机器或仪器的工作精度越高。

3. 对配合性能的影响

对于间隙配合,相对运动的表面因其粗糙不平而迅速磨损,致使间隙增大;对于过盈配合,表面轮廓峰顶在装配时容易被挤平,使实际有效过盈量减小,致使连接强度降低。因此,表面粗糙度影响配合性质的稳定性。

4. 对抗腐蚀性的影响

表面越粗糙,则积聚在零件表面上的腐蚀性气体或液体也越多,而且会通过表面的微观凹谷向零件表面层渗透,使腐蚀加剧。因此,要增强零件表面抗腐蚀的能力,必须要提高表面粗糙度的质量。

5. 对疲劳强度的影响

零件表面越粗糙,则对应力集中越敏感,特别是在交变载荷的作用下,影响更大。例如,发动机的曲轴往往因此损坏,故对曲轴这类零件的沟槽或圆角处的表面粗糙度,应有特别严格的要求。

此外,表面粗糙度对零件其他使用性能如结合的密封性、接触刚度、对流体流动的阻力以及对机器、仪器的外观质量等都有很大的影响。因此,为保证机械零件的使用性能及寿命,在对零件进行几何精度设计时,必须合理地提出表面粗糙度的要求。

5.2 表面粗糙度的评定参数

5.2.1 主要术语及定义

1. 取样长度(l)

取样长度是用于判别具有表面粗糙度特征的一段基准线长度。取样长度在轮廓总的走向上量取,它与表面粗糙度的评定参数有关,在取样长度范围内一般应包含五个轮廓峰和谷,如图 5-2 所示。规定和选择取样长度是为了限制和减弱表面波纹度和形状误差对表面粗糙度测量结果的影响。

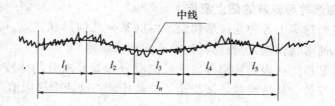

图 5-2　取样长度与评定长度

2. 评定长度(l_n)

由于零件表面粗糙度不均匀,为了合理地反映表面粗糙度特征,在测量和评定时所规定的一段最小长度称为评定长度(l_n)。评定长度可包括一个或几个取样长度,一般情况下,取$l_n = 5l$,如图 5-2 所示。评定长度与取样长度的选用值如表 5-1 所列。

表 5-1　评定长度与取样长度的选用值(摘自 GB/T 1031—2009)

$Ra/\mu m$	Rz、$Ry/\mu m$	取样长度 l/mm	评定长度 l_n($l_n = 5l$)/mm
≥0.008 ~ 0.02	≥0.025 ~ 0.10	0.08	0.4
>0.02 ~ 0.1	>0.10 ~ 0.50	0.25	1.25
>0.1 ~ 2.0	>0.50 ~ 10.0	0.8	4.0
>2.0 ~ 10.0	>10.0 ~ 50.0	2.5	12.5
>10.0 ~ 80.0	>50 ~ 320	8.0	40.0

3. 轮廓中线(m)

轮廓中线是定量计算粗糙度数值的基准线,轮廓中线包括以下两种。

1)轮廓最小二乘中线

最小二乘中线是在取样长度内使轮廓上各点的轮廓偏距的平方和为最小(即 $\int_0^l y^2 \, dx = \min$)的一条基准线,如图 5-3(a)所示。

2)轮廓的算术平均中线

轮廓算术平均中线则是在取样长度内划分轮廓上下面积相等(即 $\sum_{i=1}^{n} F_i = \sum_{i=1}^{m} S_i$)的一条基准线,如图 5-3(b)所示。

用最小二乘法确定的中线是唯一的,但比较费事。用算术平均方法确定中线是一种近似的图解法,较为简便,因而得到广泛应用。

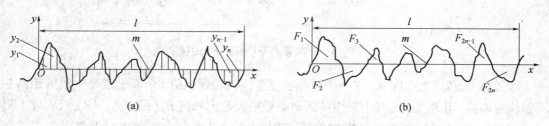

(a)　　　　　　　　　　　　　　　(b)

图 5-3　轮廓最小二乘中线和算术平均中线

4. 长波和短波轮廓滤波的截止波长

为了评价表面轮廓上各种几何形状误差中的某一几何形状误差,可以利用轮廓滤波器来呈现这一几何形状误差,过滤掉其他的几何形状误差。

轮廓滤波器是指能将表面轮廓分离成长波成分和短波成分的滤波器,它们所能抑制的波长称为截止波长。从短波截止波长至长波截止波长这两个极限值之间的波长范围称为传输带。

使用接触式仪器测量表面粗糙度轮廓时,为了抑制波纹度对粗糙度测量结果的影响,仪器的截止波长为 λ_c 的长波滤波器从实际表面轮廓上把波长较大的波纹度波长成分加以抑制或排除掉;截止波长为 λ_s 的短波滤波器从实际表面轮廓上抑制比粗糙度波长更短的成分,从而只呈现表面粗糙度轮廓,以对其进行测量和评定。其传输带则是 $\lambda_s \sim \lambda_c$ 的波长范围。长波滤波器的截止波长 λ_c 等于取样长度。截止波长 λ_s 和 λ_c 的值可从附表 5-1 中查取。

5.2.2 主要评定参数

评定参数是用来定量描述零件表面微观几何形状特征的。国家标准规定了表面轮廓的高度特征参数 Ra、Rz,间距特征参数 S_m、S 和形状特征参数 t_p。

1. 高度特征参数

(1) 轮廓算术平均偏差 Ra:在取样长度内,被测轮廓线上各点至基准线距离的算术平均值,如图 5-4 所示,即

$$Ra = \frac{1}{l}\int_0^l |y(x)| \mathrm{d}x \tag{5-1}$$

或近似为

$$Ra = \frac{1}{n}\sum_{i=1}^n |y_i| \tag{5-2}$$

式中　y——轮廓偏距(轮廓上各点至基准线的距离);
　　　y_i——第 i 点的轮廓偏距($i = 1, 2, \cdots, n$)。

Ra 越大,表面越粗糙。

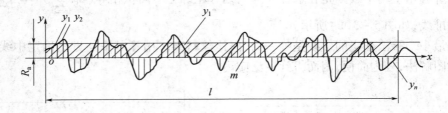

图 5-4　轮廓算术平均偏差 Ra 的确定

(2) 轮廓最大高度 Rz:在一个取样长度范围内轮廓上第 i 个高极点至中线的距离叫做轮廓峰高,用 Z_{pi} 表示,其中最大的距离叫做最大轮廓峰高 R_p(图中 $R_p = Z_{p6}$);轮廓上第 i 个低极点至中线的距离叫做轮廓谷深,用 Z_{vi} 表示,其中最大的距离叫做最大轮廓谷深 R_v(图中 $R_v = Z_{v2}$)。如图 5-5 所示。

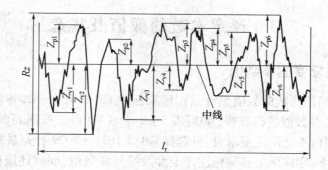

图 5 – 5 轮廓最大高度的确定

在取样长度内,轮廓峰顶线和轮廓谷底线之间的最大距离,如图 5 – 5 所示,即

$$Rz = Rp + Rv \qquad\qquad (5-3)$$

式中,Rp、Rv 均取正值。

高度特征参数是标准规定必须标注的参数,故又称为基本评定参数。

2. 间距特征参数

(1)轮廓微观不平度的平均间距 X_s:是指在取样长度内轮廓微观不平度间距 X_{si} 的平均值,如图 5 – 6 所示,即

$$S_m = \frac{1}{n}\sum_{i=1}^{n} S_{mi} \qquad\qquad (5-4)$$

微观不平度的间距 X_{si} 是指轮廓峰和相邻的轮廓谷在中线上的一段长度。

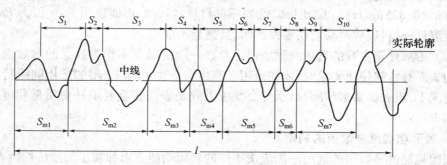

图 5 – 6 轮廓微观不平度平均间距和轮廓单峰平均间距的确定

(2)轮廓的单峰平均间距 RS_m:是指在取样长度内轮廓的单峰间距的平均值,如图 5 – 6 所示,即

$$S = \frac{1}{n}\sum_{i=1}^{n} S_i \qquad\qquad (5-5)$$

单峰间距是指两相邻轮廓单峰(两相邻轮廓最高点之间的轮廓部分)的最高点之间的距离在中线上的长度。

RS_m 属于附加评定参数,与 Ra 或 Rz 同时选用,不能独立采用。

5.3　评定参数的数值及其选用

5.3.1　表面粗糙度的参数值

高度参数和间距参数的数值设计是按国家标准 GB/T 1031—2009《表面粗糙度参数及其数值》规定的参数值进行选择(如附表 5 - 2 中系列值)。根据表面功能和生产的经济合理性,当系列值不能满足要求时,可选择 GB/T 1031—2009 补充系列值。

在一般情况下,零件图上必须标注评定参数符号和数值,同时还应标注传输带、取样长度、评定长度和极限值判断规则,采用标准值时可以不予标注。必要时可以标注补充要求,包括表面纹理方向、加工方法、加工余量和附加其他的评定参数等。

5.3.2　表面粗糙度的选用

1. 表面粗糙度参数的选择

表面粗糙度的 6 个评定参数中,Ra、Rz 高度参数为基本参数,RS_m 为附加参数。这些参数从不同角度反映了零件的表面形貌特征,但也存在不同程度的不完整性,因此在选用时要根据零件的功能要求、材料特性、结构特点以及测量的条件等情况适当选用一个或几个作为评定参数。

(1)高度参数的选用。一般情况下可从 Ra、Rz 中任选一个,在常用值范围内(Ra 为 $0.025\mu m \sim 6.3\mu m$、Rz 为 $0.1\mu m \sim 25\mu m$),应优先选用 Ra,因为 Ra 能较充分合理地反映零件表面的粗糙度特征。但在下面两种情况下除外:①当表面过于粗糙($Ra > 6.3\mu m$)或太光($Ra < 0.025\mu m$)时,可选用 Rz;②当零件材料较软时,不能选用 Ra。因为 Ra 一般采用触针测量,材料较软时易划伤零件表面,且测量不准确。

(2)附加评定参数的选用。附加评定参数一般情况下不作为独立的参数选用,只有零件的表面有特殊使用要求时,才在选用了高度参数的基础上,附加选用间距特征参数。一般情况下,当表面要求耐磨时、承受交变应力或当表面着重要求外观质量和可漆性时,可选用 RS_m。

2. 表面粗糙度参数值的确定

表面粗糙度参数值的选用一般应按零件的表面功能要求和加工的经济性两者综合考虑选用适宜的标准的参数数值。控制一个表面的粗糙度不在于要求获得较小的粗糙度高度参数值,而是在满足使用性能要求的前提下,尽可能选用较大的粗糙度参数值,这样有利于降低制造成本和取得较好的经济效益。

对给定的表面,规定表面粗糙度要求时,应该从载荷、润滑、材料、运动方向、速度、温度、成本等因素的调查研究或试验验证中确定适宜的标准参数值,而不应凭设计者的主观臆断随意给出。当在缺乏充分资料的前提下,按类似的设计和加工方法的经验统计资料和设计者的实践经验确定表面粗糙度参数值也是通常采用的办法。根据有关资料文献推荐,可考虑按下述原则选用粗糙度值。

(1)同一零件上工作表面的粗糙度值应小于非工作表面的粗糙度值。

(2)对摩擦表面,速度越高,承受的单位面积压力越大,则表面粗糙度值应小些,尤其

100

对滚动摩擦的表面应规定较小的粗糙度值。

（3）对承受变动载荷的零件表面，以及最易产生应力集中的部位（如沟槽、圆角等处），粗糙度值应选得小些。

（4）要求配合稳定可靠时，粗糙度值也应选得小些。在间隙配合中，间隙越小，粗糙度值应越小；在过盈配合中，为了保证连接强度，也应规定较小的粗糙度值。

（5）配合零件的表面粗糙度应与尺寸及形状公差相协调。一般说来，尺寸及形状公差要求小时，表面粗糙度也要求小。然而，在实际生产中也有这样的情况，尺寸公差要求很大而表面粗糙度值却要求很小，例如机床的手轮和手柄的表面等。

（6）一般情况下，同样尺寸公差的轴的粗糙度值要比孔的粗糙度值要求大些。

（7）对一些特殊用途的零件，应按特殊要求考虑，例如密封性、防腐性或外表美观有要求的表面，粗糙度值应较小。

（8）凡在有关标准中已对表面粗糙度作出规定（如与滚动轴承配合的轴径和外壳孔的表面粗糙度），则应按该标准确定表明粗糙度参数值。

目前对规定表面粗糙度值有两种方法。一种是根据每一个表面所具有的主要表面轮廓和粗糙度，设法规定和控制每个表面的粗糙度要求，这种方法的基本要求是要获得全部功能利益，与此同时确保严密控制那些值得花费高精度加工费用的部件。另一种是只对零部件的关键部分进行控制，其余部分留给能达到粗糙度要求的尺寸精度和较精加工或精加工方法来保证。这两种方法各有其优点并在正常的情况下是行之有效的。

常用表面粗糙度的参数值及表面粗糙度与所适用的零件表面如表 5-2 及表 5-3 所列。

表 5-2　常用表面粗糙度的参考值

经常拆卸的配合表面				过盈配合的配合表面					定心精度高的配合表面			滑动轴承表面		
公差等级	表面	基本尺寸/mm		公差等级	表面	基本尺寸/mm			径向跳动	轴	孔	公差等级	表面	Ra
		~50	>50~500			~50	>50~120	>120~500						
		Ra				Ra				Ra				
IT5	轴	0.2	0.4	IT5	轴	0.1~0.2	0.4	0.4	2.5	0.05	0.1	IT6~IT9	轴	0.4~0.8
	孔	0.4	0.8		孔	0.2~0.4	0.8	0.8	4	0.1	0.2		孔	0.8~1.6
IT6	轴	0.4	0.8	IT6 IT7	轴	0.4	0.8	1.6	6	0.1	0.2	IT10~IT12	轴	0.8~3.2
	孔	0.4~0.8	0.8~1.6		孔	0.8	1.6	1.6	10	0.2	0.4		孔	1.6~3.2
IT7	轴	0.4~0.8	0.8~1.6	IT8	轴	0.8	0.8~1.6	1.6~3.2	16	0.4	0.8	流体润滑	轴	0.1~0.4
	孔	0.8	1.6		孔	1.6	1.6~3.2	1.6~3.2	20	0.8	1.6		孔	0.2~0.8
IT8	轴	0.8	1.6	热套法	轴	1.6								
	孔	0.8~1.6	1.6~3.2		孔	1.6~3.2								

（装配按机械压入，对应 IT5、IT6 IT7、IT8 各行）

表 5-3 表面粗糙度的表面特征、经济加工方法及应用举例

表面微观特性		$Ra/\mu m$	$Rz/\mu m$	加工方法	应用举例
粗糙表面	微见刀痕	≤20	≤80	粗车、粗刨、粗铣、钻、毛锉、锯断	半成品粗加工过的表面,非配合的加工表面,如轴端面、倒角、钻孔、齿轮皮带轮侧面、键槽底面、垫圈接触面
半光表面	微见加工痕迹	≤10	≤40	车、刨、铣、镗、钻、粗铰	轴上不安装轴承,齿轮处的非配合表面,紧固件的自由装配表面,轴和孔的退刀槽
半光表面	微见加工痕迹	≤5	≤20	车、刨、铣、镗、磨、拉、粗刮、压	半精加工表面,箱体、支架、盖面、套筒等和其他零件结合而无配合要求的表面,需要发蓝的表面等
半光表面	看不清加工痕迹	≤2.5	≤10	车、刨、铣、镗、磨、拉、刮、压、铣齿	接近于精加工表面,箱体上安装轴承的镗孔表面,齿轮的工作面
光表面	可辨加工痕迹方向	≤1.25	≤6.3	车、镗、磨、拉、刮、精铰、磨齿、滚压	圆柱销、圆锥销,与滚动轴承配合的表面,普通车床导轨面,内、外花键定心表面
光表面	微辨加工痕迹方向	≤0.63	≤3.2	精铰、精镗、磨、刮、滚压	要求配合性质稳定的配合表面,工作时受交变应力的重要零件,较高精度车床的导轨面
光表面	不可辨加工痕迹方向	≤0.32	≤1.6	精磨、珩磨、研磨、超精加工	精密机床主轴锥孔,顶尖圆锥面,发动机曲轴,凸轮轴工作表面,高精度齿轮齿面
极光表面	暗光泽面	≤0.16	≤0.8	精磨、研磨、普通抛光	精密机床主轴轴径表面,一般量规工作表面,汽缸套内表面,活塞销表面
极光表面	亮光泽面	≤0.08	≤0.4	超精磨、精抛光、镜面磨削	精密机床主轴轴径表面,滚动轴承的滚珠、高压油泵中柱塞和柱塞配合的表面
极光表面	镜状光泽面	≤0.04	≤0.2	超精磨、精抛光、镜面磨削	精密机床主轴轴径表面,滚动轴承的滚珠、高压油泵中柱塞和柱塞配合的表面
极光表面	镜面	≤0.01	≤0.05	镜面磨削、超精研	高精度量仪、量块的工作表面,光学仪器中的金属镜面

5.4　表面粗糙度符号、代号及标注

GB/T 131—2006 规定了零件表面粗糙度符号、代号及其在图样上的标注方法。

5.3.1　表面粗糙度符号及其意义

在图样上表示零件表面粗糙度的符号,如表 5-4 所列。基本符号是由两条不等长且与被注表面投影轮廓线成 60o 倾斜的细实线组成。对零件表面需规定表面粗糙度要求时,在图样上必须标注出高度参数值和测定时的取样长度值,对其他要求可根据功能需要

确定标注与否。若零件表面仅需要加工而对表面粗糙度没有其他要求时,可以只标注表面粗糙度符号。当允许在表面粗糙度参数的所有实测值中超过规定值的个数少于总数的16%时,应在图样上标注表面粗糙度参数的上限值或下限值。当要求在表面粗糙度参数的所有实测值中不得超过规定值时,应在图样上标注表面粗糙度参数的最大值或最小值。

表5-4 表面粗糙度符号

符号	说明
$\sqrt{}$	基本符号,表示表面可用任何方法获得。当不加注粗糙度参数值或有关说明(如表面处理、局部热处理状况)时,仅适用于简化代号标注
∇	基本符号加一短划,表示表面是用去除材料的方法获得。例如:车、铣、钻、磨、剪切、抛光、腐蚀、电火花加工、气割等
$\sqrt{o}$	基本符号加一小圆,表示表面是用不去除材料的方法获得。例如:铸、锻、冲压变形、热轧、粉末冶金等; 或者是用于保持原供应状况的表面(包括保持上道工序的状况)
$\sqrt{}$ ∇ $\sqrt{o}$	在上述三个符号的长边上均可加一横线,用于标注有关参数和说明
$\sqrt{o}$ ∇o $\sqrt{o}$	在上述三个符号上,均可加一小圆,表示所有表面具有相同的表面粗糙度要求

以去除材料图形符号为例,上面各技术要求的标注位置如图5-7所示。其他两种符号相应参数的标注位置与这个相同。

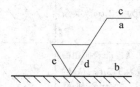

图5-7 表面粗糙度代号各种要求的位置

a——标注评定参数符号(Ra 或 Rz)及极限值和相关技术要求。在该位置应该按照以下格式标注:

上、下限值符号 传输带数值／评定参数符号 评定长度值 极限值判断规则(空格) 评定参数极限值

注意,上述标注格式中,传输带数值若采用标准数值,后面的斜线一并随着数值省略标注;评定长度值是用它所包含的取样长度个数来表示,若默认为标准值5(即 $l_n = 5l_r$),同时极限值判断规则采用默认规则都省略标注,评定参数符号和评定参数极限值之间用空格隔开;若只有极限值判断规则采用省略标注,则评定长度值和评定参数极限值之间用空格隔开。

b——标注附加评定参数(如 RS_m、mm)。

c——标注加工方法、表面处理、涂层或其他工艺要求,如车、磨、镀等加工的表面。

d——标注表面纹理。

e——标注加工余量(mm)。

103

5.4.2 表面粗糙度有关规定在符号中的标注

高度参数 Ra、Rz 的上限值、下限值或最大值、最小值标注在粗糙度符号上面 a 位置处。对 Ra 参数在其规定的参数值前可省略标注其代号 Ra;对 Rz 参数在其规定的参数值前需标注出其相应的代号。符号上标注的参数值单位为 μm。

传输带用短波和长波滤波器的截止波长(mm)进行标注。短波滤波器在前,长波滤波器在后,之间用连字符"—"隔开。只标注一个滤波器时,连字符仍应保留。

若采用标准评定长度,评定长度采用默认标注化值5,可以省略标注。需要指定评定长度时,则应在评定参数后面注明取样长度的个数。

关于极限值判断规则的标注,新的国家标准规定了对实际表面进行检测后判断其合格性时可以根据表面粗糙度参数代号给定的上限值,采用两种判断规则。

(1)16%规则。在同一评定长度范围内评定参数所有的实测值中,大于上限值的个数少于总数的16%同时小于下限值的个数少于总数的16%时则认为合格。该原则是表面粗糙度标注的默认规则。

(2)最大规则。在评定参数后面加注标记"max"。指当整个被测表面上评定参数所有的实测值都不大于上限值时认为其合格。

各种标注方法及其意义如表5-5所列。

表5-5 表面粗糙度评定参数的标注

代号	意义	代号	意义
$Ra3.2$	去除材料方法获得的表面粗糙度,Ra 的上限值为 $3.2\mu m$。其余默认设置	$Rz3.2$	不去除材料方法获得,Rz 的上限值为 $3.2\mu m$。其余默认设置
$URa3.2$ $LRa1.6$	去除材料方法获得的表面粗糙度,Ra 的上限值为 $3.2\mu m$,Ra 的下限值为 $1.6\mu m$。其余默认设置	$URz3.2$ $LRz1.6$	去除材料方法获得的表面粗糙度,Rz 的上限值为 $3.2\mu m$,Rz 的下限值为 $1.6\mu m$。其余默认设置
$0.0025-0.8/Ra3.2$	去除材料方法获得的表面粗糙度,Ra 上限值为 $3.2\mu m$,短长波截止波长各为 0.0025 和 0.8。其余默认设置	$0.0025-/Ra3.2$	去除材料方法获得的表面粗糙度,Ra 上限值为 $3.2\mu m$,短波截止波长为 0.025。其余默认设置
$-0.8/Ra3.2$	去除材料方法获得的表面粗糙度,Ra 上限值为 $3.2\mu m$,长波截止波长 0.8。其余默认设置	$-1/Ra3\ 1.6$	去除材料方法获得的表面粗糙度,Ra 的最大值为,$1.6\mu m$,取样长度个数是 3,长波截止波长 1。其余默认设置
$0.008-1/Ra\ 6max\ 1.6$	去除材料方法获得的表面粗糙度,Ra 上限值为 $1.6\mu m$,判断规则采用最大规则,短长波截止波长分别为 0.008 和 1,取样长度个数为 6。其余默认设置	$URamax\ 3.2$ $LRa\ 0.8$	去除材料方法获得的表面粗糙度,Ra 上限值为 $3.2\mu m$,判断规则采用最大规则,Ra 下限值为 $0.8\mu m$,判断规则默认16%规则。其余默认设置

若需要控制表面加工纹理方向时，可在符号右边加注加工纹理方向符号。图中加注为纹理方向符号为纹理垂直于标注代号的视图的投影面。常用的加工纹理方向符号如表5-6所列。

表5-6 加工纹理方向的符号

符号	示意图	符号	示意图
=	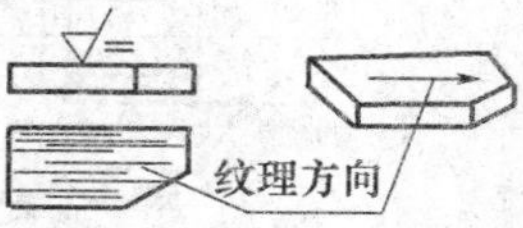 纹理方向 纹理平行于标注代号的视图的投影面	C	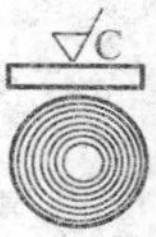 C 纹理呈近似同心圆
⊥	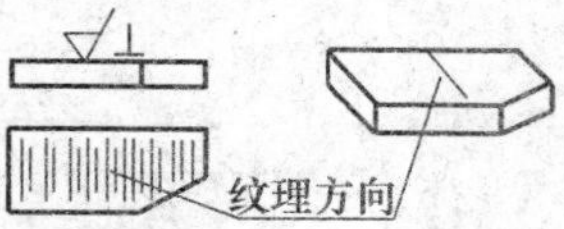 纹理方向 纹理垂直于标注代号的视图的投影面	R	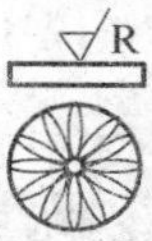 R 纹理呈近似放射形
×	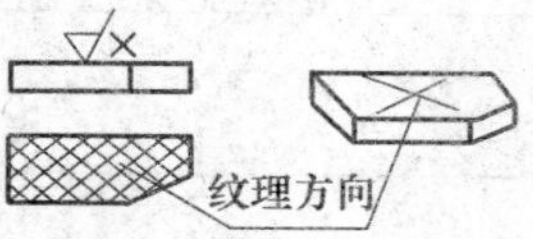 纹理方向 纹理呈两相交的方向	P	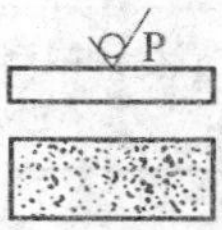 P 纹理无方向或呈凸起的细粒状
M	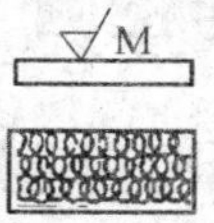 M 纹理呈多方向		

5.4.3 表面粗糙度在图样上的标注

在图样上标注表面粗糙度符号，一般应注在可见轮廓线、尺寸界线、引出线或其延长线上。符号的尖端必须从材料外指向表面（尽可能避免从体内指向表面），代号中数字及符号的注写方向必须与尺寸数字方向一致。表5-7为表面粗糙度在图样上的标注示例。

表5-7 表面粗糙度在图样上的标注示例

对零件表面粗糙度要求	图样上标注方法
所有表面具有相同的粗糙度，则在零件图上右上角标注粗糙度代号及其要求	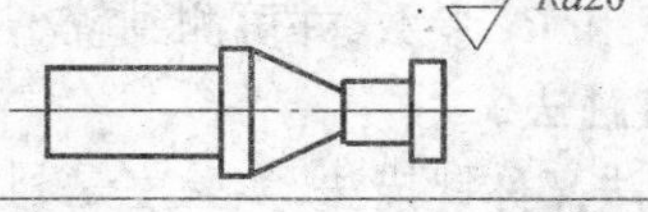 Ra20
各表面要求有不同的粗糙度，对其中使用最多的一种，可以统一注在图样上的右上角，并加注“其余”两字	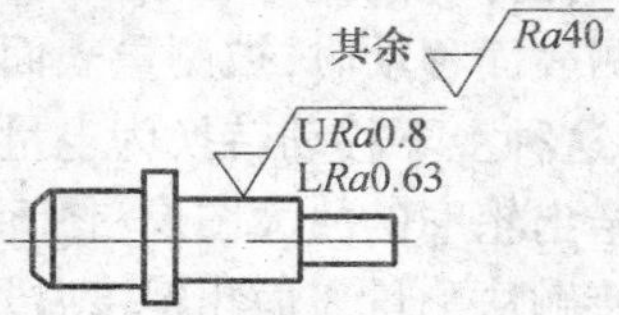 其余 Ra40 URa0.8 LRa0.63

对零件表面粗糙度要求	图样上标注方法
图样上没有画齿形的齿轮、花键,粗糙度代号应注在节圆线上	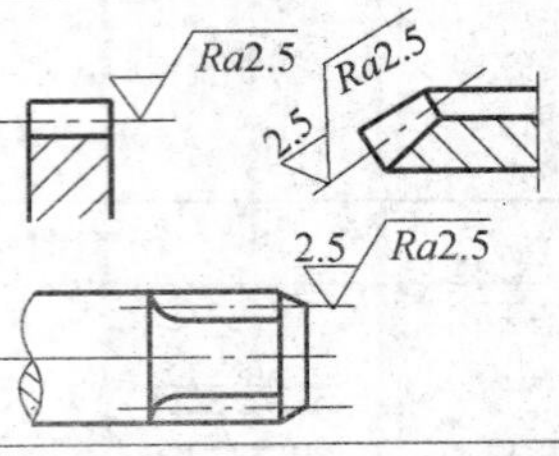
螺纹处需标粗糙度时,两种方法任选其一	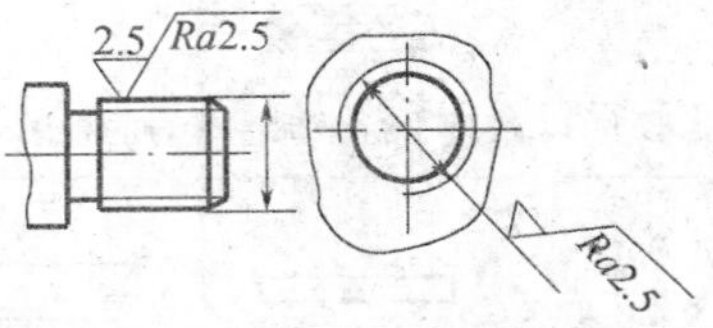
同一表面上各部位有不同的要求时,应以细实线画出界限	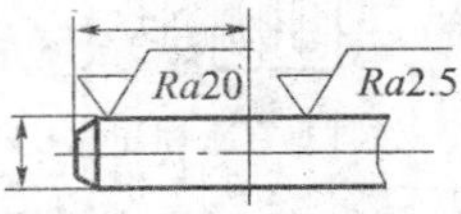
当标注位置受到限制,或为了简化标注方法,可以标注简化代号	

5.5 表面粗糙度的检测

测量表面粗糙度的方法很多,下面仅介绍几种常用的测量方法。

1. 比较法

比较法就是将被测零件表面与表面粗糙度样板,通过视觉、触觉或其他方法进行比较后,对被测表面的粗糙度作出评定的方法。比较法虽然不能精确地得出被测表面粗糙度的数值,但由于器具简单、使用方便且能满足一般生产要求,故常用于生产现场。

2. 光切法

光切法就是利用光切原理来测量零件表面的粗糙度,常用的仪器是双管显微镜,适合于测量车、铣、刨或其他类似加工方法所得到的平面和外圆表面,一般用于测量表面粗糙度的 Rz 和 Ry 参数。

3. 干涉法

干涉法就是利用光波干涉原理来测量表面粗糙度,常用的仪器是干涉显微镜,通常用于测量 Rz 和 Ry 参数,并可测到较小的参数值,一般测量范围是 $0.03\mu m \sim 1\mu m$。

4. 接触法

接触法又称针描法,实验室是利用金刚石针尖与被测表面相接触,当针尖以一定的速度沿着被测表面移动时,被测量表面的微观不平将使针尖在垂直于表面轮廓方向产生上下移动,将这种上下移动转换为电量并加以处理,即可获得表面粗糙度的参数值,也可由记录装置绘出轮廓的放大图像(图5-8)。

采用接触法测量表面粗糙度常用的仪器是电动轮廓仪,它可以直接显示 Ra 值,也可经放大器记录出图形,作为 Rz、Ry 等多种参数的评定依据。

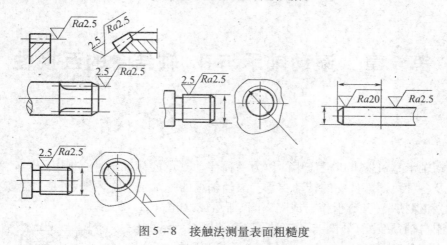

图 5 – 8　接触法测量表面粗糙度

习　题

5 – 1　表面粗糙度对零件的使用性能有哪些影响?

5 – 2　试述粗糙度轮廓中线的意义及其作用。为什么要规定取样长度和评定长度?两者有何关系?

5 – 3　评定表面粗糙度的主要轮廓参数有哪些? 分别论述其含义和代号。

5 – 4　比较下列每组中两孔的表面粗糙度高度特性参数值的大小(何孔的参数值较小),并说明原因。

（1）$\phi70H7$ 与 $\phi30H7$ 孔;

（2）$\phi40H7/k6$ 与 $\phi40H7/g6$ 中 的 两 个 H7 孔;

（3）圆柱度公差分别 0.01mm 和 0.02mm 的两个 $\phi30H7$ 孔。

5 – 5　试将下列的表面粗糙度要求标注在图 5 – 9 上。

（1）圆锥面 a 的表面粗糙度参数 Ra 的上极限值为 3.2μm;

（2）端面 c 和端面 b 的表面粗糙度参数 Ra 的最大值为 3.2μm;

（3）$\phi30$ 孔采用拉削加工,表面粗糙度参数 Ra 的最大值为 6.3μm,并标注加工纹理方向;

（4）8mm ±0.018mm 键槽两侧面的表面粗糙度参数 Rz 的上限值为 12.5μm;

（5）其余表面的表面粗糙度参数 Ra 的上限值为 12.5μm。

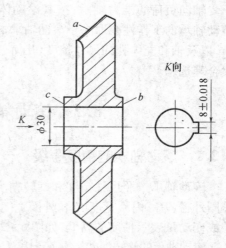

图 5 – 9　习题 5 – 5 附图

第6章 滚动轴承与孔、轴结合的互换性

6.1 概 述

滚动轴承是机器上广泛应用的作为一种传动支承的标准部件,如用于机床、汽车、仪器仪表及各种机器部件中的转动支承。滚动轴承的基本结构由内圈、外圈、滚动体(钢球或滚珠)和保持架(又称保持器或隔离圈)所组成,如图6-1所示。

内圈与轴颈装配,外圈与孔座装配,滚动体是承载并使轴承形成滚动摩擦的元件,它们的尺寸、形状和数量由承载能力和载荷方向等因素决定。保持架是一组隔离元件,其作用是将轴承内一组滚动体均匀分开,使每个滚动体均匀地轮流承受相等的载荷,并保持滚动体在轴承内、外滚道间正常滚动。

滚动轴承是具有两种互换性的标准零件。滚动轴承内圈与轴颈的配合以及外圈与孔座的配合属于部件的外互换,采用完全互换;而滚动体与轴承内外圈的配合,从制造经济性出发,采用分组选择装配,为内互换。

滚动轴承按其承受负荷的方向,分为主要承受径向负荷的向心轴承、同时承受径向和轴向负荷的向心推力轴承和仅承受轴向负荷的推力轴承;按其滚动体形状,分为球轴承和滚珠(圆柱或圆锥体)轴承。滚动轴承的工作性能取决于滚动轴承本身的制造精度、滚动轴承与轴和壳体孔的配合性质,以及轴和壳体孔的尺寸精度、几何公差和表面粗糙度等因素。设计时,应根据以上因素合理选用。

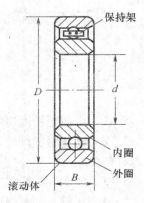

图6-1 滚动轴承

6.2 滚动轴承精度等级及应用

6.2.1 滚动轴承的精度等级

滚动轴承按照尺寸精度和旋转精度分级。轴承的尺寸精度是指轴承内圈内径(d)、外圈外径(D)、内圈宽度(B)、外圈宽度(C)和装配高度(T)的制造精度,以这些尺寸的偏差或变动量表示精度的高低,如图6-2所示。

滚动轴承的旋转精度是指轴承内圈、外圈的径向摆动,轴承内圈、外圈的滚道侧摆,轴承内圈、外圈的两端面的平行度,轴承内圈的端面跳动和轴承外圈圆柱面对基准端面的垂直度。

根据滚动轴承基本尺寸精度和旋转精度将其划分为五个精度等级,分别用2,4,5,6,0 表示,其中2级精度最高,精度逐渐降低,0级精度最低。仅向心轴承有2级,圆锥滚子

轴承无6级,有6x级,尺寸与6级相同,但装配宽度要求较为严格。滚动轴承安装在机器上,其内圈与轴颈配合,外圈与外壳孔配合,它们的配合性质应保证轴承的工作性能,因此,必须满足下列两项要求。

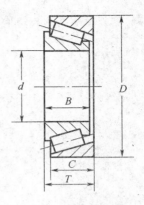

图6-2 滚动轴承的基本尺寸

(1) 必要的旋转精度。轴承工作时期,内、外圈和端面的跳动会引起机件运动不平稳,从而引起振动和噪声。

(2) 滚动体与套圈之间有合适的径向游隙和轴向游隙。径向游隙和轴向游隙过大,就会引起轴承较大的振动和噪声,引起转轴较大的径向跳动和轴向窜动。游隙过小则会因为轴承与轴颈、外壳孔的过盈配合使轴承滚动体与套圈产生较大的接触应力,并增加轴承摩擦发热,以致降低轴承寿命。

6.2.2　滚动轴承的应用

0级轴承属于普通轴承,在机械制造业中应用最广,经常用在中等负荷、中等转速、旋转精度要求不高的一般机构中。如普通机床中的变速机构、普通电动机、水泵、压缩机、内燃机等旋转机构中所用的轴承。

6级、6x级及5级轴承用于旋转精度和转速较高的机构中,例如普通机床的主轴轴承(一般为主轴后轴承)、精密机床传动轴使用的轴承。

4级轴承用于旋转精度高和转速高的旋转机构中,如精密机床的主轴轴承、精密仪器和机械的旋转机构等。

2级轴承用于高精度、高转速的特别精密部位上,如精密坐标镗床的主轴轴承、高精度齿轮磨床的主要支承处。

6.3　滚动轴承内、外径公差带

滚动轴承是标准件,其外圈与壳体孔的配合应采用基轴制,内圈与轴颈的配合采用基孔制。多数情况下,轴承内圈与轴一起旋转,为了防止内圈和轴颈的配合面相对滑动而产生磨损,要求配合具有一定的过盈,但由于内圈是薄壁零件,过盈量不能太大。轴承外圈安装在外壳孔中,通常不旋转。工作时温度升高,会使轴膨胀,两端轴承中有一端应是游动支承,因此,可把轴承外径与壳体孔的配合稍微松一点,使之能补偿轴的热胀伸长。轴承的内外圈都是薄壁零件,在制造和自由状态下都易变形,在装配后又得到校正。轴承的内外径公差带图如图6-3所示。根据滚动轴承国家标准规定,各级轴承的单一平面平均内径的公差带都分布在零线下侧,即上偏差为零,下偏差为负值,与基本偏差代号为H的基准孔公差带不同。

根据轴承的以上这些特点,滚动轴承公差国标对轴承内径和外径尺寸做了两种规定:一是规定了内、外径尺寸的最大值和最小值所允许的偏差,即单一内、外径偏差。其主要目的是为了限制变形量。二是规定了内、外径实际尺寸的最大值和最小值的平均值偏差,即单一平面平均内、外径偏差。目的是用于轴承配合。凡是合格的滚动轴承,应同时满足所规定的两种公差的要求。

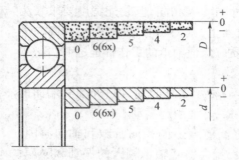

图 6-3 滚动轴承内、外径公差带图

6.4 滚动轴承与孔、轴配合的选择

6.4.1 轴颈和外壳的公差带

　　滚动轴承配合的新国家标准（GB/T 307.1—2005）中，规定了与轴承内、外圈相配合的轴和壳体孔的尺寸公差带、几何公差以及配合选择的基本原则和要求。其中一些常用公差带如图 6-4 和图 6-5 所示，它们分别选自 GB/T1800.1—2009 中的轴、孔公差带。由于滚动轴承属于标准零件，所以轴承内圈与轴颈的配合属基孔制的配合，轴承外圈与壳体孔的配合属基轴制的配合。轴颈和壳体孔的公差带均在光滑圆柱体的国标中选择，它们分别与轴承内、外圈结合，可以得到松紧程度不同的各种配合。需要指出，轴承内圈与轴颈的配合属基孔制，且轴承公差带均采用上偏差为零、下偏差为负的单向制分布，故轴承内圈与轴颈得到的配合比相应光滑圆柱体按基孔制形成的配合紧一些。

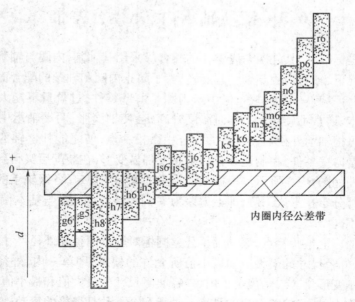

图 6-4　与滚动轴承配合的外壳孔常用公差带

110

6.4.2 滚动轴承配合的选择

选择轴承配合时,应综合考虑以下方面的因素:轴承的工作条件,作用在轴承上负荷的大小、方向和性质,工作温度,轴承类型和尺寸,旋转精度和速度等一系列因素。

现仅以主要因素分析如下。

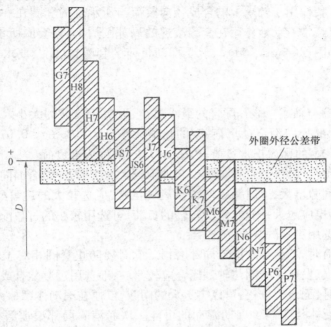

图 6-5　与滚动轴承配合的轴颈常用公差带

1. 负荷类型

轴承转动时,根据作用于轴承上合成径向负荷相对轴承套圈的旋转情况,可将所受负荷分为局部负荷、循环负荷和摆动负荷三类,如图 6-6 所示。

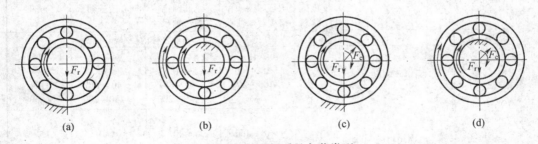

| (a) | (b) | (c) | (d) |

图 6-6　轴承承受的负荷类型

(a) 旋转的内圈负荷和固定的外圈负荷; (b) 固定的内圈负荷和旋转的外圈负荷;

(c) 旋转的内圈负荷和外圈承受摆动负荷; (d) 内圈承受摆动负荷和旋转的外圈负荷。

(1) 局部负荷:作用于轴承上的合成径向负荷与轴承套圈相对静止,即负荷方向始终不变地作用在套圈滚道的局部区域上,该套圈所承受的这种负荷称为局部负荷,如图 6-6(a)、(b)。图 6-6 所示的轴承承受的负荷类型承受这类负荷的套圈与壳体孔或轴的配合,一般选较松的过渡配合,或较小的间隙配合,以便让套圈滚道间的摩擦力矩带动转位,延长轴承的使用寿命。

（2）循环负荷：作用于轴承上的合成径向负荷与套圈相对旋转，即合成径向负荷顺次地作用在套圈滚道的整个圆周上，该套圈所承受的这种负荷性质，称为循环负荷，如图6-6（a）、（b）所示。通常承受循环负荷的套圈与轴（或壳体孔）相配应选过盈配合或较紧的过渡配合，其过盈量的大小以不使套圈与轴或壳体孔配合表面间产生爬行现象为原则。

（3）摆动负荷：作用于轴承上的合成径向负荷与所承受的套圈在一定区域内相对摆动，即其负荷向量经常变动地作用在套圈滚道的局部圆周上，该套圈所承受的负荷性质，称为摆动负荷，如图6-5（c）、（d）。承受摆动负荷的套圈，其配合要求与循环负荷相同或略松一些。

2. 负荷的大小

滚动轴承套圈与轴或壳体孔配合的最小过盈，取决于负荷的大小。一般按径向当量动负荷 P_r 与轴承的径向额定动负荷 C_r 的比值大小分类：$P_r/C_r \leqslant 0.07$ 的称为轻负荷；$0.07 < P_r/C_r \leqslant 0.15$ 的称为正常负荷；$P_r/C_r > 0.15$ 的称为重负荷。

承受较重的负荷或冲击负荷时，将引起轴承较大的变形，使结合面间实际过盈减小和轴承内部的实际间隙增大，这时为了使轴承运转正常，应选较大的过盈配合。一般来说，负荷越大，过盈量也应越大；同理，承受较轻的负荷，可选用较小的过盈配合。受变化负荷要比受平稳负荷选用更紧的配合。

承受循环负荷时，不会导致滚道局部磨损。此时要防止套圈相对于轴颈或外壳体孔引起配合面的磨损、发热。套圈与轴颈配合应较紧，一般选用过渡配合或过盈配合。

受局部载荷时，配合应较松，可以有不大的间隙，以便在滚动体摩擦力带动下，使套圈相对于轴颈或外壳体孔有偶尔周期游动的可能。从而消除局部滚道磨损，装拆也方便。一般可选用过渡配合或间隙配合。

与滚动轴承配合的选择一般为类比法，表6-1、表6-2、表6-3、表6-4可作为参考。

表6-1 向心轴承和轴的配合 轴公差带代号

运转状态		负荷状态	深沟球轴承、调心球轴承和角接触球轴承	圆柱滚子轴承和圆锥滚子轴承	调心滚子轴承	公差带
说明	举例		轴承公称内径/mm			
旋转的内圈负荷及摆动负荷	一般通用机械、电动机、机床主轴、泵、内燃机、正齿轮传动装置、铁路机车车辆轴箱、破碎机等	轻负荷	≤18	—	—	h15
			>18～100	≤40	≤40	j6①
			>100～200	>40～140	>40～140	k6①
			—	>140～200	>140～200	m6①
		正常负荷	≤18	—	—	j5,js5
			>18～100	≤40	≤40	k5②
			>100～140	>40～100	>40～65	m5②
			>140～200	>100～140	>65～100	m6
			>200～280	>140～200	>100～140	n6
			—	>200～400	>140～280	p6
			—	—	>280～500	r6
		重负荷		>50～140	>50～100	n6③
				>140～200	>100～140	p6
				>200	>140～200	r6
					>200	r7

运转状态		负荷状态	深沟球轴承、调心球轴承和角接触球轴承	圆柱滚子轴承和圆锥滚子轴承	调心滚子轴承	公差带
说明	举例		轴承公称内径/mm			
固定的内圈负荷	静止轴上的各种轮子、张紧轮、绳轮、振动筛、惯性振动器	所有负荷	所有尺寸			f6① g6 h6 j6
仅有轴向负荷			所有尺寸			j6、js6

注：①对精度有较高要求的场合，应该选用 j5、k6、m5、f5 以分别代替 j6、k6、m6、f6；
② 圆锥滚子轴承，角接触球轴承配合对游隙的影响不大，可以选用 k6、m6 分别代替 k5、m5；
③ 重负荷下轴承游隙应选用大于 0 组的游隙

表 6-2　向心轴承和外壳孔的配合　孔公差带代号

运转状态		负荷状态	其他状况	公差带①	
说明	举例			球轴承	滚子轴承
固定的外圈负荷	一般机构、铁路机车车辆轴箱、电动机、泵、曲轴主轴承	轻、正常、重	轴向易移动，可采用剖分式外壳	H7、G7②	
		冲击	轴向能移动，可采用整体或剖分式外壳	J7、Js7	
摆动负荷		轻、正常			
		正常、重		K7	
		冲击		M7	
旋转的外圈负荷	张紧滑轮、轮毂轴承	轻	轴向不移动，采用整体式外壳	J7	K7
		正常		K7、M7	M7、N7
		重		—	N7、P7

注：① 并列公差带随尺寸的增大从左至右选择，对旋转精度有较高要求时，可相应提高一个公差等级。
② 不适用于剖分式外壳

表 6-3　推力轴承和轴的配合　轴公差带代号

运转状态	负荷状态	推力球和推力滚子轴承	推力调心滚子轴承①	公差带
		轴承公称内径/mm		
仅有轴向负荷		所有尺寸		j6、js6
固定的轴圈负荷	径向和轴向联合负荷	—	≤250	j6
		—	>250	js6
旋转的轴圈负荷或摆动负荷		—	≤200	k6②
		—	>200～400	m6
		—	>400	n6

注：① 要求较小过盈时，可分别用 j6、k6、m6 代替 k6、m6、n6；
② 也包括推力圆锥滚子轴承，推力角接触球轴承

表 6-4　推力轴承和外壳孔的配合　孔公差带代号

运转状态	负荷状态	轴承类型	公差带	备　注
仅有轴向负荷		推力球轴承	H8	
		推力圆柱、圆锥滚子轴承	H7	
		推力调心滚子轴承		外壳孔与座圈间间隙为 0.001 D (D 为轴承公称外径)
固定的座圈负荷	径向和轴向联合负荷	推力角接触球轴承、推力调心滚子轴承、推力圆锥滚子轴承	H7	
旋转的座圈负荷或摆动负荷			K7	普通使用条件
			M7	有较大径向负荷时

3. 工作温度的影响

轴承工作时,由于摩擦发热和其他热源的影响,套圈的温度会高于相配合零件的温度。内圈的热膨胀会引起它与轴颈配合的松动,而外圈的热膨胀则会引起它与外壳孔的配合变紧。因此,轴承工作温度一般应低于 100℃,在高于此温度中工作的轴承,应将所选用的配合适当修正。

4. 轴承尺寸大小

滚动轴承的尺寸愈大,选取的配合应愈紧。但对于重型机械上使用的特别大尺寸的轴承,应采用较松的配合。

5. 轴承的旋转精度和速度的影响

对于负荷较大、有较高旋转精度要求的轴承,为了消除弹性变形和振动的影响,应避免采用间隙配合。对精密机床的轻负荷轴承,为避免孔与轴的形状误差对轴承精度影响,常采用较小的间隙配合。对于旋转速度较高,又在冲击振动负荷下工作的轴承,它与轴颈和外壳孔的配合最好选用过盈配合,并且转速愈高,配合应愈紧。

6. 其他因素的影响

空心轴颈比实心轴颈、薄壁壳体比厚壁壳体、轻合金壳体比钢或铸铁壳体采用的配合要紧些;而剖分式壳体比整体式壳体采用的配合要松些,以免过盈将轴承外圈夹扁、甚至将轴承卡住。为了便于安装、拆卸,特别对于重型机械,宜采用较松的配合。如果要求拆卸,而又要用较紧配合时,可采用分离型轴承或内圈带锥孔和紧定套或退卸套的轴承。当要求轴承的内圈或外圈能沿轴向游动时,该内圈与轴或外圈与壳体孔的配合,应选较松的配合。由于过盈配合使轴承径向游隙减小,如轴承的两个套圈之一须采用过盈特大的过盈配合时,应选择具有大于基本组的径向游隙的轴承。滚动轴承与轴和壳体孔的配合,常常综合考虑上述因素用类比法选取。

6.4.3　配合面及端面的几何公差、表面粗糙度

当轴颈和外壳孔存在较大的形状误差时,轴承安装后将引起薄壁套圈的滚动变形;轴肩和外壳孔肩端面是安装轴承的轴向定位面。若存在较大的端面跳动,轴承安装后产生歪斜,导致滚动体与滚道接触不良,轴承旋转时引起噪声和振动,影响运动精度,造成局部磨损。

轴颈和外壳孔的表面粗糙度将会影响轴承配合的可靠性。

因此,滚动轴承的国家标准规定了与轴承相配合的轴和壳体孔的几何公差及配合面的表面粗糙度,见附表 6-1 和附表 6-2。

习　题

6-1　滚动轴承内圈与轴、外圈与外壳孔的配合分别采用何种基准制? 有什么特点?

6-2　滚动轴承承受载荷的类型与选择配合有什么关系?

6-3　与 6 级 6309 滚动轴承(内径 $45_{-0.010}^{0}$ mm,外径 $100_{-0.013}^{0}$ mm)配合的轴颈的公差带为 j5,外壳孔的公差带为 H6。试画出这两对配合的孔、轴公差带示意图,并计算它们的极限过盈或间隙。

6-4　某拖拉机变速箱输出轴的前轴承为轻系列向心轴承(内径为 $\phi40$mm,外径为 $\phi80$mm),试确定轴承的精度等级,选择轴承与轴颈和外壳孔的配合,并用简图表示出轴颈与外壳孔的相关参数值。

6-5　某单级直齿圆柱齿轮减速器输出轴上安装两个 0 级 6211 深沟球轴承(公称内径为 55mm,公称外径为 100mm),径向额定动负荷为 33354N,工作时内圈旋转,外圈固定,承受的径向当量动负荷为 883N。试确定:

(1) 与内圈和外圈分别配合的轴颈和外壳孔的公差带代号;

(2) 轴颈和外壳孔的极限偏差、几何公差值和表面粗糙度参数值。

第7章 渐开线圆柱齿轮公差与检测

齿轮传动是机械传动的基本形式之一，由于其传动的可靠性好、承载能力强、制造工艺成熟等优点，已成为各类机械中传递运动和动力的主要机构。

影响齿轮传动质量的参数是多方面的。就影响齿轮传动精度来说，主要是几何参数，而且这些参数之间的关系错综复杂。因此，齿轮的公差或极限偏差往往不是直接针对某个几何参数，而是借助于若干测量项目来规定的。这些测量项目反映齿轮传动几何参数的加工和安装误差，故可通过规定这些测量项目的公差或极限偏差来保证齿轮传动的使用要求。因此可以说，对齿轮传动使用要求的分析研究是建立齿轮传动精度标准的前提，对齿轮传动制造误差的分析研究是建立齿轮传动精度标准的基础，而齿轮传动的测量项目是构成齿轮传动精度标准的主体。

本章将着重介绍渐开线圆柱齿轮及齿轮副的公差标准及应用。

7.1 概　述

7.1.1 齿轮传动的使用要求

各种机器和仪表中使用的传动齿轮因使用场合不同对齿轮传动的要求也各不相同。综合各种使用要求，归纳为以下四个主要方面。

1. 传递运动的准确性

传递运动的准确性，就是指在一转范围内，传动比变化不超过一定的限度，以保证传递运动的准确性。它可以用一转过程中产生的最大转角误差来表示。

2. 传动的稳定性

传动的平稳性，就是要求齿轮在转过一齿范围内，瞬时传动比的变化尽量小，以减少齿轮传动中的冲击、振动和噪声。

3. 载荷分布的均匀性

载荷分布的均匀性，就是要求齿轮在啮合时工作齿面接触良好，承载均匀，避免应力集中。在传递载荷时，若工作齿面实际接触面积小，会造成局部接触应力增大，使齿面的载荷分布不均匀，加剧齿面磨损，缩短齿侧间隙，即要求一对齿轮啮合时，非工作齿面间有一定的间隙。这是为了使传动灵活，用以储存润滑油，补偿制造与安装误差，延长齿轮的使用寿命。

4. 齿侧间隙、热变形和弹性变形

一般来说，为使齿轮传动性能好，对齿轮传动的准确性、平稳性、载荷分布的均匀性以及侧隙均应规定较高的要求，防止齿轮在工作中发生卡死或齿面烧蚀现象，但这种做法是不经济的。实际中对不同用途的齿轮，其使用要求应有所侧重。例如，读数与分度齿轮主

116

要用于测量仪器的读数装置、精密机床的分度机构以及伺服系统的传动装置,这类齿轮的工作载荷与转速都不大,主要使用要求是传递运动的准确性。机床和汽车变速箱中变速齿轮传动的侧重点是传动的平稳性,以降低振动和噪声。传递动力的齿轮,如轧钢机、起重机以及矿山机械中的齿轮,主要用于传递扭矩,它们的使用要求主要是载荷分布的均匀性,以保证承载能力。而气轮机减速器中高速重载齿轮传动,由于传递功率大,圆周速度高,对传动平稳性有极严格的要求,对传递运动的准确性和载荷分布的均匀性也有较高要求,且要求很大的齿侧间隙,以补偿较大的热变形和保证较大流量的润滑油通过。至于齿轮副侧隙,无论任何齿轮,为保证其传动灵活,都必须留有一定的侧隙。尤其是仪表齿轮,保证一定的侧隙是非常必要的。也有四个方面使用要求都较低的齿轮,如手动调整用的齿轮。

7.1.2 齿轮的加工误差

齿轮的加工误差和安装误差都影响齿轮传动的使用要求。齿轮的加工误差主要来源于组成工艺系统的机床、刀具、夹具和齿轮坯的误差及其安装误差。由于齿轮的齿形较复杂,故引起齿轮加工误差的因素也较多。齿轮加工的方法很多,机械加工中就渐开线齿形的形成原理来分有成形法和范成法两种,其中滚齿是应用最广且最具有代表性的一种范成加工方法。现以滚齿为例进行分析,其加工示意如图7-1所示。齿轮齿廓的形成是滚刀通过传动链对齿轮毛坯做周期性地连续强迫运动的结果,因而加工误差是齿轮转角的函数,具有周期性是齿轮误差的特点。

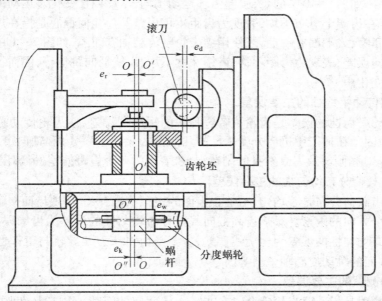

图7-1　滚齿加工

按误差的计量方向可分为径向误差、周向误差、法向误差和轴向误差等(图7-2)。径向误差按垂直于齿轮轴线的齿轮的半径方向计量;切向误差沿齿轮啮合线的方向来计量,此方向与基圆相切,又与齿面垂直;直齿轮的切向误差是在端截面内计量;斜齿轮的切向误差是在法向截面内计量,因此,斜齿轮的切向误差也称法向误差;周向误差沿齿轮分度圆的弧长方向计量;轴向误差沿齿轮的轴线方向计量。

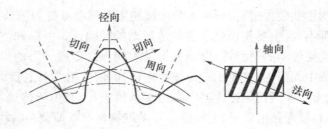

图 7-2　齿轮误差的计量方向

齿轮误差按其周期或频率特征可分为长周期误差和短周期误差。长周期误差也称低频误差,指被加工齿轮转过 2π 的范围内,误差出现一次最大和最小值。短周期误差也称高频误差,指被加工齿轮转过 2π 的范围内,误差曲线上的峰、谷多次出现。

齿轮误差按其表现特征可分为齿廓误差、齿距误差、齿向误差和齿厚误差。齿廓误差指加工出来的齿廓不是理论的渐开线;齿距误差指加工出来的齿廓相对于工件的旋转中心分布不均匀。齿向误差指加工后的齿面沿齿轮轴线方向上的形状和位置误差;齿厚误差指加工出来的轮齿厚度相对于理论值在整个齿圈上不一致。

1. 影响传递运动准确性的主要误差

影响传递运动准确性的误差是指齿轮一转为周期的误差,即长周期误差,主要是由于切齿加工中的几何偏心和运动偏心引起的。运动偏心是指在滚齿加工中,机床分度蜗轮对主轴有偏心,如图 7-1 中的 e_k,引起齿坯运动不均,呈周期性变化。运动偏心引起切向误差,使轮齿在齿圈上分布不均,表现为齿距累积误差等。几何偏心是指在加工中齿坯与机床主轴有间隙,或端面有跳动,或使用中齿轮与传动轴有间隙,如图 7-1 中的 e_i。几何偏心引起径向误差,表现为齿距不均,齿槽宽度不均,齿槽径向跳动等,因而在传动中侧隙发生周期性变化。

2. 影响传动平稳性的主要误差

影响传动平稳性的误差是齿轮一转过程中的短周期误差,使齿轮传动瞬时速比发生变化,主要原因是在加工中机床分度蜗杆的几何偏心 e_w(图 7-1)和轴向窜动、刀具的偏心 e_{d_i}(图 7-1)和倾斜及刀具本身的制造误差,表现为单个齿距偏差、齿廓误差等。

3. 影响载荷分布均匀性的主要误差

齿轮轮齿载荷分布是否均匀,与啮合齿面的接触状态有关,反映齿面接触状态的有齿高和齿宽两个方向的因素。影响齿高方向载荷分布均匀性的误差为齿廓误差,影响齿宽方向载荷分布均匀性的误差为螺旋线误差,主要是由机床刀架导轨与工作台回转轴线不平行、齿坯端面的跳动或心轴歪斜等因素产生的。

4. 影响侧隙的主要误差

齿轮副侧隙是指一对齿轮啮合时在非工作齿面间的间隙,影响这一间隙变动的主要因素有齿厚偏差、齿距偏差和齿廓误差等,其中齿厚偏差是影响齿侧间隙的主要因素,另外,两齿轮安装的中心距偏差、轴线不平行,也将直接影响到侧隙的变动。

7.2　圆柱齿轮精度指标及检测

在设计渐开线圆柱齿轮时,必须按照使用要求确定其精度等级。

一个渐开线圆柱齿轮（含直齿、斜齿），从几何精度要求考虑，只要齿轮各轮齿的分度准确、齿形正确、螺旋线正确，那么齿轮就是没有任何误差的理想几何体，传动起来也没有任何误差。新标准中规定了齿距累积偏差、齿距累积总偏差、单个齿距偏差、齿廓总偏差、螺旋线总偏差五个强制性检测指标，规定了切向综合总偏差及一齿切向综合偏差、径向综合总偏差、一齿径向综合偏差和齿轮径向跳动五项非强制性检测指标。为了评定齿轮的齿厚减薄量，常用的指标是齿厚偏差或公法线长度偏差。

7.2.1 齿距偏差

1. 单个齿距偏差（Δf_{pt}）

单个齿距偏差 Δf_{pt} 是指在端平面上，接近齿高中部的一个与齿轮轴线同心的圆上，实际齿距与理想齿距的代数差。如图 7-3 所示，图中 p_t 为理想齿距。

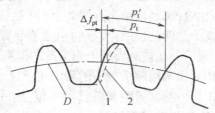

图 7-3　单个齿距偏差与齿距累积偏差

2. 齿距累积偏差（ΔF_{pk}）

齿距累积偏差 ΔF_{pk} 是指任意 k 个齿距的实际弧长与理论弧长的代数差，如图 7-3 所示。理论上 ΔF_{pk} 等于这 k 个齿距的各单个齿距偏差的代数和。

除另有规定，ΔF_{pk} 值一般被限制在不大于 1/8 的圆周上评定。因此，ΔF_{pk} 的允许值适用于齿距数 k 为 2 到小于 $z/8$ 的弧段内，通常，ΔF_{pk} 取 $k = z/8$ 就足够了，如果对于特殊的应用（如高速齿轮）还需检验较小弧段，并规定相应的 k 值。

3. 齿距累积总偏差（ΔF_p）

齿轮同侧齿面任意弧段（$k = 1$ 至 $k = z$）内的最大齿距累积偏差，它表现为齿距累积偏差曲线的总幅值。

检测齿距精度最常用的装置，一种是只有一个触头的角度分度仪（图 7-4），另一种是有两个触头的齿距比较仪（图 7-5）。不带旋转工作台的坐标测量机也可用来测量齿距和齿距偏差。

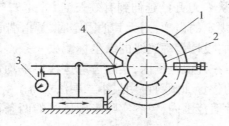

图 7-4　绝对法测量原理

1—被测齿轮；2—标准圆分度装置；3—传感器；4—测头。

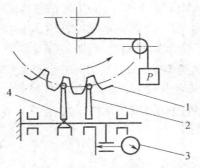

图 7 – 5　相对法测量原理

1—被测齿轮；2—测微测头；3—传感器；4—定位测头。

　　测量方法又分为绝对法和相对(比较)两种。绝对法是测出实际齿距对公称齿距的偏差,采用一个触头的齿距比较仪,利用精密分度装置(刻度盘、分度盘及多面棱体等)控制被测齿轮每次转过一个或 k 个理论齿距角,或利用定位装置控制被测齿轮每次转过一个齿或 k 个齿,用角杠杆和指示表在被测齿廓上测量绝对齿距偏差,从而计算出齿距累积总误差和齿距累积偏差。相对法采用两个触头的齿距比较仪,测量时,首先以被测齿轮任意两相邻齿之间的实际齿距作为基准齿距调整仪器零位,然后顺序测量各相邻齿的实际齿距相对于基准齿距之差,称为相对齿距偏差。然后将相对齿距偏差逐个累加,计算出最终累加值的平均值,并将平均值反号后与各相对齿距偏差相加,获得绝对齿距偏差(实际齿距相对于理论齿距之差)。最后再将绝对齿距偏差累加,累加值中的最大值与最小值之差即为被测齿轮的齿距累积总误差。k 个绝对齿距偏差的代数和则是 k 个齿距的齿距累积偏差。

7.2.2　齿廓总偏差(ΔF_α)

　　齿廓偏差是指实际齿廓偏离设计齿廓的量,该量在端平面内且垂直于渐开线齿廓的方向计值。

　　齿廓总偏差中涉及以下几个基本概念。

　　可用长度(L_{AF}):等于两条端面基圆切线之差。其中一条从基圆到可用齿廓的外界限点,另一条从基圆到可用齿廓的内界限点,如图 7 –6 所示。

　　有效长度(L_{AE}):可用长度中对应有效齿廓的那部分。

　　齿廓计值范围(L_α):是可用长度的一部分,在 L_α 内应遵照规定精度等级的公差。除另有规定外,其长度等于从 E 点开始延伸到有效长度 L_{AE} 的 92%,如图 7 –6 所示。

　　设计齿廓:符合设计规定的齿廓,当无其他限定时,是指端面齿廓。

　　被测齿面的平均齿廓:设计齿廓迹线的纵坐标减去一条斜直线的纵坐标后得到的一条迹线。这条斜直线使得在计值范围内,实际齿廓迹线对平均齿廓迹线偏差的平方和最小,因此,平均齿廓迹线的位置和倾斜可用最小二乘法求得。

　　齿廓总偏差是指在计值范围内,包容实际齿廓迹线的两条设计齿廓迹线间的法向距离,如图 7 –6 所示。

　　渐开线齿轮的齿廓总误差,可在专用的渐开线检查仪上进行测量。其原理是:根据渐开线的形成规律,利用精密机构产生正确的渐开线,与实际齿廓进行比较,以确定齿廓总

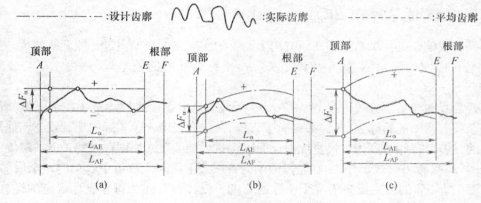

图7-6 齿廓总偏差

　　（a）设计齿廓——未修形的渐开线,实际齿廓——在减薄区内具有偏向体内的负偏差;
　　（b）设计齿廓——修形的渐开线（举例）,实际齿廓——在减薄区内具有偏向体内的负偏差;
　　（c）设计齿廓——修形的渐开线（举例）,实际齿廓——在减薄区内具有偏向体外的正偏差。

误差。对于成批生产且精度不高的齿轮,可用渐开线样板检查。对于小模数齿轮,可在投影仪上将正确的渐开线图形按一定比例放大,并与放大倍数相同的实际齿廓影像进行比较测量。

　　图7-7所示为基圆盘式渐开线检查仪的原理图。仪器通过直尺2和基圆盘1的纯滚动产生精确的渐开线。被测齿轮3与基圆盘同轴安装,传感器4装在直尺上面,随直尺一起移动。

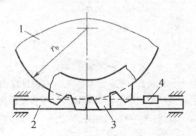

图7-7　基圆盘式渐开线检查仪

　　测量时按基圆半径 r_b 调整测头位置,测头与被测齿面接触。如果齿廓有误差,则在测量过程中测头与齿面之间就有相对运动。此运动可通过传感器记录在图形上,如图7-8所示。

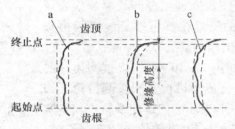

图7-8　齿廓偏差测量记录图形

　　（a）理论渐开线齿形;（b）修缘齿形;（c）凸齿形。

121

7.2.3 螺旋线总偏差(ΔF_β)

螺旋线偏差是在端面基圆切线方向上测得的实际螺旋线偏离设计螺旋线的量。如果偏差是在齿面的法向测量,则应除以 $\cos\beta_b$,换算成端面的偏差量,然后才能与公差值比较。

螺旋线图包括螺旋线迹线,如图7-9所示,它是由螺旋线检验设备在纸上或其他适当的介质上画出的曲线,此曲线如偏离了直线,其偏离量即表示实际的螺旋线与不修形螺旋线的偏差。迹线长度为与尺寸成正比而不包括齿端倒角或修圆在内的长度。螺旋线计值范围(L_β),除另有规定外,为在轮齿两端处各减去下面两个数值中较小的一个后的"迹线长度",即5%的齿宽或等于一个模数的长度。设计螺旋线为符合设计规定的螺旋线。被测齿面的平均螺旋线为设计螺旋线迹线的纵坐标减去一条斜直线的纵坐标后得到的一条迹线,这条斜直线使得在计值范围内,实际螺旋线迹线对平均螺旋线迹线偏差的平方和最小,因此,平均螺旋线迹线的位置和倾斜可以用最小二乘法求得。

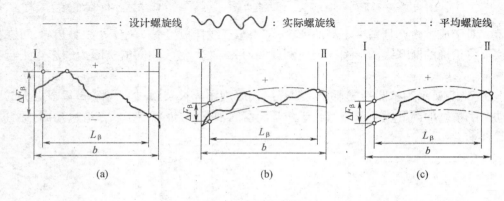

———— :设计螺旋线　～～～～ :实际螺旋线　—·—·— :平均螺旋线

图7-9　螺旋线偏差

(a) 设计螺旋线——未修形的螺旋线,实际螺旋线——在减薄区内具有偏向体内的负偏差;
(b) 设计螺旋线——修形的螺旋线(举例),实际螺旋线——在减薄区内具有偏向体内的负偏差;
(c) 设计螺旋线——修形的螺旋线(举例),实际螺旋线——在减薄区内具有偏向体外的正偏差。

螺旋线总偏差 ΔF_β 是指在计值范围内(在齿宽上从轮齿两端处各扣除倒角或修圆部分),包容实际螺旋线迹线的两条设计螺旋线迹线间的距离。

螺旋线总误差的测量方法有展成法和坐标法。展成法的测量仪器有单盘式渐开线螺旋检查仪、分级圆盘式渐开线螺旋检查仪、杠杆圆盘式通用渐开线螺旋检查仪以及导程仪等。坐标法的测量仪器有螺旋线样板检查仪、齿轮测量中心以及气坐标测量机等。

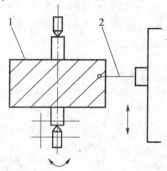

图7-10　展成法测量原理

展成法的测量原理如图7-10所示,以被测齿轮的回转轴线为基准,通过精密传动机构实现被测齿轮1回转,测头2沿轴向移动,以形成理论的螺旋线轨迹。将实际螺旋线与理论螺旋线进行比较,其差值由记录器记录,并绘出螺旋线误差曲线。在该曲线上即可获得螺旋线总

122

误差 ΔF_β。

坐标法以被测齿轮的回转轴线为基准,通过测角装置(圆光栅、分度盘)和测长装置(直线光栅、激光测长仪),测量螺旋线的回转角坐标和轴向坐标。将被测螺旋线的实际坐标与理论坐标进行比较,其差值由记录器记录,并绘出螺旋线误差曲线。在该曲线上也可获得螺旋线总误差 ΔF_β。

由于直齿圆柱齿轮的螺旋角 $\beta = 0°$,其螺旋线总误差可在齿圈径向跳动检查仪上进行测量,也可在平板上用顶尖座和千分表架等简易设备进行测量。

7.2.4 切向综合偏差

1. 切向综合总偏差 ($\Delta F_i'$)

是指被测齿轮与理想精确的测量齿轮单面啮合时,被测齿轮在一转内,齿轮分度圆上实际圆周位移与理论圆周位移的最大差值,如图 7 – 11 所示。

2. 一齿切向综合偏差 ($\Delta f_i'$)

是指被测齿轮与理想精确的测量齿轮单面啮合时,在一个齿距上的切向综合偏差,如图 7 – 11 所示。

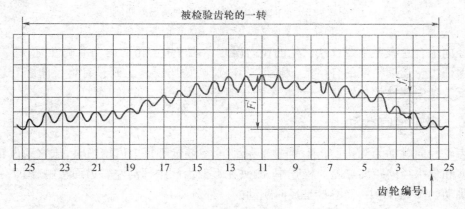

图 7 – 11　切向综合误差

切向综合总偏差代表齿轮一转中的最大转角误差,既反映切向误差,又反映径向误差,是评定齿轮运动准确性较为完善的指标。当切向综合总偏差小于或等于所规定的允许值时,表示齿轮可以满足传递运动准确性的使用要求。

切向综合偏差是用单面啮合综合检查仪进行测量的。单啮仪具有一种比较装置,能模拟均匀传动。将被测齿轮与足够精确的测量齿轮(精度至少比被测齿轮高 4 级,否则应对测量齿轮所引起的误差进行修正)单面啮合,在回转过程中的每一瞬时,被测齿轮的实际转角对其理论转角的偏差 $\Delta\varphi$(以相对于作为基准的测量齿轮的转角为准)将随着齿轮转角 φ 而不同。

7.2.5 径向综合偏差

1. 径向综合总偏差 ($\Delta F_i''$)

是在径向(双面)综合检验时,被测齿轮的左右齿面同时与理想精确的测量齿轮接触,并转过一整圈时出现的中心距最大值和最小值之差,如图 7 – 12(a)所示。

2. 一齿径向综合偏差($\Delta f_i''$)

是当被测齿轮与理想精确的测量齿轮啮合一整圈时,对应一个齿距($360°/z$)的中心距的最大变动量,如图 7 – 12(a)所示。

径向综合总误差用齿轮双面啮合综合检查仪进行测量,该仪器如图 7 – 12(b)所示。将被测齿轮安装在固定拖板的心轴上,基准齿轮安装在浮动拖板的心轴上,在弹簧作用下,两齿轮作紧密无侧隙的双面啮合。使被测齿轮回转一周,双啮中心距 a 的总变动量即为被测齿轮的径向综合总误差。测量数据可由指示表逐点读出,也可由记录装置绘制出图 7 – 12(a)所示的误差曲线。

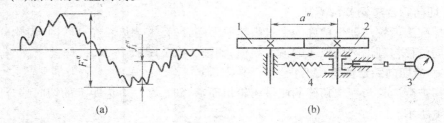

图 7 – 12　径向综合误差测量原理及误差曲线

(a)径向综合误差曲线;(b)用双啮仪测量径向综合误差。

径向综合总误差主要反映齿轮的径向误差。在评定齿轮的运动准确性时,F_i'' 并不能充分保证齿轮运动精度的合格性,因为它不能反映切向误差。而只有将径向综合总误差与能反映切向误差的指标联合运用,才能全面评定齿轮运动的准确性。

7.2.6　齿轮径向跳动

齿轮径向跳动为测头(球形、圆柱形、砧形)相继置于每个齿槽内时,从它到齿轮轴线的最大和最小径向距离之差。检查中,测头在近似齿高中部与左右齿面接触,图 7 – 13 为径向跳动的图例,图中,偏心量是径向跳动的一部分。

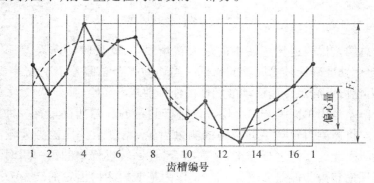

图 7 – 13　一个齿轮(16 齿)的径向跳动

7.3　齿轮副的精度指标和侧隙指标

齿轮传动是通过齿轮副实现的,安装好的齿轮副,其误差直接影响齿轮的使用要求。

对齿轮副的检验,是按设计中心距安装后进行的一种综合检验。

7.3.1 轮齿的接触斑点

接触斑点是指装配好的齿轮副,在轻微的制动下,运转后齿面上分布的接触擦亮痕迹,它可以充分揭示齿面接触的均匀性。其大小用沿齿高方向和齿长方向的百分数表示,该评定指标由 GB/Z 18620.4 推荐,图 7 – 14 为接触斑点分布的示意图。

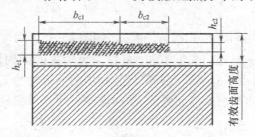

图 7 – 14　接触斑点分布示意图

检验产品齿轮副在其箱体内啮合所产生的接触斑点,可用于评估轮齿间的载荷分布。产品齿轮和测量齿轮的接触斑点,可用于评估装配后齿轮螺旋线和齿廓精度。

产品齿轮和测量齿轮副在轻载下的接触斑点,可以从安装在机架上的两相啮的齿轮得到,但两轴线的平行度在产品齿轮齿宽上要小于 0.005mm,并且测量齿轮的齿宽也不小于产品齿轮的齿宽。相配的产品齿轮副的接触斑点也可以在相啮合的机架上获得。适用的印痕涂料有装配工的蓝色印痕涂料和其他专用涂料,应选择那些能确保油膜层厚度在 0.006mm ~ 0.012mm 的应用方法。

7.3.2 中心距和轴线平行度

设计者应对中心距 a 和轴线平行度两项偏差选择适当的公差,以满足齿轮副侧隙和齿长方向正确使用要求。

1. 齿轮副的中心距偏差 f_a

齿轮副的中心距偏差 f_a 是指在齿轮副的齿宽中间平面内,实际中心距与公称中心距之差。公称中心距是在考虑了最小侧隙及两齿轮的齿顶和其相啮的非渐开线齿廓齿根部分的干涉后确定的。

在齿轮只是单向承载运转而不经常反转的情况下,最大侧隙的控制不是一个重要的考虑因素,此时中心距允许偏差主要取决于重合度的考虑。在控制运动用的齿轮中,其侧隙必须控制,如果轮齿上的载荷常常反向时,则选择中心距公差时必须仔细考虑下列因素:轴、箱体和轴承的偏斜,由于箱体的偏差和轴承的间隙导致齿轮轴线的错斜、安装误差、轴承跳动、温度的影响、旋转件的离心伸胀等。

2. 轴线的平行度偏差

轴线的平行度偏差包含轴线平面内的偏差 $f_{\Sigma\delta}$ 和垂直平面上的偏差 $f_{\Sigma\beta}$。轴线平面内的偏差 $f_{\Sigma\delta}$ 是在两轴线的公共平面上测量的,这公共平面是用两轴承跨距中较长的一个 L 和另一根轴上的一个轴承来确定的,如果两个轴承的跨距相同,则用小齿轮轴和大齿轮轴的一个轴承。垂直平面上的偏差 $f_{\Sigma\beta}$ 是在与轴线公共平面相垂直的交错轴平面上测量的。

轴线平面内的轴线偏差影响螺旋线啮合偏差,它的影响是工作压力角的正弦函数,而垂直平面上的轴线偏差的影响则是工作压力角的余弦函数,可见一定量的垂直平面上偏差导致的啮合偏差将比同样大小的平面内偏差导致的啮合偏差要大 2 倍~3 倍,因此对这两种偏差要素规定不同的最大推荐值。

7.3.3　齿轮副的侧隙

1. 齿轮副的侧隙

轮副的侧隙分为圆周侧隙 j_{bn} 和法向侧隙 j_{wt},如图 7 – 15 所示。当装配好的齿轮副中的一个齿轮固定时,另一个齿轮的圆周晃动量称为齿轮副的圆周侧隙,以分度圆弧长计值,圆周侧隙可用指示表测量。当装配好的齿轮副中的两齿轮的工作齿面接触时,非工作齿面间的最小距离称为齿轮副的法向侧隙,法向侧隙可用塞尺测量。

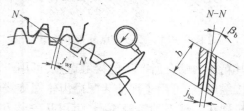

图 7 – 15　齿轮副侧隙

j_{bn}—圆周侧隙;j_{wt}—法向侧隙。

法向侧隙和圆周侧隙的关系如下:

$$j_{bn} = j_{wt}\cos\alpha_{wt}\cos\beta_b = j_{wt}\cos\alpha_n\cos\beta \qquad (7-1)$$

式中　α_{wt}、α_n——端面、法面分度圆压力角;

　　　β、β_b——分度圆、基圆螺旋角。

测量圆周侧隙和测量法向侧隙是等效的。二者是直接评定尺侧间隙的两个综合检验参数,从设计观点看,与齿轮精度等级无关,它们是独立指标。但从工艺与安装上仍受齿轮加工误差与安装误差的影响。侧隙是一项按使用要求提出的综合指标。

在齿轮的加工误差中,影响齿轮副侧隙的误差主要是齿厚偏差和公法线平均长度偏差。

2. 齿厚偏差（ΔE_{sn}）

齿厚偏差是指在分度圆周上,齿厚实际值与公称值之差,如图 7 – 16 所示。

为保证齿轮传动时的最小侧隙,必须规定齿厚的最小减薄量,即齿厚上偏差 E_{sns},它主要取决于侧隙,其选择大体上与齿轮精度无关。为了限制侧隙不致过大,必须规定齿厚的最大减薄量,即齿厚下偏差 E_{sni},E_{sni} 是在综合了齿厚上偏差及齿厚公差 T_{sn} 后得到的:

$$E_{sni} = E_{sns} - T_{sn} \qquad (7-2)$$

为了保证齿轮传动侧隙,齿厚的上、下偏差均应为负值。T_{sn} 是指齿厚偏差的最大允许值,大体上与齿轮精度无关。

理论上齿厚为弧长,但为了测量方便,实际应用中用弦长来体现。测量齿厚时,通常采用齿厚游标卡尺或光学测齿卡尺,以齿顶圆为测量基准,来测量分度圆弦齿厚。

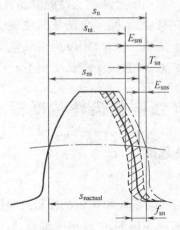

图 7 – 16　齿厚偏差

s_n—公称齿厚；s_{ni}—齿厚的最小极限；s_{ns}—齿厚的最大极限；$s_{nactual}$—实际齿厚；

E_{sni}—齿厚允许的下偏差；E_{sns}—齿厚允许的上偏差；f_{sn}—齿厚偏差；T_{sn}—齿厚公差。

3. 公法线长度偏差

公法线长度偏差是指在齿轮一周内，实际公法线长度 $W_{kactual}$ 与公称值 W_k 之差，如图 7 – 17 所示，该评定指标由 GB/Z 18620.2 推荐。

公法线 W_k 的长度是在基圆柱切平面（公法线平面）上跨 k 个齿（对外齿轮）或 k 个齿槽（对内齿轮）在接触到一个齿的右齿面和另一个齿的左齿面的两个平行平面之间测得的距离。这个距离在两个齿廓间沿所有法线都是常数。

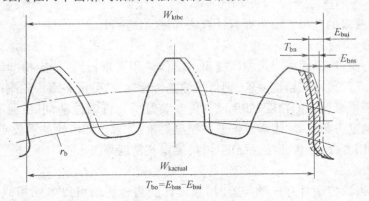

图 7 – 17　公法线长度偏差

由啮合原理可知，公法线长度偏差是齿厚偏差的函数，能反映齿轮副侧隙的大小，可规定极限偏差（上偏差 E_{bns}，下偏差 E_{bni}）来控制公法线长度偏差。

对外齿轮：

$$W_k + E_{bni} \leqslant W_{kactual} \leqslant W_k + E_{bns} \qquad (7 - 3)$$

对内齿轮：

$$W_k - E_{bni} \leqslant W_{kactual} \leqslant W_k - E_{bns} \qquad (7 - 4)$$

凡具有两个平行测量面的量爪并能插入跨一定齿数的齿槽而与异名齿廓相切的量

仪,都可用来测量公法线长度。常用的公法线长度测量器具有公法线千分尺、公法线指示表卡规、万能测齿仪等。应该注意的是,测量公法线长度偏差时,需先计算被测齿轮公法线长度的公称值 W_k,然后按 W_k 值组合量块,用以调整两量爪之间的距离。沿齿圈进行测量,所测公法线长度与公称值之差,即为公法线长度偏差。

7.4 渐开线圆柱齿轮精度标准及应用

7.4.1 齿轮的精度等级及选择

1. 精度等级

GB/T 10095—2008 对齿轮的强制性和非强制性检测精度指标公差规定了 13 个精度等级,用数字 0~12 由高到低的顺序排列,0 级精度最高,12 级精度最低。径向综合偏差的精度等级由 F''_i、f''_i 的 9 个等级组成,其中 4 级精度最高,12 级精度最低。0 级~2 级精度的齿轮对制造工艺与检测水平要求极高,是保留作为待发展的精度等级;3 级~5 级精度称为高精度等级;6 级~8 级精度称为中等精度等级,使用最多;9 级为较低精度等级;10 级~12 级精度称为低精度等级。5 级精度是确定齿轮各项允许值计算式的基础级。

精度等级的选择,应根据传动的用途、使用条件、传动功率、圆周速度、性能指标或其他技术要求来确定。对齿轮工作和非工作面可规定不同精度等级,或对于不同的偏差可规定不同的精度等级,也可仅对工作齿面规定不同的精度等级。除特殊规定外,均在接近齿高中部和(或)齿宽中部的位置测量。

2. 精度等级的选择

齿轮精度等级的选择方法主要有计算法和经验法两种。

1) 计算法

计算法是先按产品性能对齿轮所提出的具体使用要求,计算选定精度等级。如果已知传动链末端元件传动的精度要求,则可按偏差传递规律,分配各级齿轮副的运动精度要求,确定齿距累积总偏差的精度;如果已知传动装置所允许的振动,可在确定装置的动态特性过程中,确定齿距偏差、齿廓总偏差的精度要求;如果已知齿轮的承载要求,可按所承受的转矩及使用寿命,经齿面接触强度计算,确定其精度等级。

2) 经验法

当原有的齿轮传动具有成熟经验时,新设计的齿轮传动可以参照相似的精度等级。当工作条件略有变动时,可对相关偏差项目的精度等级作适当调整。

表 7 - 1 为各精度等级的齿轮的适用范围和切齿方法。

表 7 - 1　各精度等级齿轮的适用范围

精度等级	工作条件与适用范围	圆周速度/(m/s)		齿面的最后加工
		直齿	斜齿	
3	用于最平稳且无噪声的极高速下工作的齿轮;特别精密的分度机构齿轮;特别精密机械中的齿轮;控制机构齿轮;检测 5、6 级的测量齿轮	到 40	到 75	特精密的磨齿和珩磨用精密滚刀滚齿或单边剃齿后的大多数不经淬火的齿轮

精度等级	工作条件与适用范围	圆周速度/(m/s)		齿面的最后加工
		直齿	斜齿	
4	用于精密分度机构的齿轮;特别精密机械中的齿轮;高速透平齿轮;控制机构齿轮;检测7级的测量齿轮	到35	到70	精密磨齿;大多数用精密滚刀滚齿和珩齿或单边剃齿
5	用于高平稳且低噪声的高速传动中的齿轮;精密机构中的齿轮;透平传动的齿轮;检测8、9级的测量齿轮。重要的航空、船用齿轮箱齿轮	到20	到44	精密磨齿;大多数用精密滚刀加工,进而研齿或剃齿
6	用于高速下平稳工作、需要高效率及低噪声的齿轮;航空、汽车用齿轮;读数装置中的精密齿轮;机床传动链齿轮;机床传动齿轮	到16	到30	精密磨齿或剃齿
7	在高速和适度功率或大功率及适当速度下工作的齿轮;机床变速箱进给齿轮;高速减速器的齿轮;起重机齿轮;汽车以及读数装置中的齿轮	到10	到15	无需热处理的齿轮,用精确刀具加工。对于淬硬齿轮必须精整加工(磨齿、研齿、珩齿等)
8	一级机器中无特殊精度要求的齿轮;机床变速齿轮;汽车制造业中的不重要齿轮;冶金、起重、机械齿轮通用减速器的齿轮;农业机械中的重要齿轮	到6	到10	滚、插齿均可,不用磨齿;必要时剃齿或研齿
9	用于无精度要求的粗糙工作的齿轮;因结构上考虑受载低于计算载荷的传动用齿轮;重载、低速不重要工作机械的传力齿轮;农机齿轮	到2	到4	不需要特殊的精加工工序

3. 偏差的允许值

当齿轮精度等级选定后,可按表7-2所列的5级精度齿轮的计算公式,乘以级间公比,根据尺寸(如模数(法向模数)m_n、分度圆直径d、齿宽b等)计算出各评定参数的允许值(公差或极限偏差)。计算时,m_n、d以及b应以分段界限值的几何平均值代入,例如,如果实际模数为7mm,分段界限值为$m_n = 6$mm和$m_n = 10$mm,公差用$m_n = \sqrt{6 \times 10} = 7.746$mm代入计算。当参数不在给定的范围内或供需双方同意时,可以在公式中代入实际值。为方便设计,也可在GB/T 10095—2008的表(本书未摘录)中直接查取评定参数的允许值。

齿面偏差允许值的圆整规则:如果计算值大于10 μm,圆整到最接近的整数;如果小于10μm大于5μm,圆整到最接近的尾数为0.5μm的小数或整数;如果小于5μm,圆整到最接近的0.1μm的小数或整数。

如果所要求的齿轮精度等级规定为标准的某一等级,而无其他规定时,则表7-2中各项偏差的允许值均按该精度等级。然而,按协议,对工作和非工作齿面可规定不同精度等级,或对于不同偏差项目可规定不同的精度等级。另外,也可以仅对工作齿面规定所要求的精度等级。

表7-2 5级精度齿轮公差或极限偏差计算式

序号	项目	公差或极限偏差计算式	级间公比
1	$\pm f_{pt}$	$0.3(m_n + 0.4\sqrt{d}) + 4$	$\sqrt{2}$
2	$\pm F_{pk}$	$f_{pt} + 1.6\sqrt{(k-1)m_n}$	$\sqrt{2}$
3	F_p	$0.3m_n + 1.25\sqrt{d} + 7$	$\sqrt{2}$
4	F_α	$3.2\sqrt{m_n} + 0.22\sqrt{d} + 0.7$	
5	$f_{f\alpha}$	$2.5\sqrt{m_n} + 0.17\sqrt{d} + 0.5$	$\sqrt{2}$
6	$f_{H\alpha}$	$2\sqrt{m_n} + 0.14\sqrt{d} + 0.5$	$\sqrt{2}$
7	F_β	$0.1\sqrt{d} + 0.63\sqrt{b} + 4.2$	$\sqrt{2}$
8	$f_{f\beta}$	$0.07\sqrt{d} + 0.45\sqrt{b} + 3$	$\sqrt{2}$
9	$f_{H\beta}$	$0.07\sqrt{d} + 0.45\sqrt{b} + 3$	$\sqrt{2}$
10	F_i'	$F_p + f_i'$	$\sqrt{2}$
11	f_i'	$K(4.3 + f_{pt} + F_\alpha) = K(9 + 0.3m_n + 3.2\sqrt{m_n} + 0.34\sqrt{d})$ 当 $\varepsilon_r < 4$ 时，$K = 0.2\left(\dfrac{\varepsilon_r + 4}{\varepsilon_r}\right)$；当 $\varepsilon_r \geq 4$ 时，$K = 0.4$	$\sqrt{2}$
12	F_i''	$3.2m_n + 1.01\sqrt{d} + 6.4$	$\sqrt{2}$
13	f_i''	$2.96m_n + 0.01\sqrt{d} + 0.8$	$\sqrt{2}$
14	F_r	$0.8F_p = 0.24m_n + 1.0\sqrt{d} + 5.6$	$\sqrt{2}$

对于接触斑点，GB/Z 18620.4—2008给出了直齿轮和斜齿轮装配后的推荐值，表7-3给出了直齿轮装配后的推荐值。

表7-3 直齿轮装配后的接触斑点

精度等级	b_{C1}占齿宽的百分比	h_{C1}占有效齿面高度的百分比	b_{C2}占齿宽的百分比	h_{C2}占有效齿面高度的百分比
4级及更高	50%	70%	40%	50%
5和6	45%	50%	35%	30%
7和8	35%	50%	35%	30%
9至12	25%	50%	25%	30%

对于中心距极限偏差 $\pm f_\alpha$，设计者可借鉴某些成熟产品的设计来确定，参考旧标准来选择，如表7-4所列。

表7-4 中心距极限偏差 $\pm f_\alpha$ 数值（摘自GB 10095—88）（μm）

齿轮精度等级		5~6	7~8	9~10	齿轮精度等级		5~6	7~8	9~10
f_α		$\dfrac{IT7}{2}$	$\dfrac{IT8}{2}$	$\dfrac{IT9}{2}$	f_α		$\dfrac{IT7}{2}$	$\dfrac{IT8}{2}$	$\dfrac{IT9}{2}$
齿轮副	>6~10	7.5	11	18	齿轮副	>180~250	23	36	57.5
中心距	>10~18	9	13.5	21.5	中心距	>250~315	26	40.5	65
/mm	>18~30	10.5	16.5	26	/mm	>315~400	28.5	44.5	70
	>30~50	12.5	19.5	31		>400~500	31.5	48.5	77.5
	>50~80	15	23	37		>500~630	35	55	87
	>80~120	17.5	27	43.5		>630~800	40	62	100
	>120~180	20	31.5	50					

对于轴线的平行度公差,GB/Z 18620.3 的推荐值如下所示。

垂直平面上的平行度公差:

$$f_{\Sigma\beta} = 0.5(L/b)F_{\beta} \tag{7-5}$$

轴线平面内的平行度公差:

$$f_{\Sigma\delta} = 2f_{\Sigma\beta} \tag{7-6}$$

4. 齿轮副的侧隙

由于各种因素影响,计算所需法向最小侧隙是较困难的,为简单起见,对中等模数、节圆速度小于 15m/s,齿轮与箱体材料为黑色金属,轴、轴承都采用商业制造公差的齿轮传动,推荐按下式计算:

$$j_{bnmin} = \frac{2}{3}(0.06 + 0.0005a + 0.03m_n) \tag{7-7}$$

式中 a——中心距。

最小侧隙 j_{bnmin} 是由齿厚上偏差 E_{sns}(为负值)保证的。若主动轮与被动轮取相同的齿厚上偏差,即 $E_{sns1} = E_{sns2}$,则有

$$E_{sns1} = E_{sns2} = -j_{bnmin}/2\cos(\alpha_n) \tag{7-8}$$

最大侧隙由齿厚下偏差 E_{sni} 控制。齿厚上偏差 E_{sns} 确定后,可根据齿厚公差 T_{sn} 由式 (7-2) 确定其下偏差 E_{sni}。其中齿厚公差 T_{sn} 计算值由齿圈径向体跳动公差 F_r 和切齿时径向进刀公差 b_r 两项组成:

$$T_{sn} = \sqrt{F_r^2 + b_r^2} \times 2\tan\alpha_n \tag{7-9}$$

通常 b_r 值按齿轮精度等级由分度圆直径查表确定,如表 7-5 所列。

表 7-5 切齿径向进刀公差

齿轮精度等级	3	4	5	6	7	8	9	10
b_r 值	IT7	1.26IT7	IT8	1.26IT8	IT9	1.26IT9	IT10	1.26IT10

在实际测量齿轮时,常用测公法线长度极限偏差取代齿厚偏差测量,它们之间存在以下关系:

公法线长度上偏差:

$$E_{bns} = E_{sns}\cos\alpha_n \tag{7-10}$$

公法线长度下偏差:

$$E_{bni} = E_{sni}\cos\alpha_n \tag{7-11}$$

由于对最大侧隙 j_{bnmax} 一般无严格要求,故一般情况下不需校核。但对一些精密分度齿轮或读数齿轮,对齿轮的回转精度有要求时,需校核最大侧隙 j_{bnmax}。

7.4.2 齿轮检验项目的确定

新的国家标准对单个齿轮规定了五个强制项目和非强制检查项目,齿轮传递运动准确性的强制性检测指标一般采用齿距累积总偏差,有时要增加齿距累积偏差;齿轮传动平

稳性的强制性检测指标采用单个齿距偏差和齿廓总偏差;齿轮载荷分布均匀性的强制性检测指标在齿宽方向采用螺旋线总偏差,在齿高方向采用同平稳性检测相同的强制指标。

目前,对于质量控制,检验项目须由采购方和供货方协商确定,根据国内企业多年来贯彻旧标准的经验和目前齿轮生产的控制水平,建议供需双方依据齿轮功能要求、生产批量和检测手段,按表7-6推荐的检验组来选取一个检验组。

表7-6 检验组(推荐)

检验组	检验项目偏差代号	适用等级
1	ΔF_p、ΔF_α、ΔF_β、ΔF_r	3~9
2	ΔF_p 与 ΔF_{pk}、ΔF_α、ΔF_β、ΔF_r	3~9
3	ΔF_p、Δf_{pt}、ΔF_α、ΔF_β、ΔF_r	3~9
4	$\Delta F_i''$、$\Delta f_i''$	6~9
5	$\Delta F_i'$、$\Delta f_i'$	3~6
6	Δf_{pt}、ΔF_r	10~12

7.4.3 齿坯精度和齿面表面粗糙度

齿坯精度涉及对基准轴线、用来确定基准轴线的基准面以及其他相关的安装面的选择和给定的公差。齿轮轮齿精度参数在测量时,如果齿轮的旋转轴线有改变,则它们的测量数值将会随之改变。因此,在齿轮图样上必须把规定轮齿公差的基准轴线明确表示出来。

基准轴线是制造者(和检验者)用来对单个零件确定轮齿几何形状的轴线,设计者应保证其精确地确定,使齿轮相应于工作轴线的技术要求得到满足。通常将基准轴线与工作轴线重合,即将安装面作为基准面。

确定基准轴线,通常有三种方法:①如图7-18(a),由两个"短的"圆柱或圆锥形基准面上设定的两个圆的圆心来确定轴线上的两个点;②如图7-18(b),由一个"长的"圆柱或圆锥形的面来同时确定轴线的位置和方向,孔的轴线可以用与之正确装配的工作心轴的轴线来确定;③如图7-18(c),轴线的位置是用一个"短的"圆柱形基准面上的一个圆的圆心来确定,而其方向则由垂直于此轴线的一个基准端面来确定。

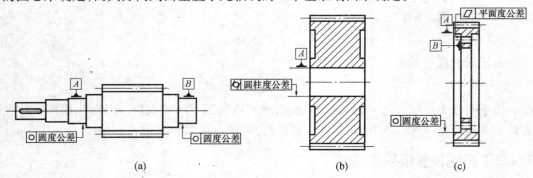

图7-18 基准轴线的确定方法

带孔齿轮的孔或轴齿轮的轴颈为齿轮加工、检验和安装的基准面,它的轴线是整个齿轮回转的基准轴线,其有关的几何公差数值按附表 7-1~附表 7-4 选取。齿面的表面粗糙度要求也从上述附表选取。

7.4.4　齿轮精度的标注

齿轮精度等级及齿厚极限偏差在图样上的标注,应标注齿轮的精度等级和齿厚极限偏差的字母代号,在文件中需叙述齿轮精度要求时,应注明文件号 GB/T 10095.1 或 GB/T 10095.2。为了在图样上清楚地表明齿轮的精度等级和齿厚极限偏差,建议对齿轮精度等级和齿厚偏差的标注采用如下方法。

若齿轮的检验项目同为某一精度等级时,可标注精度等级和标准号。如齿轮检验项目同为 7 级,则标注为:7 GB/T 10095.1—2008 或 7 GB/T10095.2—2008。

若齿轮检验项目的精度等级不同时,如齿廓总误差 F_α 为 6 级,而齿距累积总误差 F_p 和螺旋线总误差 F_β 均为 7 级时,则标注为:6(F_α)、7(F_p、F_β) GB/T 10095.1—2008。

7.4.5　齿轮精度设计

根据前面介绍的齿轮的各项误差及齿轮传动的国家标准,下面给出齿轮精度设计方法,其步骤如下。

(1) 确定齿轮的精度等级。

(2) 齿轮检验组的选择及其公差值的确定。

(3) 选择侧隙和计算齿厚偏差。

(4) 确定齿轮副精度。

(5) 确定齿坯公差和表面粗糙度。

(6) 绘制齿轮零件图。

例　某通用减速器齿轮中有一对直齿齿轮副,模数 $m = 3\text{mm}$,齿形角 $\alpha = 20°$,齿数 $z_1 = 32, z_2 = 96$,齿宽 $b = 20\text{mm}$,轴承跨度为 85mm,传递最大功率为 5kW,转速 $n_1 = 1280\text{r/min}$,齿轮箱用喷油润滑,生产条件为小批量生产。试设计小齿轮精度,并画出小齿轮图。

解:

(1) 确定齿轮的精度等级。从给定条件知该齿轮为通用减速器齿轮,由表 7-1 可以大致得出齿轮精度等级在 7 级~8 级之间,而且该齿轮既传递运动又传递动力,可按线速度来确定精度等级。

$$v = \frac{\pi d n_1}{1000 \times 60} = \frac{3.14 \times 3 \times 32 \times 1280}{1000 \times 60}\text{m/s} = 6.43\text{m/s}$$

由表 7-1 选出该齿轮精度等级为 7 级,表示为 7GB/T 10095.1—2008。

(2) 齿轮检验组的选择及其公差值的确定。该齿轮属于小批生产,中等精度,无特殊要求,可选第一组,即 F_p、F_α、F_β、F_r。由表 7-2 中的公式(也可直接从 GB 10095.1 的表中直接查取):

$$F_p = (0.3m_n + 1.25\sqrt{d} + 7) \times (\sqrt{2})^{(Q-5)}$$

$$= (0.3 \times \sqrt{2 \times 3.5} + 1.25 \times \sqrt[4]{50 \times 125} + 7) \times (\sqrt{2})^2 \approx 38\mu m$$

$$F_\alpha = (3.2\sqrt{m_n} + 0.22\sqrt{d} + 0.7) \times (\sqrt{2})^{(Q-5)}$$

$$= (3.2 \times \sqrt[4]{2. \times 3.5} + 0.22 \times \sqrt[4]{50 \times 125} + 0.7) \times (\sqrt{2})^2 \approx 16\mu m$$

$$F_\beta = (0.1\sqrt{d} + 0.63\sqrt{b} + 4.2) \times (\sqrt{2})^{(Q-5)}$$

$$= (0.1\sqrt[4]{50 \times 125} + 0.63 \times \sqrt[4]{10 \times 20} + 4.2) \times (\sqrt{2})^2 \approx 15\mu m$$

$$F_r = 0.8F_p = (0.24m_n + 1.0\sqrt{d} + 5.6) \times (\sqrt{2})^{(Q-5)} \approx 30\mu m$$

（3）最小侧隙和齿厚偏差的确定。

中心距：$a = m(z_1 + z_2)/2 = 3 \times (32 + 96)/2 = 192mm$

按式（7-7）计算，有

$$j_{bnmin} = \frac{2}{3}(0.06 + 0.0005a + 0.03m_n)$$

$$= \frac{2}{3}(0.06 + 0.0005 \times 192 + 0.03 \times 3) = 0.164mm$$

由式（7-8），得

$$E_{sns} = -j_{bnmin}/2\cos(\alpha_n) = -0.164/(2\cos20°) = -0.087mm$$

分度圆直径为

$$d = mz = 3 \times 32 = 96mm$$

由表 7-5，得

$$b_r = IT9 = 0.087mm = 87\mu m$$

故由式（7-9），有

$$T_{sn} = \sqrt{F_r^2 + b_r^2} \times 2\tan\alpha_n = \sqrt{0.03^2 + 0.087^2} \times 2 \times \tan20° = 0.067mm = 67\mu m$$

由式（7-2），有

$$E_{sni} = E_{sns} - T_{sn} = -0.154mm = -154\mu m$$

（4）确定齿轮副精度。

由表 7-4，中心距偏差为

$$\pm f_\alpha = \pm IT8/2 = \pm 36\mu m = \pm 0.036mm$$

故 $a = 192 \pm 0.036mm$

由式（7-5），得

$$f_{\Sigma\beta} = 0.5(L/b)F_\beta = 0.5 \times (85/20) \times 0.015 = 0.032mm$$

由式（7-6），得

$$f_{\Sigma\delta} = 2f_{\Sigma\beta} = 2 \times 0.032mm = 0.064mm$$

（5）确定齿坯公差和表面粗糙度。

内孔尺寸偏差：由附表 7-1 查出公差为 IT7，其尺寸偏差为 $\phi 40H7 \begin{pmatrix} +0.025 \\ 0 \end{pmatrix}$ ⑤。

齿顶圆直径为

$$d_a = m(z + 2) = 3(32 + 2) = 102\,\text{mm}$$

查附表 7-1，齿顶圆公差等级为 IT8，为 0.054mm，标注为 102 ± 0.027mm。

查附表 7-1，内孔圆柱度公差为

$$0.04(L/b)F_\beta = 0.04 \times (85/20) \times 0.015 \approx 0.0026\,\text{mm}$$

$$0.1F_p = 0.1 \times 0.038 = 0.0038\,\text{mm}$$

取最小值 0.0026mm，圆整，得内孔圆柱度公差为 0.003mm。

端面圆跳动公差和顶圆径向圆跳动公差，查附表 7-2，为 0.018mm。

齿面表面粗糙度查附表 7-3 得 Ra 的上限值为 1.25μm。

（6）绘制齿轮零件图。图 7-19 为设计齿轮的零件图。

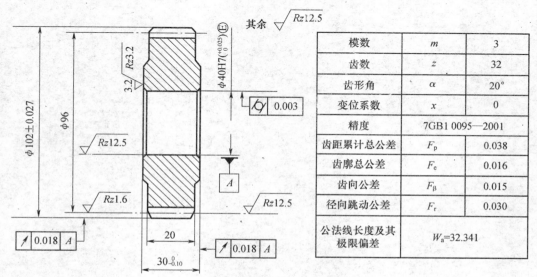

模数	m	3
齿数	z	32
齿形角	α	20°
变位系数	x	0
精度	7GB1 0095—2001	
齿距累计总公差	F_p	0.038
齿廓总公差	F_e	0.016
齿向公差	F_β	0.015
径向跳动公差	F_r	0.030
公法线长度及其极限偏差	$W_a = 32.341$	

图 7-19　小齿轮零件图

习　题

7-1　已知某减速器中的一对直齿轮，其参数为：$Z_1 = 20$，$Z_2 = 60$，$m = 5$，$\alpha = 20°$，齿宽 $b = 30$，齿轮副的传递速度为 $v = 6.28$m/s，常温下工作，试确定小齿轮的精度等级和齿厚极限偏差。若为单件生产，检验参数如何？并查表确定其公差值。

7-2　某直齿圆柱齿轮模数 $m = 3$mm，齿数 $z = 24$，标准压力角 $\alpha = 20°$，变位系数为 $x = 0$，精度等级和齿厚极限偏差代号为 8-7-7 F H GB 10095—2008。该齿轮大批生产，试确定该齿轮三个公差组和侧隙方面的公差和极限偏差项目及它们的数值。

7-3　某减速器中的一对直齿轮副。已知 $m = 5$，$\alpha = 20°$，$Z_1 = 20$，$Z_2 = 60$，$b_1 = 50$，$v_1 = 15$m/s，选定三个公差组的等级均为 6 级，传动中齿轮温度可达 70℃，箱体温度可达 45℃，齿轮材料为钢，箱体材料为铸铁，试确定该齿轮副中小齿轮的齿厚极限偏差代号。

135

7-4　用绝对法测量齿数为 15 的圆柱齿轮的左齿面齿距偏差,按齿序测得数据为 $+10\mu m$, $+18\mu m$, $+25\mu m$, $+20\mu m$, $+16\mu m$, $+8\mu m$, 0, $-7\mu m$, $-16\mu m$, $-24\mu m$, $-20\mu m$, $-15\mu m$, $-10\mu m$, $-7\mu m$, $+2\mu m$,试计算齿距偏差 Δf_{pt} 和齿距累积误差 ΔF_p 的数值。

7-5　已知直齿圆柱齿轮副,模数 $m_n = 5mm$,齿形角 $\alpha = 20°$,齿数 $z_1 = 20$, $z_2 = 100$,内孔 $d_1 = 25mm$, $d_2 = 80mm$,图样标注为 6 GB/T 10095.1—2008 和 6 GB/T 10095.2—2008。

(1) 试确定两齿轮 f_{pt}、F_p、F_α、F_β、F''_i、f''_i、F_r 的允许值。

(2) 试确定两齿轮内孔和齿顶圆的尺寸公差、齿顶圆的径向圆跳动公差以及端面跳动公差。

第8章　常用连接件的公差与检测

在生产实际中,某些零部件的生产已经规范化和标准化,在使用中必须了解它们相关的公差规定及对它们的检测方法,以便有效地掌握它们的性能。

8.1　螺纹的公差与检测

螺纹是机器上常见的结构要素,对机器的质量有着重要影响。螺纹除要在材料上保证其强度外,对其几何精度也应提出相应要求。螺纹常用于紧固连接、密封、传递力与运动等。不同用途的螺纹,对其几何精度要求也不一样。螺纹若按牙型分有三角形螺纹、梯形螺纹、锯齿形螺纹等。本章主要介绍连接用米制普通三角形螺纹及其公差标准,并简要介绍丝杠螺纹公差。

8.1.1　普通螺纹连接的基本要求

普通螺纹常用于机械设备、仪器仪表中,用于连接和紧固零部件,通常要满足以下要求。

(1) 可旋入性,指同规格的内、外螺纹件在装配时不经挑选就能在给定的轴向长度内全部旋合。

(2) 连接可靠性,指用于连接和紧固时,应具有足够的连接强度和紧固性,确保机器或装置的使用性能。

8.1.2　普通螺纹的基本牙型和几何参数

1. 普通螺纹的基本牙型

通螺纹的基本牙型是指国家标准中所规定的具有螺纹基本尺寸的牙型。如图8-1所示,基本牙型定义在螺纹的轴剖面上。

基本牙型是指按规定的削平高度,将高度为 H 的原始三角形的顶部和底部削去后所形成的内、外螺纹共有的理论牙型。它是规定螺纹极限偏差的基础。内、外螺纹的大径、中径、小径的基本尺寸都定义在基本牙型上。

2. 普通螺纹的几何参数

(1) 原始三角形高度 H。原始三角形高度为原始三角形的顶点到底边的距离。原始三角形为一等边三角形,H 与螺纹螺距 P 的几何关系如图8-1所示。

$$H = \sqrt{3}P/2 \qquad\qquad (8-1)$$

(2) 大径 $D(d)$。螺纹的大径指在基本牙型上与外螺纹牙顶(内螺纹牙底)相重合的假想圆柱的直径,如图5-1所示。即原始三角形顶部 $H/8$ 削平处所在圆柱的直径。内、

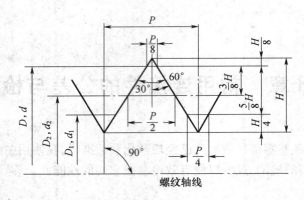

图 8-1　螺纹的基本牙型

外螺纹的大径分别用 D、d 表示，且 $D = d$。外螺纹的大径又称外螺纹的顶径。螺纹大径的基本尺寸即为内、外螺纹的公称直径。普通螺纹的公称直径值见附表 8-1。

（3）小径 $D_1(d_1)$。螺纹的小径指在螺纹基本牙型上与外螺纹牙底（内螺纹牙顶）相

重合的假想圆柱的直径，其位置在螺纹原始三角形牙型根部 $2H/8$ 削平处。内、外螺纹的小径分别用 D_1、d_1 表示，且 $D_1 = d_1$。内螺纹的小径又称内螺纹的顶径。

（4）中径 $D_2(d_2)$。螺纹牙型的沟槽与凸起宽度相等的地方所在的假想圆柱的直径称为中径。内、外螺纹中径分别用 D_2、d_2 表示，且 $D_2 = d_2$。

（5）螺距 P。螺距是相邻两牙在螺纹中径圆柱面的母线（即中径线）上对应两点间的轴向距离。螺距的基本值用符号 P 表示，如图 8-2 所示。国家标准中规定了普通螺纹的直径与螺距系列，如附表 8-1 所列。

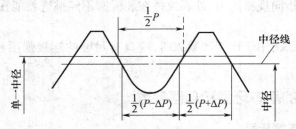

图 8-2　螺纹的单一中径

（6）单一中径。单一中径是一个假想圆柱的直径，该圆柱的母线通过牙型上沟槽宽度等于螺距基本值一半（$P/2$）的地方。当无螺距偏差时，单一中径与中径一致，如图 8-2 所示。内、外螺纹的单一中径分别用 D_{2s} 和 d_{2s} 表示。

（7）牙型角 α。螺纹的牙

型角是指在螺纹牙型上，相邻两牙侧间的夹角，牙型角的基本符号用 α 表示。米制普通螺纹的基本牙型角为 $60°$。

（8）牙侧角 β。螺纹的牙侧角指在螺纹牙型上，牙侧与螺纹轴线垂直线间的夹角，左、右牙侧角分别用 β_1、β_2 表示。对称牙型的 $\beta_1 = \beta_2 = \alpha/2$，普通螺纹牙侧角的基本值为 $30°$。

（9）螺纹接触高度。指两个相互配合的螺纹牙型上，它们的牙侧重合部分在垂直于

138

螺纹轴线方向上的距离。普通螺纹的接触高度的基本值等于 $5H/8$。

（10）螺纹旋合长度。指两个配合的螺纹沿螺纹轴线方向相互旋合部分的长度。

8.1.3　普通螺纹几何参数误差对互换性的影响

从互换性的角度来看,螺纹的五个基本参数(即大径、小径、中径、螺距和牙型半角)都有影响。这五个基本参数在加工过程中不可避免地都有一定的误差,不仅会影响螺纹的旋合性,还会影响连接的可靠性,从而影响螺纹的互换性。

普通螺纹旋合后大径和小径通常是有间隙的,相接触的部分是侧面,为了保证普通螺纹的可旋入性,内螺纹的大径和小径必须分别大于外螺纹的大径和小径,但是内螺纹的小径过大,外螺纹的大径过小,将减小螺纹的接触高度,影响到连接的可靠性,所以必须规定内螺纹小径和外螺纹大径的上、下偏差,即对内外螺纹顶径规定上、下偏差;而增大内螺纹的大径,减小外螺纹的小径既有利于可旋入性,又不减少螺纹的接触高度,所以只对内螺纹的大径规定下偏差、外螺纹的小径规定上偏差,即对内外螺纹底径只规定一个极限偏差;并对外螺纹的牙底提出形状要求,以便牙顶和牙底间留有间隙,并满足机械性能要求。

普通螺纹的螺距误差、牙型半角误差和中径偏差不但影响螺纹的可旋入性,还影响螺纹接触的均匀性与密封性等,是影响互换性的主要因素,下面着重介绍。

1. 螺距误差对互换性的影响

螺距误差包括局部误差(ΔP)和累积误差(ΔP_Σ),前者与旋合长度无关,后者与旋合长度有关。

为了讨论问题方便,假定内螺纹具有理想的牙型,外螺纹的中径及牙型半角与内螺纹相同,但螺距有误差,并假设外螺纹的螺距比内螺纹的大,假定在 n 个螺牙长度上,螺距累积误差为 ΔP_Σ。显然,在这种情况下,这一对螺纹因产生干涉而无法旋合,如图 8-3 所示。

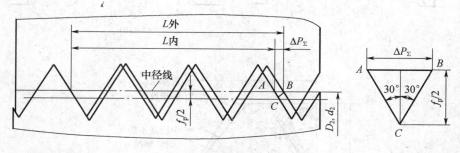

图 8-3　螺距误差

在实际生产中,为了使有螺距误差的外螺纹旋入理想的内螺纹,应把外螺纹中径减小一个数值 f_P。

同理为了使有螺距误差的内螺纹旋入理想的外螺纹,应把内螺纹的中径加大一个数值 f_P,这个 f_P 值叫做螺距误差的中径补偿值(或叫螺距误差的中径当量)。

从 $\triangle abc$ 中可以看出

$$f_{\mathrm{p}} = \Delta P_\Sigma \mathrm{ctan}\frac{\alpha}{2}$$

对于牙型角 $\alpha = 60°$ 的普通螺纹,有

$$f_{\text{p}} = 1.732 \, |\Delta P_{\Sigma}| \tag{8-2}$$

由于 ΔP_{Σ} 不论正或负,都影响旋合性(只是干涉发生在左、右牙侧面的不同而已),故 ΔP_{Σ} 应取绝对值。

2. 牙型半角误差对互换性的影响

牙型半角误差是指实际牙型半角与理论牙型半角之差。它是螺纹牙侧相对于螺纹轴线的方向误差,它对螺纹的旋合性和连接强度均有影响。

假设内螺纹具有基本牙型,外螺纹中径及螺距与内螺纹相同,仅牙型半角有误差 $\left(\Delta\dfrac{\alpha}{2}\right)$。此时,内、外螺纹旋合时将发生干涉,不能旋合,如图 8-4 所示。为了保证旋合性,必须将内螺纹中径增大一个数值 $f_{\frac{\alpha}{2}}$,或将外螺纹的中径减小一个数值 $f_{\frac{\alpha}{2}}$,这个 $f_{\frac{\alpha}{2}}$ 值是补偿牙型半角误差的影响而折算到中径上的数值,被称为牙型半角误差的中径补偿值。

在图 8-4(a) 中,外螺纹的 $\Delta\dfrac{\alpha}{2} = \dfrac{\alpha}{2}(\text{外}) - \dfrac{\alpha}{2}(\text{内}) < 0$,则其牙顶部分的牙侧有干涉现象。

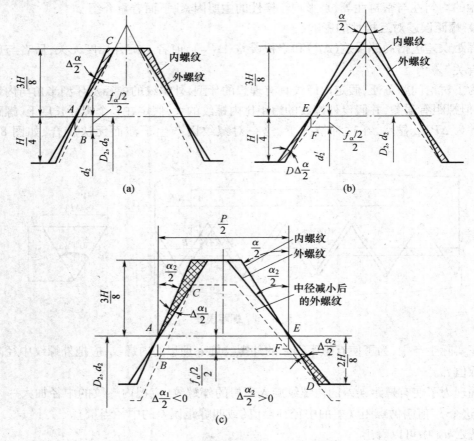

图 8-4　牙侧角偏差对旋合性的影响

在图 8 –4(b)中,外螺纹的 $\Delta\dfrac{\alpha}{2}=\dfrac{\alpha}{2}(外)-\dfrac{\alpha}{2}(内)>0$,则其牙根部分的牙侧有干涉现象。

图 8 –4(c)中,由 $\triangle ABC$ 和 $\triangle DEF$ 可以看出,当左右牙型半角误差不相同时,两侧干涉区的干涉量也不相同。因此,中径补偿值应取平均值。根据任意三角形的正弦定理,可推导出:

$$f_{\frac{\alpha}{2}} = 0.073P\left(K_1\left|\Delta\frac{\alpha_1}{2}\right| + K_2\left|\Delta\frac{\alpha_2}{2}\right|\right) \tag{8–3}$$

式中 $f_{\frac{\alpha}{2}}$——牙型半角误差的中径补偿值(μm);

$\Delta\dfrac{\alpha_1}{2},\Delta\dfrac{\alpha_2}{2}$——半角误差;

K_1,K_2——修正系数。

修正系数的值为:对外螺纹,当牙型半角误差为正值时,K_1(或 K_2)取 2;当牙型半角误差为负值时,K_1(或 K_2)取 3;对内螺纹,当牙型半角误差为正值时,K_1(或 K_2)取 3;当牙型半角误差为负值时,K_1(或 K_2)取 2。

3. 中径误差对互换性的影响

螺纹中径在制造过程中不可避免会产生一定的误差,即单一中径对其公称中径之差。如果考虑中径的影响,那么只要外螺纹中径小于内螺纹中径就能保证内、外螺纹的旋合性,反之则不能旋合。但如果外螺纹中径过小,内螺纹中径又过大,则会降低连接强度。所以,为了确保螺纹的旋合性,中径误差必须加以控制。

4. 螺纹作用中径和中径合格性判断原则

1)作用中径(D_{2m},d_{2m})

螺纹的作用中径是指在规定的旋合长度内,恰似包容实际螺纹的一个假想螺纹的中径。此假想螺纹具有基本牙型的螺距、半角以及牙型高度,并在牙顶和压底处留有间隙,以保证不与实际螺纹的大、小径发生干涉,故作用中径是螺纹旋合时实际起作用的中径。

当外螺纹存在螺距误差和牙型半角误差时,只能与一个中径较大的内螺纹旋合,其效果相当于外螺纹的中径增大。这个增大了的假想中径叫做外螺纹的作用中径 d_{2m}。它等于内螺纹的实际中径与螺距误差及牙型半角误差的中径补偿值之和。即

$$d_{2m} = d_{2s} + (f_p + f_{\frac{\alpha}{2}}) \tag{8–4}$$

同理,当内螺纹存在螺距误差及牙型半角误差时,只能与一个中径较小的外螺纹旋合,其效果相当于内螺纹的中径减小了。这个减小了的假想中径叫做内螺纹的作用中径 D_{2m}。它等于内螺纹的实际中径与螺距误差及牙型半角误差的中径补偿值之差,即

$$D_{2m} = D_{2s} - (f_p + f_{\frac{\alpha}{2}}) \tag{8–5}$$

显然,为了使相互结合的内、外螺纹能自由旋合,应保证 $D_{2m} \geqslant d_{2m}$。

2)螺纹中径合格性的判断原则

对于普通螺纹来说,国标没有单独规定螺距和牙型半角公差,只规定了一个中径公差

(T_{D2}, T_{d2})，通过中径公差同时限制实际中径、螺距及半角误差三个参数的误差，如图 8-5 所示。因此，中径公差是衡量螺纹互换性的一个重要指标。

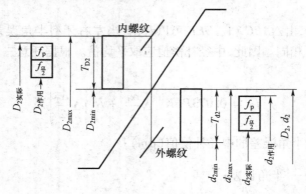

图 8-5　$d_2(D_2)$，$d_{2m}(D_{2m})$ 与 $T_{d2}(T_{D2})$ 的关系

判断螺纹合格性的准则应遵循泰勒原则，即实际螺纹的作用中径不允许超出最大实体牙型的中径，并且实际螺纹任何部位的单一中径不允许超出最小实体牙型的中径。所谓最大和最小实体牙型，是指螺纹中径公差范围内，分别具有材料量最多和最少，且具有与基本牙型形状一致的螺纹牙型。

对外螺纹：$d_{2m} \leqslant d_{2max}$ 且 $d_{2s} \geqslant d_{2min}$

对内螺纹：$D_{2m} \geqslant D_{2min}$ 且 $D_{2s} \leqslant D_{2max}$

式中　d_{2max}, d_{2min}——外螺纹中径的最大和最小极限尺寸；

　　　D_{2max}, D_{2min}——内螺纹中径的最大和最小极限尺寸。

8.1.4　普通螺纹的公差与配合

国家标准《普通螺纹的公差与配合》GB/T 197—2003 将螺纹公差带的两个基本要素公差带大小及公差带位置进行标准化，组成各种螺纹公差带。螺纹配合由内、外螺纹公差带组合而成，考虑到旋合长度对螺纹精度的影响，螺纹精度由螺纹公差带与旋合长度构成，螺纹公差值的基本结构如图 8-6 所示。

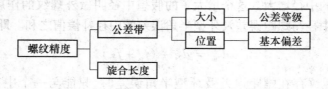

图 8-6　普通螺纹公差制结构

1. 普通螺纹的公差带

普通螺纹的公差带是由基本偏差决定其位置、公差等级决定其大小。普通螺纹的公差带是沿着螺纹的基本牙型分布的，如图 8-7 所示。图中 $ES(es)$、$EI(ei)$ 分别为内（外）螺纹的上、下偏差，$T_{D2}(T_{d2})$ 分别为内（外）螺纹的中径公差。由图可知，除对内、外螺纹的中径规定了公差外，对外螺纹的顶径（大径 d）和内螺纹的顶径（小径 D_1）规定了公差，对外螺纹的小径规定了最大极限尺寸，对内螺纹的大径规定了最小极限尺寸，这样由于有保

证间隙,可以避免螺纹旋合时在大径、小径处发生干涉,以保证螺纹的互换性。同时对外螺纹的小径处由刀具保证圆弧过渡,以提高螺纹受力时的抗疲劳强度。国家标准 GB 197—2003 中分别对内、外螺纹规定了基本偏差,用以确定内、外螺纹公差带相对于基本牙型的位置。

对外螺纹规定了四种基本偏差,代号分别为 h、g、f、e。螺纹的公差带均在基本牙型之下,如图 8 - 7(a)所示。基本偏差为上偏差 es,下偏差为 ei,$ei = es + T$,T 为螺纹公差。

对内螺纹规定了两种基本偏差,代号分别为 H、G。公差带均在基本牙型之上,如图 8 - 7(b)所示。基本偏差为下偏差 EI,上偏差为 ES,$ES = EI + T$。

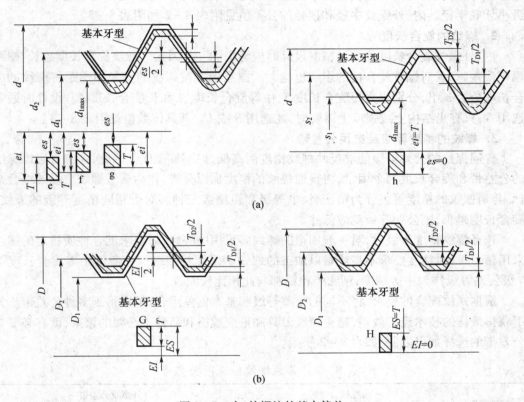

图 8 - 7 内、外螺纹的基本偏差

内、外螺纹基本偏差的含义和代号取自《公差与配合》标准中相对应的孔和轴,但内、外螺纹的基本偏差值均由经验公式计算而来,并经过一定的处理。除 H、h 两个所对应的基本偏差值为 0 和孔、轴相同外,其余基本偏差代号所对应的基本偏差值和孔、轴均不同而与其基本螺距有关。

规定诸如 G、g、f、e 这些基本偏差,主要是考虑应给螺纹配合留有最小保证间隙,以及为一些有表面镀涂要求的螺纹提供镀涂层余量,或为一些高温条件下工作的螺纹提供热膨胀余地。

国家标准按内、外螺纹的中径和顶径公差的大小,分别规定了不同的公差等级,如表 8 - 1 所列。

表 8 - 1　螺纹的公差等级表　　　（摘自 GB/T 197—2003）

螺纹直径	公差等级	螺纹直径	公差等级
内螺纹小径 D_1	4,5,6,7,8	外螺纹小径 d_1	4,6,8
内螺纹中径 D_2	4,5,6,7,8	外螺纹中径 d_2	3,4,5,6,7,8,9

表中 6 级是基本级。由于内螺纹加工比外螺纹困难,在同一公差等级中,内螺纹中径公差比外螺纹中径公差大 32%。

对外螺纹的小径和内螺纹的大径不规定具体的公差值,而只规定内、外螺纹牙底实际轮廓上的任何点,均不得超出按基本偏差所确定的最大实体牙型,此外还规定了外螺纹的最小牙底半径。内、外螺纹中径和顶径的公差值见附表 8 - 2 和附表 8 - 3。

2. 螺纹的旋合长度

内、外螺纹旋合长度是螺纹精度设计时应考虑的一个因素。螺纹旋合长度越长,螺距累积误差越大,对螺纹旋合性的影响也越大。国家标准按螺纹的直径和螺距将螺纹的旋合长度分为 3 组,分别称为短旋合长度 S、中等旋合长度 N 和长旋合长度 L。设计时通常选用 N,只有当结构上或强度上需要时,才选用 S 或 L。其具体数值见附表 8 - 3。

3. 螺纹的精度等级及选用公差带

普通螺纹的公差等级能够反映螺纹精度的高低,但不够全面。因此,应综合考虑螺纹的公差带和旋合长度两个因素,将普通螺纹的精度加以分级,作为衡量螺纹质量的综合指标. 普通螺纹的精度等级分为精密级、中等级和粗糙级三种。对于相同精度等级的螺纹,旋合长度越长,则公差等级就应低些。

选择螺纹精度等级时,对一般用途的螺纹多采用中等级,对要求配合性质稳定的螺纹采用精密级,对精度要求不高或难以加工的螺纹多采用粗糙级。一般以中等旋合长度下 6 级公差等级作为中等精度,精密与粗糙都与此相比较而言。

根据螺纹配合的要求,将不同的公差等级和基本偏差组合,可以得到多种公差带。为了获得最佳的技术经济效益,避免螺纹刀具和量规规格和品种不必要的繁杂,就有必要对公差带的选择加以限制,如表 8 - 2 所列。

表 8 - 2　普通螺纹的选用公差带

精密等级	内螺纹公差带			外螺纹公差带		
	S	N	L	S	N	L
精密级	4H	4H5H	5H6H	(3h4h)	* 4h	(5h4h)
中等级	* 5H (5G)	*6H (6G)	7H (7G)	(5h6h) (5g6g)	* 6e * 6f *6g * 6h	(7h6h) (7g6g)
粗糙级	—	7H (7G)	—	—	(8g) 8g	—

注:①大量生产的精制紧固螺纹,推荐采用带方框的公差带;
　② 带 * 的公差带应优先选用,不带 * 的公差带其次选用,加括号的公差带尽量不用

表 8-2 所列的内、外螺纹公差带可以组成许多供选用的配合,但从保证螺纹的使用性能和保证一定的牙型接触高度考虑,选用的配合最好是 H/g 、H/h 或 G/h。如为了便于装拆,提高效率,可选用 H/g 或 G/h 的配合,原因是 G/h 或 H/8 配合所形成的最小极限间隙可用来对内、外螺纹的旋合起引导作用,表面需要镀涂的内(外)螺纹,完工后的实际牙型也不得超过 H(h)基本偏差所限定的边界。单件小批生产的螺纹,宜选用 H/h 配合。

4. 螺纹的标记

螺纹在图样上应有完整的标记。普通螺纹的标记由螺纹代号、螺纹公差带代号和螺纹旋合长度代号(或数值)三部分组成,依次书写,这三部分之间用短横符号"—"分开。其中螺纹代号有螺纹特征字母 M、公称直径、螺距和旋向组成。例如:

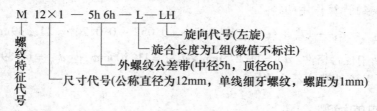

生产中通常使用右旋粗牙螺纹,其螺纹代号中只标注特征字母 M 和公称直径,而不标注螺距和旋向。当螺纹的中径和顶径公差带相同时,合写为一个。若旋合长度采用中等旋合长度 N 组,则省略其标注。例如:M12-6H。

设计中若有特殊需要,可将螺纹旋合长度的数值(单位为 mm)直接标出。例如:M20 ×2-5g6g-40。

在装配图上,内、外螺纹的配合代号用分数形式表示,分子为内螺纹公差带,分母为外螺纹公差带。例如:M20-6H/6g,M20×2-5H6H/5h4h-40。

5. 螺纹的表面粗糙度轮廓要求

普通螺纹螺牙侧面的表面粗糙度轮廓要求主要根据中径公差等级确定,表 8-3 列出了螺牙侧面的表面粗糙度轮廓幅度参数 Ra 的推荐上限值。

表 8-3　普通螺纹螺牙侧面的表面粗糙度轮廓幅度参数 Ra 值　　　　(μm)

工　件	螺纹中径公差等级		
	4,5	6,7	8,9
	Ra 值		
螺栓、螺钉、螺母	1.6	3.2	3.2~6.3
轴及套筒上的螺纹	0.8~1.6	1.6	3.2

6. 例题

有一普通外螺纹 M12×1-6g,加工后测量的单一直径 $d_{2s}=11.275$ mm,螺距累积误差 $\Delta P_\Sigma=|-30|$ μm,左、右牙侧角偏差 $\Delta\frac{\alpha_1}{2}=+40'$,$\Delta\frac{\alpha_2}{2}=-30'$。试计算该螺纹的作用中径 d_{2m},并判别中径的合格性。

解:(1)确定中径的极限尺寸。由表 8-1 查得中径基本尺寸 $d_2=11.350$ mm;由附表 8-3 和附表 8-2 分别查得中径公差 $T_{d2}=118$ μm 和基本偏差 $es=-26$ μm。由此可得中

径的极限尺寸为

$$d_{2max} = d_2 + es = 11.350 - 0.026 = 11.324mm$$

$$d_{2min} = d_{2max} - T_{d2} = 11.324 - 0.118 = 11.206mm$$

（2）计算作用中径。由式（8 - 2）计算螺距误差中径当量：

$$f_p = 1.732|\Delta P_\Sigma| = 1.732 \times 0.03 = 0.052mm$$

由式（8 - 3）计算牙侧角偏差中径当量：

$$f_{\frac{\alpha}{2}} = 0.073P\left(K_1\left|\Delta\frac{\alpha_1}{2}\right| + K_2\left|\Delta\frac{\alpha_2}{2}\right|\right)$$

$$= 0.073 \times 1(2 \times |+40'| + 3 \times |-30'|) = 12.4\mu m = 0.012mm$$

由式（8 - 4）计算作用中径：

$$d_{2m} = d_{2s} + (f_p + f_{\frac{\alpha}{2}}) = 11.275 + (0.052 + 0.012) = 11.339mm$$

（3）判断中径合格性。$d_{2s} = 11.275mm > d_{2min} = 11.206mm$，但 $d_{2m} = 11.399mm > d_{2max} = 11.324mm$，所以该外螺纹不合格。

8.1.5　螺纹的检测

螺纹的检测方法可分为综合检验和单项测量两类。

1. 综合检验

综合检验适用于成批生产，主要用于检验只保证可旋合性的螺纹，用按泰勒原则设计的螺纹量规对螺纹进行检验。

螺纹量规有塞规和环规（或卡规）之分，螺纹塞规用于检验内螺纹，螺纹环规（或卡规）用于检验外螺纹。螺纹量规的通端用于检验被测螺纹的作用中径，控制其不得超出最大实体牙型中径，因此，它应模拟被测螺纹的最大实体牙型，并具有完整的牙型，其螺纹长度等于被测螺纹的旋合长度，螺纹量规的通端还用来检验被测螺纹的底径。螺纹量规的止端用来检验被测螺纹的实际中径，控制其不得超出最小实体牙型中径。为了消除螺距误差和牙型半角误差的影响，其牙型应做成截短牙型，而且螺纹长度只有 2 牙 ~ 3.5 牙。

内螺纹的小径和外螺纹的大径分别用光滑极限量规检验。

图 8 - 8 和图 8 - 9 分别表示螺纹量规检验外螺纹和内螺纹的情况。

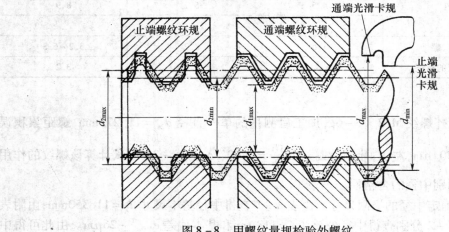

图 8 - 8　用螺纹量规检验外螺纹

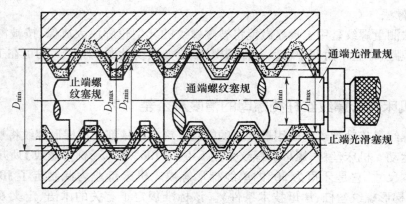

图 8 - 9　用螺纹量规检验内螺纹

2. 单项测量

螺纹的单项测量是指分别测量螺纹的各项几何参数,主要是中径、螺距和牙型半角。螺纹量规、螺纹刀具等高精度螺纹和丝杠螺纹均采用单向测量方法,对普通螺纹做工艺分析时也常进行单项测量。

单项测量螺纹参数的方法很多,应用最广泛的是三针法和影像法。

1)三针法

三针法主要用于测量精密外螺径(如螺纹塞规、丝杠螺纹等)。测量时,将三根直径相同的精密量针分别放在被测螺纹的牙槽中,然后用精密量仪测出针距 M,如图 8 - 10 所示。根据被测螺纹已知的螺距 P、牙型半角 $\alpha/2$ 和量针直径 d_0,按下式算出被测螺纹的单一中径 d_{2s}。

$$d_{2s} = M - 3d_0\left(1 + \frac{1}{\sin(\alpha/2)}\right) + \frac{P}{2}\cot\frac{\alpha}{2} \qquad (8-6)$$

对公制普通螺纹,$\alpha = 60°$,则 $d_{2s} = M - 3d_0 + 0.866P$。

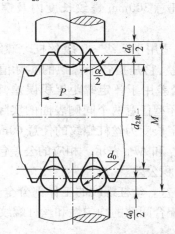

图 8 - 10　用三针法测量外螺纹的中径

为了消除牙型半角误差对测量结果的影响,应使量针在中径线上与牙侧接触,这样的量针直径称为最佳量针直径 $d_{0最佳}$,$d_{0最佳} = 0.5P/\cos(\alpha/2)$。

2）影像法

影像法测量螺纹是用工具显微镜将被测螺纹的牙型轮廓放大成像,按被测螺纹的影像测量其螺距、牙型半角和中径。各种精密螺纹,如螺纹量规、丝杠等,均可在工具显微镜下测量。

8.1.6 机床梯形螺纹丝杠和螺母的精度及公差

梯形螺纹是传动螺纹中使用最普遍的螺纹。许多机械都利用梯形螺纹将旋转运动转换为直线运动。机床丝杠、螺母的螺纹采用 GB/T 5796—2005《梯形螺纹》所规定的基本牙型和基本尺寸,它是牙角为 30°的单线梯形螺纹。机床行业为此制定了 JB/T 2886—2008《机床梯形螺纹丝杠、螺母技术条件》。该标准规定了有关的术语、定义及验收条件与检验方法。下面介绍该标准的主要内容和应用。

1. 丝杠和螺母的精度等级

机床丝杠和螺母分别规定了七个精度等级,用阿拉伯数字 3,4,5,6,7,8,9 表示。其中 3 级精度最高,9 级最低,等级依次降低。

各级精度应用如下:3,4 级用于超高精度的坐标镗床和坐标磨床的传动、定位丝杠和螺母;5,6 级用于高精度的齿轮磨床、螺纹磨床和丝杠车床的主传动丝杠和螺母;7 级用于精密螺纹车床、齿轮机床、镗床、外圆磨床和平面磨床等的丝杠和螺母;8 级用于普通车床和普通铣床的进给丝杠和螺母;9 级用于带分度盘的进给机构的丝杠和螺母。

2. 丝杠公差

(1)螺旋线轴向公差。螺旋线轴向公差是目前针对 3 级 ~6 级高精度丝杠规定的公差项目,用于控制丝杠螺旋线轴向误差,保证丝杠的位移精度。所谓丝杠螺旋线轴向误差是指实际螺旋线相对于理论螺旋线在轴向偏离的差值的绝对值,在丝杠螺纹的任意一周内、任意 25mm、100mm、300mm 的螺纹长度内及螺纹有效长度内考核并且在螺纹中径线上测量。它们分别用代号 $\Delta l_{2\pi}$、Δl_{25}、Δl_{100}、Δl_{300} 及 Δl_u 表示。相应的公差包括任意一周内,任意 25mm、任意 100mm、任意 300mm 螺纹长度内及螺纹有效长度内的螺旋线轴向公差。

(2)螺距公差。螺距公差适用于 7 级 ~9 级丝杠。螺距公差分两种,一种是用于评定单个螺距的偏差,称螺距偏差,它是指各个螺距的实际值与基本值之差中的最大绝对值,用代号 ΔP 表示。另一种公差用于评定螺距累积误差,称为螺距累积公差,它是指在规定的丝杠轴向长度内,螺纹牙型任意两个同侧表面的实际轴向距离相对于其基本值之差中的最大绝对值,测量时规定长度为丝杠螺纹的任意 60mm、300mm 的螺纹长度内和有效长度内测量,分别用代号 ΔP_l 和 ΔP_{lu} 表示。相应的公差包括任意 60mm、300mm 的螺纹长度内和有效长度内的螺纹累积公差。

(3)中径尺寸的一致性公差。丝杠螺纹的工作部分全长范围内,若实际中径的尺寸变化太大,会影响丝杠与螺母配合间隙的均匀性和丝杠螺纹两牙侧面螺旋面的一致性,因此规定了中径尺寸的一致性公差。

(4)大径表面对螺纹轴线的径向圆跳动公差。丝杠为细长件,易发生弯曲变形,从而影响丝杠轴向传动精度以及牙侧面的接触均匀性,故提出了大径表面对螺纹轴线的径向圆跳动公差。

（5）牙侧角极限偏差。牙侧角偏差是指丝杠螺纹牙侧角的实际值与其基本值之差，用牙侧角极限偏差控制。牙侧角偏差会使丝杠与螺母螺纹螺牙侧面接触部位减小，导致丝杠螺纹螺牙侧面不均匀磨损，影响丝杠的位移精度，故标准中对 3 级~8 级精度的丝杠规定了牙侧角极限偏差。

（6）大径、中径和小径的极限偏差。为了保证丝杠传动所需要的间隙，标准中对丝杠螺纹的大径、中径和小径分别规定了极限偏差，用于控制直径误差。各级精度都取相同的极限偏差，大径和小径的上偏差均为零，下偏差为负值；中径的上、下偏差皆为负值。6 级精度以上配置螺母的丝杠螺纹的中径公差，其中径公差带以中径基本尺寸为零线对称分布。

3. 螺母公差

测量螺母螺纹的几何参数比较困难，而且螺母螺纹的长度较短。因此，对螺母螺纹仅规定大径、中径和小径的极限偏差，由中径公差综合控制螺距误差和牙侧角偏差。各极限偏差均可从 JB/T 2886—2008 中查取。

4. 丝杠和螺母的表面粗糙度

JB/T 2886—2008 标准对各级精度的丝杠和螺母螺纹的大径表面、牙型侧面和小径表面的粗糙度轮廓幅度参数的上限值给与了规定。

5. 丝杠与螺母螺纹的标记

机床丝杠和螺母的标记有产品代号 T、尺寸规格（公称直径×螺距基本值，单位为 mm）、旋向代号（左旋为 LH，右旋省略）和精度等级代号四部分组成，依次书写。其中旋向代号与精度等级代号之间用短横符号"—"分开。例如：

① T 55×7—6 表示公称直径为 55mm、螺距为 7mm、6 级精度的右旋丝杠螺纹；

② T48×12L H—6 表示公称直径为 48mm、螺距为 12mm、6 级精度的左旋丝杠螺纹。

8.2　平键连接的公差与检测

键连接广泛应用于轴和轴上传动件（如齿轮、带轮、联轴器、手轮等）的连接，用以传递转矩，需要时也可用作轴上传动件的导向，特殊场合还能起到定位和保证安全的作用。键连接属于可拆卸的连接，常用于需要经常拆卸和便于装配之处。

键（又称单键）分为平键、半圆键、楔形键和切向键等几种，其中平键又分为普通平键、薄型平键、导向平键和滑键等。平键连接制造简单、装拆方便，因此应用非常广泛。本节仅讨论普通平键的公差与检测。

8.2.1　平键连接的公差与配合

键连接是由键、轴、轮毂三个零件的结合，其特点是通过键的侧面分别与轴槽、轮毂槽的侧面接触来传递轴与轮毂间的运动和转矩，并承受负荷。如图 8-11 所示，键宽和键槽宽 b 是决定配合性质的主要参数，即配合尺寸，应规定较严格的公差；而键的高度 h 和长度 L 以及轴键槽的深度 t_1 和长度 L、轮毂键槽的深度 t_2 皆是非配合尺寸，应给予较松的公差。

普通平键连接中的键是用标准的型钢制造的，是标准件。在键宽与键槽宽的配合中，

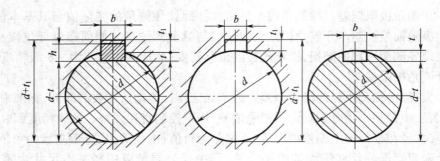

图 8-11　普通平键连接的几何参数

键宽相当于"轴",键槽宽相当于"孔"。由于键宽同时要与轴槽宽和轮毂槽宽配合,而且配合性质往往又不同,因此键宽与键槽宽的配合均采用基轴制。GB/T 1095—2003 规定,键宽与键槽宽的公差带由 GB/T 1801—2009 中选取。如图 8-12 所示,对键宽规定了一种公差带 h8,对轴槽宽和轮毂槽宽各规定了三种公差带,构成三类配合,即松联接、正常连接和紧密连接,以满足各种不同用途的需要。它们的应用如表 8-4 所列。

表 8-4　普通平键连接的三类配合及应用

配合种类	宽度的公差带			应　用
	轴	轴键槽	轮毂键槽	
松连接		H9	D10	用于导向平键,轮毂在轴上移动
正常连接	h8	N9	JS9	键在轴键槽中和轮毂键槽中均固定,用于载荷不大的场合
紧密连接		P9	P9	键在轴键槽中和轮毂键槽中均牢固固定,用于载荷较大、有冲击和双向转矩的场合

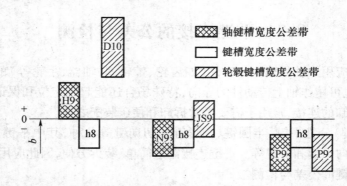

图 8-12　普通平键宽度与键槽宽度 b 的公差带图

　　普通平键高度 h 的公差带一般采用 h11,平键长度 L 的公差带采用 h14;轴键长度 L 的公差带采用 H14。GB/T 1095—2003 对轴键槽深度 t_1 和轮毂槽深度 t_2 的极限偏差作了专门规定(附表 8-4)。为了便于测量,在图样上对轴键槽深度和轮毂键槽深度分别标注 "$d - t_1$" 和 "$d + t_1$"(此处 d 为孔、轴的基本尺寸),它们的极限偏差见附表 8-4。

　　键与键槽配合的松紧程度不仅取决于它们配合尺寸的公差带,而且还与它们配合表面的几何误差有关,因此还需规定轴键槽两侧面的中心平面对轴的基准轴线和轮毂键槽两侧面的中心平面对孔的基准轴线的对称度公差。根据不同的功能要求,该对称度与键槽宽度公差的关系以及与孔、轴尺寸公差的关系可以采用独立原则,或者采用最大实体要求。对称度公差等级可以按 GB/T 1184—1996《形状与位置公差未注公差值》取 7 级 ~9 级。当普通平键的长度与宽度之比(L/b)大于或等于 8 时,可规定普通平键两侧面在长度方向上的平行度公差。这平行度公差的等级可按 GB/T 1184—1996 选取:当 $b \leqslant 6mm$ 时取为 7 级;当 $b \geqslant 8mm \sim 36mm$ 时取为 6 级;当 $b \geqslant 40mm$ 时取为 5 级。

键槽的宽度 b 两侧面的粗糙度轮廓幅度参数 Ra 的上限值一般取为 $1.6\mu m \sim 3.2\mu m$,键槽底面的 Ra 的上限值一般取为 $6.3\mu m$。

8.2.2　普通平键键槽尺寸和公差在图样上的标注

轴键槽和轮毂键槽的剖面尺寸及其公差带、键槽的几何公差和表面粗糙度轮廓要求、所采用的公差原则在图样上的标注分别如图 8 – 13(a)、(b)所示。

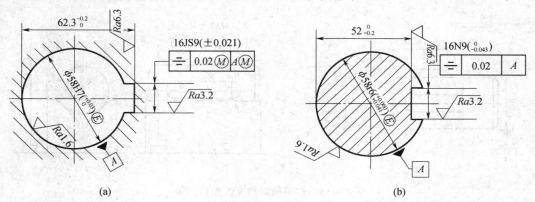

图 8 – 13　尺寸和公差的标注
(a)轴键槽尺寸和公差;(b)轮毂键槽尺寸和公差。

8.2.3　普通平键的检测

对于键连接来说,需要检测的项目通常是:键宽、轴槽和轮毂槽的宽度、深度以及槽的对程度。

1. 尺寸的检测

键和槽宽为单一尺寸,在小批量生产时,可以用游标卡尺或千分尺等普通计量器具测量,在大批量生产时,可以用量块或光滑极限量规来检验。轴槽和轮毂槽深也为单一尺寸,在小批量生产时,多用游标卡尺或外径千分尺测量轴尺寸($d-t$);用游标卡尺或内径千分尺测量轮毂尺寸($d+t_1$)。在大批量生产时,需用专用量规。如图 8 – 14 所示,各量规都有通端和止端。

2. 对称度误差的检测

如图 8 – 15(a),轴键槽中心平面对基准轴线的对程度公差采用独立原则。这时键槽对程度误差可按图 8 – 15(b)所示的方法来测量。该方法是以平板 4 作为测量基准,用 V 形支承座 1 体现被测轴 2 的基准轴线,它平行于平板。用定位块 3(或量块)模拟体现键槽中心平面。将置于平板 4 上的指示器的测头与定位块 3 的顶面接触,沿定位块的一个

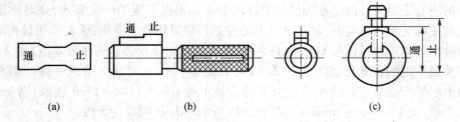

图 8 – 14　键及槽尺寸量规

（a）为键槽宽极限量规；（b）为轮毂槽深量规；（c）为轴槽深极限量规。

截面移动,并稍稍转动被测轴来调整定位块的位置,使指示器沿定位块这个横截面移动时使之始终不变为止,从而确定定位块的这个横截面的素线平行于平板。然后用指示器对定位块长度两端的 Ⅰ 和 Ⅱ 部位的测点进行测量,测得的示值分别为 $M_Ⅰ$ 和 $M_Ⅱ$。

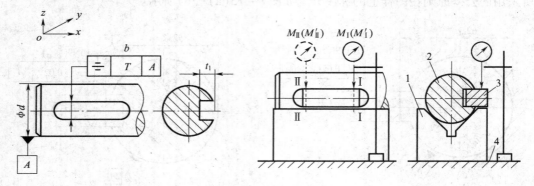

图 8 – 15　轴键槽对称度误差的测量

将被测轴 2 在 V 形支承座 1 上翻转 180°,然后按上述方法进行调整并测量定位块另一顶面（前一轮测量时的底面）长度两端的 Ⅰ 和 Ⅱ 部位的测点,测得示值分别为 $M'_Ⅰ$ 和 $M'_Ⅱ$。

图 8 – 15（b）所示的直角坐标系中,x 坐标轴为被测轴的基准轴线,y 坐标轴平行于平板,z 坐标轴为指示器的测量方向。因此键槽实际被测中心平面两端相对于通过基准轴线且平行于平板的平面 oxy 的偏离量 Δ_1 和 Δ_2 分别是

$$\Delta_1 = (M_Ⅰ - M'_Ⅰ)/2, \quad \Delta_2 = (M_Ⅱ - M'_Ⅱ)/2$$

轴键槽对称度误差值 f 由 Δ_1 和 Δ_2 值以及被测轴的直径 d 和键槽深度 t_1 按下式计算:

$$f = \left| \frac{t_1(\Delta_1 + \Delta_2)}{d - t_1} + (\Delta_1 - \Delta_2) \right| \tag{8-7}$$

如图 8 – 16（a）所示,当轴键槽对称度公差与键槽宽度公差的关系采用最大实体要求,与轴尺寸公差的关系采用独立原则时,该键槽的对称度误差可用图 8 – 16（b）所示的量规来检验。它是按一次检验方式设计的功能量规,检验实际被测键槽的轮廓是否超出其最大实体实效边界。该量规以 V 形表面作为定位表面来体现基准轴线（不受轴实际尺寸变化的影响）,用检验键两侧面模拟体现被测键槽的最大实体实效边界。当量规的 V

152

形定位表面与轴表面接触且检验键能够自由进入实际被测键槽,则表示对称度误差合格。键槽实际尺寸用两点法测量。

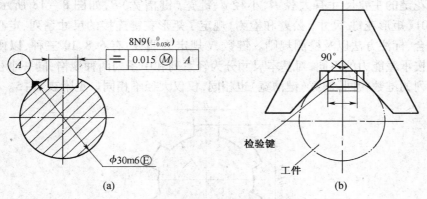

图 8 – 16　轴键槽对称度量规
（a）零件图样标注；（b）量规示意图。

　　如图 8 – 17 所示,轮毂键槽对称度公差与键槽宽度公差及基准孔尺寸公差的关系皆采用最大实体要求,该键槽的对称度误差可用图 8 – 17 所示的量规来检验。它是按共同检验方式设计的功能量规。它的定位圆柱面 II 既能模拟体现基准孔,又能够检验实际基准孔的轮廓是否超出其最大实体边界;它的检验键 I 模拟体现被测键槽两侧面的最大实体实效边界,检验实际被测键槽的实际轮廓是否超出该边界。如果它的定位圆柱和检验键能够同时自由通过轮廓的实际基准孔和实际被测键槽,则表示对称度合格。基准孔和键槽宽度的实际尺寸用两点法测量。

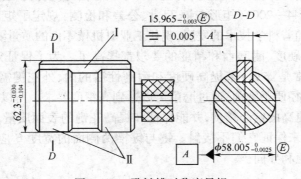

图 8 – 17　孔键槽对称度量规

8.3　矩形花键连接的公差与检测

　　花键连接是由内花键（花键孔）和外花键（花键轴）两个零件组成。与单键连接相比较,其主要优点是定心精度高、导向性好、承载能力强且可靠性高。和单键连接功能相同,既可用作固定连接,也可用作滑动连接。

　　花键按其齿形的不同,可以分为矩形花键、渐开线花键和三角形花键等几种,本节仅讨论应用最广的矩形花键。

8.3.1　矩形花键的主要尺寸和定心方式

矩形花键的主要尺寸有大径 D、小径 d、键宽（键槽宽）B，如图 8-18 所示。GB/T 1144—2001《矩形花键 尺寸、公差和检测》规定了矩形花键连接的尺寸系列、定心方式和公差与配合、标注方法以及检测规则。键数 N 规定为偶数，有 6、8、10 三种，以便于加工和检测。按承载能力的不同，对基本尺寸分为轻系列和中系列两种规格，同一小径的轻系列和中系列的键数相同，键宽（键槽宽）也相同，仅仅大径不相同。见附表 8-5。

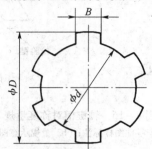

图 8-18　矩形花键基本尺寸

矩形花键主要尺寸的公差与配合是根据花键连接的使用要求规定的。花键连接的使用要求包括：内、外花键的定心要求，键侧面与键槽侧面接触均匀的要求，装配后是否需要作轴向相对运动的要求，强度和耐磨性要求等。

矩形花键连接的使用要求和互换性是由内、外花键的小径 d、大径 D、键和键槽宽 b 三个主要尺寸的配合精度保证的。但是，若要求三个尺寸同时配合得很精确是相当困难的，也没有必要。GB 1144—2001《矩形花键 尺寸、公差和检测》规定了矩形花键连接采用小径定心。这是因为随着科学技术的发展，现代工业对机械零件的质量要求不断提高，对花键连接的机械强度、硬度、耐磨性和精度的要求都提高了。为了保证定心表面的精度要求，经过热处理（通常是淬火）来提高硬度和耐磨性后的内、外花键需要进行磨削加工。从加工工艺性看，小径便于磨削，通过磨削可以达到高精度要求。所以矩形花键连接采用小径定心可以获得更高的定心精度，并能保证和提高花键的表面质量。而非定心直径表面有相当大的间隙，来保证它们不接触。键与键槽两侧面的宽度 B 应具有足够的精度，因为它们要传递转矩和导向。

8.3.2　矩形花键的公差与配合

GB/T 1144—2001 规定的矩形花键装配形式为滑动、紧滑动、固定三种。按精度高低，这三种装配形式各分为一般用途和精密传动使用两种。一般级多用于传递转矩较大的汽车、拖拉机的变速箱中；精密级多用于机床变速箱中。同时规定了最松的滑动配合、较松的紧滑动配合以及较紧的固定配合。在选用配合时，定心精度要求高、传递转矩大时间隙应小；内、外花键相对滑动、花键配合长度大时间隙要大，如表 8-5 所列。由于花键几何误差的影响，三种装配型式的配合皆分别比各自的配合代号所标示的配合紧些。此外，大径为非定心直径，所以内、外花键大径表面的配合采用较大间隙的配合。

表 8 -5 矩形内、外花键的尺寸公差带 （摘自 GB/T 1144—2001）

内 花 键				外 花 键			
d	D	B		d	D	B	装配形式
		拉削后不热处理	拉削后热处理				
一般用							
H7	H10	H9	H11	f7	a11	d10	滑动
				g7		f9	紧滑动
				h7		h10	固定
精密传动用							
H5	H10	H7、H9		f5	a11	d8	滑动
				g5		f7	紧滑动
				f6		h8	固定
H6				g6		d8	滑动
				h6		f7	紧滑动
						h8	固定

内、外花键加工时,不可避免地会产生几何误差。影响花键连接互换性除尺寸误差外,主要是花键齿(或键槽)在圆周上位置分布不均匀和相对于轴线位置不正确。如图8-19所示,假设内、外花键各部分的实际尺寸合格,内花键定心表面和键槽侧面的形状及位置都正确,而外花键定心表面各部分不同轴,各键不等分或不对称,这相当于外花键的作用尺寸增大了,因而造成了它与内花键干涉,甚至无法装配。同理,内花键的几何误差相当于内花键的作用尺寸减小,也同样会造成它与外花键干涉或无法装配的现象。

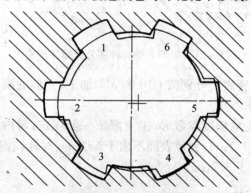

图 8 - 19 矩形花键几何误差对花键连接的影响

为避免装配困难,对内、外花键必须分别规定几何公差,以保证花键连接精度和强度的要求。如图 8 - 20 所示,为保证小径定心表面装配后的配合性质,GB/T 1144—2001 规定该表面的形状公差和尺寸公差关系采用包容原则。

对单件、小批的生产,也可采用规定键(键槽)两侧面的中心平面对定心表面轴线的对称度公差和花键等分度公差。该对称度公差与键(键槽)宽度公差及小径定心表面尺寸公差的关系皆采用独立原则。如图 8 - 21 所示,花键各键(键槽)沿 360°圆周均匀分布

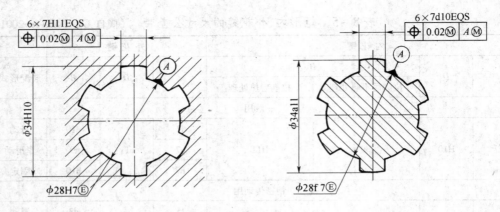

图 8 – 20　矩形花键位置度公差标注示例

在它们的理想位置,允许它们偏离理想位置的最大值的两倍为花键的均匀分布公差值,其数值等于花键对称度公差值,故花键等分度公差在图样上不必标出。对较长的花键,还应规定花键各键齿(键槽)侧面对定心表面轴线的平行度公差,平行度的公差值可根据产品的性能自行规定。

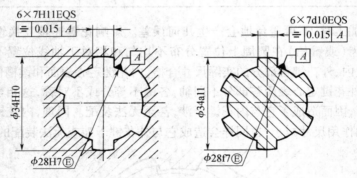

图 8 – 21　矩形花键对称度公差标注示例

由于内、外花键的大径表面分别按 H10 和 a11 加工,它们的配合间隙很大,因而对小径表面轴线的同轴度要求不高。

矩形花键的表面度轮廓幅度参数 Ra 的上限值一般规定:对内花键,小径表面不大于 $0.8\mu m$,键槽侧面不大于 $3.2\mu m$,大径表面不大于 $6.3\mu m$;对外花键,小径和键侧表面不大于 $0.8\mu m$,大径表面不大于 $3.2\mu m$。

8.3.3　矩形花键的标注

矩形花键的规格按下列顺序表示:键数 N ×小径 d ×大径 D ×键宽(键槽宽)B。按这顺序在装配图上标注花键的配合代号和在零件图上标注花键的尺寸公差带代号。例如,花键键数 N 为 6、小径 d 的配合 28H7/f7、大径 D 的配合为 34H10/a11、键槽宽与键宽 B 的配合为 7H11/d10 的标注如下。

花键副,在装配图上标注配合代号:$6 \times 28 \dfrac{H7}{f7} \times 34 \dfrac{H10}{a11} \times 7 \dfrac{H11}{d10}$

内花键,在零件图上标注尺寸公差带代号:6×28H7×34H10×7H11

外花键,在零件图上标注尺寸公差带代号:6×28f7×34a11×7d10

此外,在零件图上,对内、外花键除了标注尺寸公差带代号(或极限偏差)以外,还应标注几何公差和公差原则,标注如图8-20和图8-21所示。

8.3.4 矩形花键的检测

如图8-20所示,当花键定心表面小径采用包容要求,各键(键槽)的位置度公差与键宽度(键槽宽度)公差的关系采用最大实体要求,且该位置度公差与小径定心表面尺寸公差的关系也采用最大实体要求时,为了保证花键装配形式的要求,验收内、外花键应该首先使用花键塞规和花键环规来分别检验内、外花键的实际尺寸和几何误差的综合结果,即同是检验花键的小径、大径、键宽(键槽宽)表面的实际尺寸和形状误差以及各键(键槽)的位置度误差,大径表面轴线的同轴度误差的综合结果。花键量规应能自由通过实际被测花键,这样方能表示位置度误差和大径同轴度误差合格。

实际被测花键用花键量规检验合格后,还要分别检验其小径、大径和键宽(键槽宽)的实际尺寸是否超出各自的最小实体尺寸,即按内花键小径、大径及键槽宽最大极限尺寸和外花键小径、大径及键宽的最小极限尺寸分别用单项止端塞规和单项止端卡规检验它们的实际尺寸,或者使用普通计量器具测量它们的实际尺寸。单项止端量规不能通过为合格。如果实际被测花键不能被花键量规通过,或者只能够被单项止端量规通过,则表示该实际被测花键不合格。

图8-20左侧所示的内花键可用图8-22所示的花键塞规来检验。该塞规是按共同检验方式设计的功能量规,由引导圆柱面Ⅰ、小径定位表面Ⅱ、检验键Ⅲ和大径检验面Ⅳ组成。其前端的圆柱面Ⅰ用来引导塞规进入内花键,其后端的花键则用来检验花键各部位。

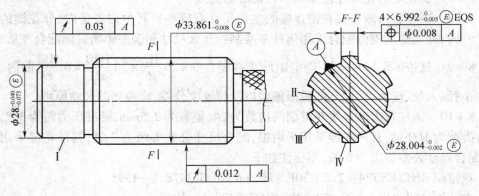

图8-22 矩形花键塞规

图8-23为花键环规,其前端的圆柱形孔用来引导环规进入外花键,其后端的花键则用来检验外花键各部位。

图8-21所示,当花键小径定心表面采用包容要求,各键(键槽)的对称度公差以及花键各部位的公差界遵守独立原则时,花键小径、大径和各键(键槽)应分别测量和检验。小径定心表面应该用光滑极限量规检验,大径何键宽(键槽宽)用两点法测量,各键(键

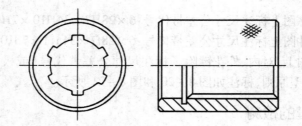

图 8-23 矩形花键环规

槽）的对称度误差和大径表面轴线的同轴度误差都是用普通计量器具来测量。

习 题

8-1 丝杠和普通螺纹的精度要求有什么不同之处？

8-2 螺纹中径的两个极限尺寸各用来限制什么？如果有一螺栓的单一中径 $d_{2s} > d_{2min}$，而作用中径 $d_{2m} > d_{2max}$，问此螺栓是否合格？为什么？

8-3 通过查表写出 M20×2-6H/5g6g 外螺纹中径、大径和内螺纹中径、小径的极限偏差，并绘出公差带图。

8-4 梯形螺纹丝杠尺寸规格为 T36×6，精度等级为 9 级，试查表确定该丝杠的各项公差、极限偏差和技术要求。

8-5 说明滚珠丝杠副 GB/T 17587—40×10×500-P5R 标记当中各项的含义。并通过查表写出与该滚珠丝杠副的行程精度有关的公差和极限偏差。

8-6 矩形花键连接各结合面的配合采用何种配合制度？

8-7 试述矩形花键连接采用小径定心的优点。

8-8 圆柱直齿渐开线花键连接的主要尺寸有哪些？其中何者是内、外花键的配合尺寸？内、外花键的键侧配合采用何种基准制？什么尺寸和误差影响键侧配合性质？

8-9 试按 GB 1144—87 确定矩形花键配合 $6×26\dfrac{H7}{g6}×30\dfrac{H10}{a11}×6\dfrac{H11}{f9}$ 的内、外花键的小径、大径、键槽宽、键宽的极限偏差以及位置度公差，应遵守的公差原则。

8-10 圆柱直齿渐开线花键副的齿数为 24，模数为 2.5mm，标准压力角为 30°，齿侧配合类型为 H/h；而其内花键采用平齿根，配合尺寸公差等级为 7 级；其外花键采用圆齿根，配合尺寸公差等级为 6 级；现标注如下。

花键副：INT/EXT24×2.5×30P×H7/h6 GB/T 3478.1—1995

内花键：INT 24Z×2.5×30×H6 GB/T 3478.1—1995

外花键：EXT 24×2.5×30R×h6 GB/T 3478.1—1995

以上标注是否正确？如果存在错误，试加以改正。

8-11 圆柱直齿渐开线花键的综合检验法和单项测量法分别适用于什么场合？采用不同的检测方法，在零件图上的数据表中的内容有何差异？

第9章 圆锥公差与检测

圆锥结合是机器、仪器及工具结构中常用的典型结合。圆锥配合与圆柱配合相比较，前者具有同轴度精度高、紧密性好、间隙或过盈可以调整、可利用摩擦力来传递转矩等优点。但是，圆锥配合在结构上比较复杂，影响其互换性的参数较多，加工和检测也较困难。为了满足圆锥配合的使用要求，保证圆锥配合的互换性，我国发布了一系列有关圆锥公差与配合及圆锥公差标注方法的标准，它们分别是 GB/T 157—2001《产品几何技术规范 圆锥的锥度和角度系列》、GB/T 11334—2005《圆锥公差》、GB/T 12360—2005《圆锥配合》、GB/T 15754—1995《技术制图 圆锥的尺寸和公差注法》等国家标准。

9.1 圆锥公差配合的基本术语和基本概念

9.1.1 圆锥的主要几何参数

圆锥分内圆锥（圆锥孔）和外圆锥（圆锥轴）两种，其主要几何参数为圆锥角、圆锥直径和圆锥长度，如图 9 – 1 所示。

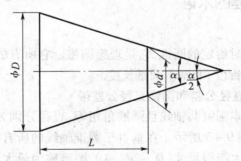

图 9 – 1　圆锥主要几何参数

圆锥角 α 是指在通过圆锥轴线的截面内，两条素线间的夹角。圆锥直径是指圆锥在垂直于其轴线的截面上的直径，常用的圆锥直径有最大圆锥直径 D、最小圆锥直径 d。圆锥长度 L 是指最大圆锥直径截面与最小圆锥直径截面之间的轴向距离。

圆锥角的大小有时用锥度表示。锥度 C 是指两个垂直于圆锥轴线的截面上的圆锥直径之差与该两截面间的轴向距离之比，例如最大圆锥直径 D 与最小圆锥直径 d 之差对圆锥长度 L 之比，即

$$C = \frac{D - d}{L} \tag{9 – 1}$$

锥度 C 与圆锥角 α 的关系为

$$C = 2\tan\alpha/2 = 1 : \frac{1}{2}\cot\frac{\alpha}{2} \qquad (9-2)$$

锥度一般用比例或分数表示,例如 $C = 1 : 5$ 或 $C = 1/5$。光滑圆锥的锥度已标准化(GB/T 157—2001),规定了一般用途和特殊用途的锥度与圆锥角系列。

在零件图上,锥度用特定的图形符号和比例(或分数)来标注,如图 9-2 所示。图形符号配置在平行于圆锥轴线的基准线上,并且其方向与圆锥方向一致,在基准线上面标注锥度的数值。用指引线将基准线与圆锥素线相连。在图样上标注了锥度,就不必标注圆锥角,两者不应重复标注。

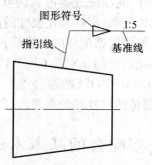

图 9-2 锥度的标注方法

此外,对圆锥只要标注了最大圆锥直径 D 和最小圆锥直径 d 中的一个直径及圆锥长度 L、圆锥角 α(或锥度 C),该圆锥就完全确定了。

9.1.2 有关圆锥公差的术语

1. 基本圆锥

基本圆锥是指设计时给定的圆锥,它是理想圆锥。它所有的尺寸分别为基本圆锥直径、基本圆锥角(或基本锥度)和基本圆锥长度。

2. 极限圆锥、圆锥直径公差和圆锥直径公差带

极限圆锥是指与基本圆锥共轴线且圆锥角相等、直径分别为最大极限尺寸和最小极限尺寸的两个圆锥,如图 9-3 所示。在垂直于圆锥轴线的所有截面上,这两个圆锥的直径差都相等。直径为最大极限尺寸(D_{max},d_{max})的圆锥称为最大极限圆锥,直径为最小极限尺寸(D_{min},d_{min})的圆锥称为最小极限圆锥。

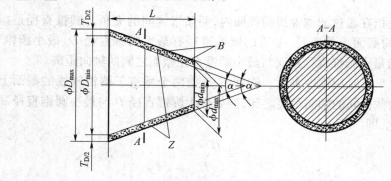

图 9-3 极限圆锥 B 和圆锥直径公差带 Z

圆锥直径公差 T_D 是指圆锥直径允许的变动量,圆锥直径公差在整个圆锥长度内都适用。两个极限圆锥 B 所限定的区域称为圆锥直径公差带 Z。

3. 极限圆锥角、圆锥角公差和圆锥角公差带

极限圆锥角是指允许的最大圆锥角和最小圆锥角,它们分别用符号 α_{max} 和 α_{min} 表示,如图 9-4 所示。圆锥角公差是指圆锥角的允许变动量。当圆锥角公差以弧度或角度为单位时,用代号 AT_α 表示;以长度为单位时,用代号 AT_D 表示。极限圆锥角 α_{max} 和 α_{min} 所限定的区域称为圆锥角公差带 Z_α。

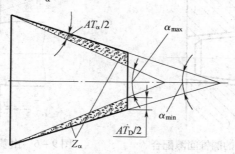

图 9-4　极限圆锥角和圆锥角公差带 Z_α

9.1.3　有关圆锥配合的术语和圆锥配合的形成

1. 圆锥配合及其种类

圆锥配合是指基本尺寸相同的内、外圆锥的直径之间,由于结合松紧不同所形成的相互关系。圆锥配合分为下列三种配合。

1) 间隙配合

间隙配合是指具有间隙的配合。间隙的大小可以在装配时和在使用中通过内、外圆锥的轴向相对位移来调整。间隙配合主要用于有相对转动的机构中,如圆锥滑动轴承。

2) 过盈配合

过盈配合是指具有过盈的配合。过盈的大小也可以通过内、外圆锥的轴向相对位移来调整。在承载情况下利用内、外圆锥间的摩擦力自锁,可以传递很大的转矩。

3) 过渡配合

过渡配合是指可能具有间隙,也可能具有过盈的配合。其中,要求内、外圆锥紧密接触,间隙为零或稍有过盈的配合称为紧密配合,它用于对中定心或密封。为了保证良好的密封性,对内、外圆锥的形状精度要求很高,通常将它们配对研磨。

2. 尺寸

圆锥配合的间隙或过盈的大小可用改变内、外圆锥间的轴向相对位置来调整。因此,内、外圆锥的最终轴向相对位置是圆锥配合的重要特征。按照确定内、外圆锥间最终的轴向相对位置采用的方式,圆锥配合的形成可以分为下列两种形成方式。

1) 结构型圆锥配合

结构型圆锥配合是指由内、外圆锥本身的结构或基面距(内、外圆锥基准平面之间的距离)确定它们之间最终的轴向相对位置,来获得指定配合性质的圆锥配合。这种形成方式可获间隙配合、过渡配合和过盈配合。

例如图9-5所示,用内、外圆锥的结构即内圆锥端面1与外圆锥台阶2接触来确定装配时最终的轴向相对位置,以获得指定的圆锥间隙配合。又如图9-6所示,用内圆锥大端基准平面1与外圆锥大端基准圆平面2之间的距离a(基面距)确定装配时最终的轴向相对位置,以获得指定的圆锥过盈配合。

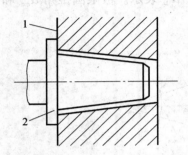 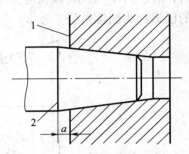

图9-5　由结构形成的圆锥间隙配合　　　　图9-6　由基面形成的圆锥过盈配合

2) 位移型圆锥配合

位移型圆锥配合是指由规定内、外圆锥的轴向相对位移或规定施加一定的装配力(轴向力)产生轴向位移,确定它们之间最终的轴向相对位置,来获得指定配合性质的圆锥配合。前者可获得间隙配合和过盈配合,而后者只能得到过盈配合。

例如图9-7所示,在不受力的情况下内、外圆锥相接触,由实际初始位置P_a开始,内圆锥向右作轴向位移E_a,到达终止位置P_f,以获得指定的圆锥间隙配合。又如图9-8所示,在不受力的情况下内、外圆锥相接触,由实际初始位置P_a开始,对内圆锥施加一定的装配力F_s,使内圆锥向左作轴向位移E_a,达到终止位置P_f,以获得指定的圆锥过盈配合。

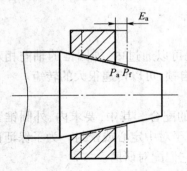 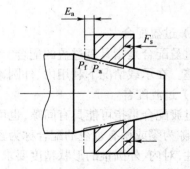

图9-7　由轴向位移形成圆锥间隙配合　　　图9-8　由施加装配力形成圆锥过盈配合

轴向位移E_a与间隙X(或过盈Y)的关系如下:

$$E_a = \frac{X(或Y)}{C} \tag{9-3}$$

式中　C——内、外圆锥的锥度。

162

9.2 圆锥公差的给定方法和圆锥直径公差带的选择

9.2.1 圆锥公差项目

为了保证内、外圆锥的互换性和满足使用要求,对内、外圆锥规定的公差项目如下。

1. 圆锥直径公差

圆锥直径公差 T_D 以基本圆锥直径(一般取最大圆锥直径 D)为基本尺寸,按 GB/T 1800.3—2009 规定的标准公差(附表 3-2)选取。其数值适用于圆锥长度范围内的所有圆锥直径。

2. 圆锥角公差

圆锥角公差 AT 共分 12 个公差等级,它们分别用 $AT1$,$AT2$,$\cdots$,$AT12$ 表示,其中 $AT1$ 精度最高,等级依次降低,$AT12$ 精度最低。GB/T 11334—2005《圆锥公差》规定的圆锥角公差的数值见附表 9-1。

为了加工和检测方便,圆锥角公差可用角度值 AT_α 或线性值 AT_D 给定,AT_α 与 AT_D 的换算关系为

$$AT_D = AT_\alpha \cdot L \cdot 10^{-3} \qquad\qquad (9-4)$$

式中,AT_D、AT_α 和圆锥长度 L 的单位分别为 μm、μrad 和 mm。

$AT4 \sim AT12$ 的应用举例如下:$AT4 \sim AT6$ 用于高精度的圆锥量规和角度样板;$AT7 \sim AT9$ 用于工具圆锥、圆锥销、传递大转矩的摩擦圆锥;$AT10$、$AT11$ 用于圆锥套、圆锥齿轮之类的中等精度零件;$AT12$ 用于低精度零件。

圆锥角的极限偏差可按单向取值($\alpha_0^{+AT_\alpha}$ 或 $\alpha_{-AT_\alpha}^0$)或者双向对称取值($\alpha \pm AT_\alpha/2$)。为了保证内、外圆锥接触的均匀性,圆锥角公差带通常采用对称于基本圆锥角分布。

3. 圆锥的形状公差

圆锥的形状公差包括素线直线度公差和横截面圆度公差。在图样上可以标注圆锥的这两项形状公差或其中某一项公差,或者标注圆锥的面轮廓度公差。

9.2.2 中间模型的建立

在图样上标注配合内、外圆锥的尺寸和公差时,内、外圆锥必须具有相同的基本圆锥角(或基本锥度),同时在内、外圆锥上标注直径公差的圆锥直径必须具有相同的基本尺寸。圆锥公差的标注方法有下列三种。

1. 面轮廓度法

面轮廓度法是指给出圆锥的理论正确圆锥角 $\boxed{\alpha}$(或锥度 $\boxed{C}$)、理论正确圆锥直径($\boxed{D}$ 或 $\boxed{d}$)和圆锥长度 L,标注面轮廓度公差,如图 9-9 所示。它是常用的圆锥公差给定方法,由面轮廓度公差带确定最大与最小极限圆锥把圆锥的直径偏差、圆锥角偏差、素线直线度误差和横截面圆度误差等都控制在面轮廓度公差带内。这相当于包容要求。

面轮廓度法适用于有配合要求的结构型内、外圆锥。

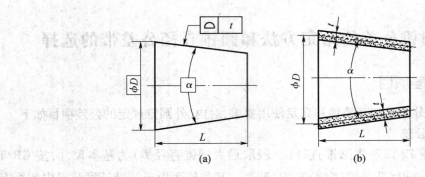

图 9-9　面轮廓度法标注圆锥公差的示例
（a）图样标注；（b）公差带。

2. 基本锥度法

　　基本锥度法是指给出圆锥的理论正确圆锥角 $\boxed{\alpha}$ 和圆锥长度 L,标注基本圆锥直径（ D 或 d ）及其极限偏差（按相对于该直径对称分布取值），如图 9-10 所示。其特征是按圆锥直径为最大和最小实体尺寸构成的同轴线圆锥面,来形成两个具有理想形状的包容面公差带。实际圆锥处处不得超越这两个包容面。

　　基本锥度法适用于有配合要求的结构型和位移型内、外圆锥。

3. 公差锥度法

　　公差锥度法是指同时给出圆锥直径（最大或最小圆锥直径）极限偏差和圆锥角极限偏差,并标注圆锥长度。它们各自独立,分别满足各自的要求,标注方法如图 9-11 所示。按独立原则解释。

　　公差锥度法适用于非配合圆锥；也适用于对某给定截面直径有较高要求的圆锥。

　　应当指出,无论采用那种标注方法,若有需要,可附加给出更高的素线直线度、圆度精度要求；对于轮廓度法和基本锥度法,还可附加给出严格的圆锥角公差。

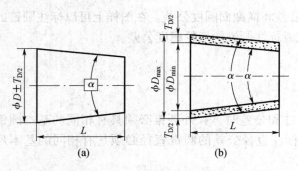

图 9-10　基本锥度法标注圆锥公差的示例
（a）图样标注；（b）公差带。

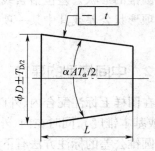

图 9-11　公差锥度法标注
圆锥公差的示例

9.2.3　圆锥直径公差带的选择

1. 结构型圆锥配合的内、外圆锥直径公差带的选择

　　结构型圆锥配合的配合性质由相互结合的内、外圆锥直径公差带之间的关系决定。

164

内圆锥直径公差带在外圆锥直径公差带之上时为间隙配合;内圆锥直径公差带在外圆锥直径公差带之下时为过盈配合;内、外圆锥直径公差带交叠时为过渡配合。

结构型圆锥配合的内、外圆锥直径公差带及配合可以从 GB/T 1801—2009 选取。倘若 GB/T 1801—2009 给出的常用配合不能满足设计要求,则从 GB/T 1800.3—2009 规定的标准公差和基本偏差选取所需要的公差带组成配合。

结构型圆锥配合也分基孔制配合和基轴制配合。为了减少定值刀具、量规的品种、规格,获得最佳的技术经济效益,应优先选用基孔制配合。

2. 位移型圆锥配合的内、外圆锥直径公差带的选择

位移型圆锥配合的配合性质由内、外圆锥接触时的初始位置开始的轴向位移或者由在该初始位置上施加的装配力决定。因此,内、外圆锥直径公差带仅影响装配时的初始位置,不影响配合性质。

位移型圆锥配合的内、外圆锥直径公差带的基本偏差,采用 H/h 或 JS/js。其轴向位移的极限值按极限间隙或极限过盈来计算。

例 有一位移型圆锥配合,锥度 C 为 $1:30$,内、外圆锥的基本直径为 60mm,要求装配后得到 H7/u6 的配合性质。试计算由初始位置开始的最小与最大轴向位移。

解: 按 $\phi60H7/u6$,由附表 3 - 4 和附表 3 - 5 查得 $Y_{\min} = -0.057\text{mm}$,$Y_{\max} = -0.106\text{mm}$。

按式 (9 - 3)计算,得

最小轴向位移: $E_{a\min} = \dfrac{Y_{\min}}{C} = 0.057 \times 30 = 1.71\text{mm}$

最大轴向位移 $E_{a\max} = \dfrac{Y_{\max}}{C} = 0.106 \times 30 = 3.18\text{mm}$

9.3 圆锥角的检测

9.3.1 直接测量圆锥角

直接测量圆锥角是指用万能角度尺、光学测角仪等计量器具测量实际圆锥角的数值。

9.3.2 用量规检验圆锥角偏差

内、外圆锥的圆锥角实际偏差可分别用圆锥量规检验。如图 9 - 12 所示,被测内圆锥用圆锥塞规检验,被测外圆锥用圆锥环规检验。检验内圆锥的圆锥角偏差时,在圆锥塞规工作表面素线全长上,涂 3 条 ~ 4 条极薄的显示剂;检验外圆锥的圆锥角偏差时,在被测外圆锥表面素线全长上,涂 3 条 ~ 4 条极薄的显示剂,然后把量规与被测圆锥对研(来回旋转应小于180°)。根据被测圆锥上的着色或量规上擦掉的痕迹,来判断被测圆锥角的实际值合格与否。

此外,在量规的基准端部刻有两条刻线(凹缺口),它们之间的距离为 z,用以检验被测圆锥的实际直径偏差、圆锥角的实际偏差和形状误差的综合结果产生的基面距偏差。若被测圆锥的基准平面位于量规这两条线之间,则表示该综合结果合格。

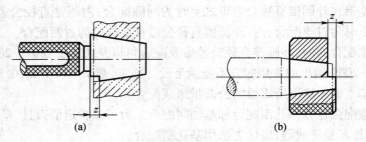

图 9 - 12　用圆锥量规检验圆锥角偏差

（a）圆锥塞规；（b）圆锥环规。

9.3.3　间接测量圆锥角

　　间接测量圆锥角是指测量与被测圆锥角有一定函数关系的若干线性尺寸,然后计算出被测圆锥角的实际值。通常使用指示式计量器具和正弦尺、量块、滚子、钢球进行测量。

　　图 9 - 13 为利用正弦尺、量块和指示表测量圆锥角的示例。测量时,将尺寸为 h 的量块组 4 安放在平板 5 的工作面（测量基准）上,然后把正弦尺 3 的两个圆柱分别放置在平板 5 的工作面上和量块组 4 的上测量面上。

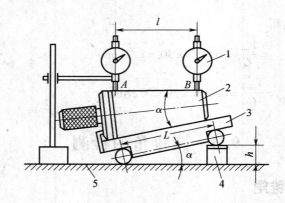

图 9 - 13　用正弦尺测量圆锥角

1—指示表；2—被测圆锥；3—正弦尺；4—量块组；5—平板；

L—正弦尺两个圆柱的中心距；h—量块组 4 的尺寸；α—基本圆锥角。

　　根据被测圆锥的基本圆锥角 α 和正弦尺两圆柱的中心距 L 计算量块组的尺寸 h :

$$h = L\sin\alpha \qquad (9 - 5)$$

　　如果被测圆锥的实际圆锥角等于 α,则该圆锥最高的素线必然平行于平板 5 的工作面,由指示表 1 在最高素线两端的 A、B 两点测得的示值相同,否则在 A、B 两点测得的示值就不相同。令指示表在 A、B 两点测得的示值分别为 M_A（μm）和 M_B（μm）,用普通量具测得的 A、B 两点间的距离为 1（mm）,则被测圆锥角偏差 $\Delta\alpha$。可用下式计算:

$$\Delta\alpha = 206 \frac{M_A - M_B}{l}(\text{''}) \qquad (9 - 6)$$

习　题

9-1　圆锥配合的基本参数有哪些？根据锥体的制造工艺不同，限制一个基本圆锥的基本尺寸可以有几种？

9-2　铣床主轴端部锥孔及刀杆锥体以锥孔最大圆锥直径 $\phi70\text{mm}$ 为配合直径，锥度 $C=7:24$，配合长度 $H=106\text{mm}$，基面距 $a=3\text{mm}$，基本距极限偏差 $\Delta=\pm0.4\text{mm}$，试确定直径和圆锥角的极限偏差。

9-3　有一外圆锥，锥度为 $1:20$，最大圆锥直径 100mm，圆锥长度为 200mm。试确定圆锥角、最小圆锥直径。

9-4　有一外圆锥的最大圆锥直径 D 为 200mm，圆锥长度 L 为 400mm，圆锥直径公差 T_D 取为 IT9。求 T_D 所能限制的最大圆锥角偏差 $\Delta\alpha_{max}$。

9-5　相互结合的内、外圆锥的锥度为 $1:50$，内、外圆锥的基本直径为 100mm，要求装配后得到 H8/u7 的配合性质。试计算所需的极限轴向位移和轴向位移公差。

第 10 章　尺　寸　链

尺寸链是精度设计的主要内容之一。任何机器都是由许多零件装配组合而成的,零件的精度直接影响到机器或其部件所要求的精度,由此可见整套机器或其部件的精度必须由每个零件的精度来保证。在机械制造过程中,从几何参数互换的角度出发,要使机器或部件性能很好地达到使用要求,则各零件的尺寸、形状、位置和表面粗糙度等必须按照规定的公差制造。因此,在设计中,为了给各零件的几何参数制定经济合理的公差,必须进行尺寸链的分析计算。

10.1　尺寸链概述

1. 尺寸链的基本概念

1) 尺寸链定义

在机器装配或零件加工过程中,由相互连接的尺寸形成封闭的尺寸组称为尺寸链。

2) 有关尺寸链组成部分的术语及定义

(1) 环。环是指列入尺寸链中的每一个尺寸。环一般用英文大写字母表示。环分为封闭环和组成环。

(2) 封闭环。封闭环是指尺寸链中在装配或加工过程中最后自然形成的那一个环。封闭环一般用下角标为阿拉伯数字"0"的英文大写字母表示。

(3) 组成环。组成环是指尺寸链中对封闭环有影响的全部环。这些环中任何一环的变动必然引起封闭环的变动。组成环一般用下角标为阿拉伯数字(1,2,3,…)的英文大写字母表示。组成环分为增环和减环。

① 增环:增环是指它的变动会引起封闭环同向变动的组成环。同向变动是指该环增大时封闭环也增大,该环减小时封闭环也减小。

② 减环:减环是指它的变动会引起封闭环反向变动的组成环。反向变动是指该环增大时封闭环减小,该环减小时封闭环增大。

(4) 补偿环。补偿环是指尺寸链中预先选定的某一组成环,通过改变其大小或位置,使封闭环达到规定的要求。

(5) 传递系数。传递系数是指表示各组成环影响封闭环大小的程度和方向的系数,用符号 ξ_i 表示(下角标 i 为组成环的序号)。对于增环,ξ_i 为正值;对于减环,ξ_i 为负值。

2. 尺寸链的分类

1) 按尺寸链的功能要求分类。

(1) 装配尺寸链。装配尺寸链是指全部组成环为不同零件的设计尺寸(零件图上标注的尺寸)所形成的尺寸链。

(2) 零件尺寸链。零件尺寸链是指全部组成环为同一零件的设计尺寸所形成的尺寸链。装配尺寸链和零件尺寸链统称为设计尺寸链。

（3）工艺尺寸链。工艺尺寸链是指全部组成环为零件加工时该零件的工艺尺寸所形成的尺寸链。

2）按尺寸链中各环的相互位置分类

（1）直线尺寸链。直线尺寸链是指全部组成环皆平行于封闭环的尺寸链。直线尺寸链中增环的传递系数 $\xi_i = +1$，减环的传递系数 $\xi_i = -1$。

（2）平面尺寸链。平面尺寸链是指全部组成环位于一个平面或几个平行平面内，但某些组成环不平行于封闭环的尺寸链。

（3）空间尺寸链。空间尺寸链是指全部组成环位于几个不平行的平面内的尺寸链。

最常见的尺寸链是直线尺寸链。平面尺寸链和空间尺寸链可以通过采用坐标投影的方法转换为直线尺寸链，然后按直线尺寸链的计算方法来计算。

3. 尺寸链的特性

尺寸链具有如下两个特性。

（1）封闭性。组成尺寸链的各个尺寸按一定顺序构成一个封闭系统。

（2）相关性。其中一个尺寸变动将影响其他尺寸变动。

4. 尺寸链的建立

1）建立尺寸链

正确建立和描述尺寸链是进行尺寸链综合精度分析计算的基础。应根据实际应用情况查明和建立尺寸链关系。建立装配尺寸时，应了解产品的装配关系、产品装配方法及产品装配性能要求；建立工艺尺寸链时应了解零部件的设计要求及其制造工艺过程，同一零件的不同工艺过程所形成的尺寸链是不同的。

正确建立和分析尺寸链的首要条件是要正确地确定封闭环。

在装配尺寸链中，封闭环就是产品上有装配精度要求的尺寸。如同一部件中各零件之间相互位置要求的尺寸或保证相互配合零件配合性能要求的间隙或过盈量。

零件尺寸链的封闭环应为公差等级要求最低的环，一般在零件图上不进行标注，以免引起加工中的混乱。

工艺尺寸链的封闭环是在加工中最后自然形成的环，一般为被加工零件要求达到的设计尺寸或工艺过程中需要的余量尺寸。加工顺序不同，封闭环也不同。所以工艺尺寸链的封闭环必须在加工顺序确定之后才能判断。

在确定封闭环之后，应确定对封闭环有影响的各个组成环，使之与封闭环形成一个封闭的尺寸回路。

在建立尺寸链时，几何公差也可以是尺寸链的组成环。在一般情况下，几何公差可以理解为基本尺寸为零的线性尺寸。几何公差参与尺寸链分析计算的情况较为复杂，应根据几何公差项目及应用情况分析确定。

必须指出，在建立尺寸链时应遵守"最短尺寸链原则"，即在装配精度要求既定的条件下，组成环数目越少，则组成环所分配到的公差就越大，组成环所在部位的加工就越容易。所以在设计产品时，应尽可能使影响装配精度的零件数量最少。

2）查找组成环

组成环是对封闭环有直接影响的那些尺寸，与此无关的尺寸要排除在外。一个尺寸链的环数应尽量少。

查找装配尺寸链的组成环时,先从封闭环的任意一端开始,找相邻零件的尺寸,然后再找与第一个零件相邻的第二个零件的尺寸,这样一环接一环,直到封闭环的另一端为止,从而形成封闭的尺寸组。

图 10-1(a) 所示的车床主轴轴线与尾架轴线高度差的允许值 A_0 是装配技术要求,为封闭环。组成环可从尾架顶尖开始查找,尾架顶尖轴线到底面的高度 A_1、与床面相连的底板的厚度 A_2、床面到主轴轴线的距离 A_3,最后回到封闭环。A_1、A_2 和 A_3 均为组成环。

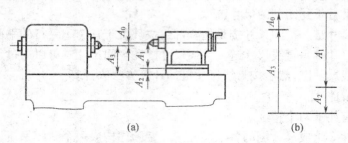

图 10-1　车床顶尖高度尺寸链

一个尺寸链中最少要有两个组成环。组成环中,可能只有增环没有减环,但不可能只有减环没有增环。

在封闭环有较高技术要求或几何误差较大的情况下,建立尺寸链时,还要考虑几何误差对封闭环的影响。

3) 画尺寸链线图

为清楚表达尺寸链的组成,通常不需要画出零件或部件的具体结构,也不必按照严格的比例,只需将链中各尺寸依次画出,形成封闭的图形即可,这样的图形称为尺寸链线图,如图 10-1(b) 所示。在尺寸链线图中,常用带单箭头的线段表示各环,箭头仅表示查找尺寸链组成环的方向。与封闭环箭头方向相同的环为减环,与封闭环箭头方向相反的环为增环。如图 10-1 所示,A_3 为减环,A_1、A_2 为增环。

5. 尺寸链的计算

尺寸链的计算是指计算封闭环与组成环的基本尺寸和极限偏差。尺寸链计算主要有下列三种计算。

1) 设计计算

设计计算是指已知封闭环的极限尺寸和各组成环的基本尺寸,计算各组成环的极限偏差。这种计算通常用于产品设计过程中由机器或部件的装配精度确定各组成环的尺寸公差和极限偏差,把封闭环公差合理地分配给各组成环。应当指出,设计计算的解不是唯一的,而可能有多种不同的解。这类计算主要用在设计上,即根据机器的使用要求来分配各零件的公差。

2) 校核计算

校核计算是指已知各组成环的基本尺寸和极限偏差,计算封闭环的基本尺寸和极限偏差。这种计算主要用于验算零件图上标注的各组成环的基本尺寸和极限偏差在加工之后能否满足所设计产品的技术要求。这类计算主要用来验算设计的正确性。

170

3) 工艺尺寸计算

工艺尺寸计算是指已知封闭环和某些组成环的基本尺寸和极限偏差,计算某一组成环的基本尺寸和极限偏差。这种计算通常用于零件加工过程中计算某工序需要确定而在该零件的图样上没有标注的工序尺寸。这类计算常用在工艺上。

无论设计计算、校核计算或工艺尺寸计算,都要处理封闭环的基本尺寸和极限偏差与各组成环的基本尺寸和极限偏差的关系。

如图 10 - 2 所示的多环直线尺寸链,设组成环环数为 m,增环环数为 l,则减环环数为 $(m-l)$,得到封闭环基本尺寸 L_0 与各组成环基本尺寸 L_i 的关系如下:

$$L_0 = \sum_{i=1}^{l} L_i - \sum_{i=l+1}^{m} L_i \qquad (10-1)$$

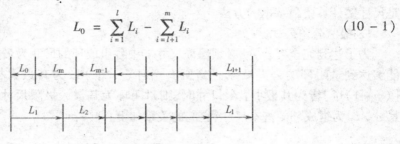

图 10 - 2 多环直线尺寸链图

即:封闭环的基本尺寸等于所有增环基本尺寸之和减去所有减环基本尺寸之和。

如图 10 - 3 所示,尺寸链中任何一环的基本尺寸 L、最大极限尺寸 L_{max}、最小极限尺寸 L_{min}、上偏差 ES、下偏差 EI、公差 T 以及中间偏差 Δ 之间的关系如下:$L_{max} = L + ES$,$L_{min} = L + EI$,$T = L_{max} - L_{min} = ES - EI$。中间偏差为上、下偏差的平均值,即

$$\Delta = (ES + EI)/2$$

因此

$$ES = \Delta + T/2 \qquad (10-2)$$
$$EI = \Delta - T/2$$

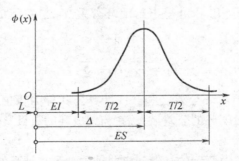

图10 - 3 极限偏差与中间偏差、公差的关系

x—尺寸;$\phi(x)$—概率密度。

尺寸链中任何一环的中间尺寸为 $(L_{max} + L_{min})/2 = T + \Delta$。由图 12 - 7 所示的直线尺寸链图可以得出封闭环中间偏差与各组成环中间偏差的关系如下:

$$\Delta_0 = \sum_{i=1}^{l} \Delta_i - \sum_{i=l+1}^{m} \Delta_i \qquad (10-3)$$

即封闭环中间偏差等于所有增环中间偏差之和减去所有减环中间偏差之和。

为了保证互换性,可以采用极值法或统计法来达到封闭环的公差要求。某些情况下,为了经济地达到装配尺寸链的装配精度要求,可以采用分组法、调整法或修配法。

10.2 用极值法计算尺寸链

极值法(也称完全互换法)是指在全部产品中,按此法计算出来的尺寸加工各组成环,装配时各组成环不需挑选或辅助加工,也不需改变其大小或位置,装入后即能达到封闭环的公差要求的尺寸链计算方法,即可实现完全互换。该方法采用极值公差公式计算,是尺寸链计算中最基本的方法。

1. 极值公差公式

为了达到完全互换,就必须保证尺寸链中各组成环的尺寸为最大或最小极限尺寸时,能够达到封闭环的公差要求。当所有增环(1个)皆为其最大极限尺寸且所有减环[($m-1$)个]皆为其最小极限尺寸时,则封闭环为其最大极限尺寸。L_0 为封闭环的基本尺寸,L_i 为组成环的基本尺寸,它们的关系如下:

$$L_{0max} = \sum_{i=1}^{l} L_{imax} - \sum_{i=l+1}^{m} L_{imin} \qquad (10-4)$$

即封闭环最大极限尺寸等于所有增环最大极限尺寸之和减去所有减环最小极限尺寸之和。

当所有增环皆为其最小极限尺寸且所有减环皆为其最大极限尺寸时,则封闭环为其最小极限尺寸,它们的关系如下:

$$L_{0min} = \sum_{i=1}^{l} L_{imin} - \sum_{i=l+1}^{m} L_{imax} \qquad (10-5)$$

即封闭环最小极限尺寸等于所有增环最小极限尺寸之和减去所有减环最大极限尺寸之和。

将式(10-4)减去式(10-5)得出封闭环公差 T_0 与各组成环公差 T_i 之间的关系如下:

$$T_0 = \sum_{i=1}^{l} T_i + \sum_{i=l+1}^{m} T_i \qquad (10-6)$$

即封闭环公差等于所有组成环公差之和。该计算公式称为极值公差公式。由该公式可见,尺寸链各环公差中,封闭环的公差最大,它与组成环的数目及公差的大小有关。

2. 设计计算

例10-1 图10-4(a)所示的是发动机曲轴主轴颈与轴瓦的局部装配图。设计要求正时齿轮5与止推垫片4之间的间隙 $L_0 = 0.2\text{mm} \sim 0.5\text{mm}$。各组成环的基本尺寸:两个止推垫片2和4的厚度 $L_2 = L_4 = 2.5\text{mm}$,主轴颈的长度 $L_1 = 43.5\text{mm}$,轴瓦3的长度 $L_3 = 38.5\text{mm}$。试用极值法计算各组成环的极限偏差。

解:(1)建立尺寸链。间隙 L_0 是装配过程中最后自然形成的,因此 L_0 是封闭环。建立尺寸链时,从 L_0 的左端开始查找直接影响 L_0 大小的那些尺寸,依次有主轴颈长度 L_1、止推垫片2的厚度 L_2、轴瓦3的长度 L_3,一直找到止推垫片4的厚度 L_4,最后与 L_0 的右端

172

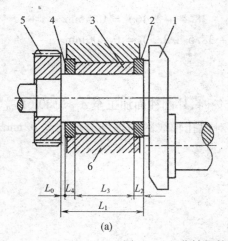

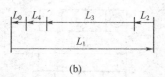

（a）   （b）

图 10 - 4　曲轴部件的装配尺寸链

（a）曲轴部件；（b）尺寸链图。

1—曲轴；2、4—止推垫片；3—部分式轴瓦；5—正时齿轮；6—轴承座。

连接。由这四个组成环对封闭环的影响的性质可知，尺寸 L_1 为增环，尺寸 L_2、L_3、L_4 为减环。将尺寸 L_0 与 L_1、L_2、L_3、L_4 依次用线段连接，就得到了图 10 - 4（b）所示的尺寸链图。

封闭环基本尺寸 $L_0 = L_1 - (L_2 + L_3 + L_4) = 43.5 - (2.5 + 38.5 + 2.5) = 0$。

封闭环公差为 $T_0 = 0.5 - 0.2 = 0.3$mm，其上、下偏差分别为 $ES_0 = +0.5$mm，$EI_0 = +0.2$mm，其极限尺寸可表示为 $0^{+0.5}_{+0.2}$mm。

（2）确定各组成环的公差。先假设各组成环公差相等，$T_1 = T_2 = \cdots = T_m = T_{av}$（平均极值公差），则由式（10 - 6），得 $T_0 = mT_{av}$，因此各组成环的平均极值公差：

$$T_{av} = T_0/m = 0.3/4 = 0.075\text{mm}$$

根据各组成环的尺寸大小和加工难易程度，调整各组成环的公差，取 $T_2 = T_4 = 0.04$mm（相当于 IT10），$T_3 = 0.1$mm（相当于 IT10），由式（10 - 6），得

$$T_1 = T_0 - (T_2 + T_3 + T_4) = 0.3 - (0.04 + 0.1 + 0.04) = 0.12\text{mm}$$

（3）确定各组成环的极限偏差。通常，尺寸链中的内、外尺寸（组成环）的极限偏差按"偏差入体原则"配置，即内尺寸按 H 配置，外尺寸按 h 配置；一般长度尺寸（组成环）的极限偏差按"偏差对称原则"配置，即按 js（或 JS）配置。因此，取

$$L_2 = L_4 = 2.5^{\ 0}_{-0.04}\text{mm}, L_3 = 38.5^{\ 0}_{-0.1}\text{mm}$$

组成环 L_2、L_3、L_4 的极限偏差确定后，它们的中间偏差分别为 $\Delta_2 = \Delta_4 = -0.02$mm，$\Delta_3 = -0.05$mm。封闭环的中间偏差为 $\Delta_0 = +0.35$mm。因此由式（10 - 3），得

$$\Delta_1 = \Delta_0 + (\Delta_2 + \Delta_3 + \Delta_4) = +0.35 + (-0.02 - 0.05 - 0.02) = +0.26\text{mm}$$

按式（10 - 2）计算出组成环 L_1 的上、下偏差为

$$ES_1 = \Delta_1 + T_1/2 = +0.26 + 0.12/2 = +0.32\text{mm}$$

$$EI_1 = \Delta_1 - T_i/2 = +0.26 - 0.12/2 = +0.20\text{mm}$$

所以　　　　　　　　　　　$$L_1 = 43.5^{+0.32}_{+0.20}\text{mm}$$

按式（10 - 4）和式（10 - 5）核算封闭环的极限尺寸：

$$L_{0max} = 43.82 - (2.46 + 38.4 + 2.46) = 0.5mm$$
$$L_{0min} = 43.70 - (2.5 + 38.5 + 2.5) = 0.200mm$$

能够满足设计要求。

3. 校核计算

例 10-2　加工图 10-5(a)所示的套筒时,外圆柱面加工至 $A_1 = \phi80f6(^{-0.030}_{-0.104})$,内孔加工至 $A_2 = \phi60H8(^{+0.046}_{0})$,外圆柱面轴线对内孔轴线的同轴度公差为 0.02mm。试计算该套筒壁厚尺寸的变动范围。

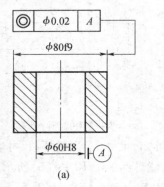
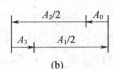

图 10-5　套筒零件尺寸链

(a) 零件图样标注;(b) 尺寸链图。

解:(1)建立尺寸链。由于套筒具有对称性,因此在建立尺寸链时,尺寸 A_1 和 A_2 均取半值。尺寸链图如图 10-5(b)所示,封闭环为壁厚 A_0,组成环为:$A_2/2 = 30^{+0.023}_{0}$mm(减环),$A_1/2 = 40^{-0.015}_{-0.052}$mm(增环),同轴度公差 $A_3 = 0 \pm 0.01$mm(增环)。

(2) 计算封闭环的极限尺寸。按式(10-1)、式(10-4)和式(10-5)分别计算。

封闭环的基本尺寸:

$$A_0 = (A_1/2 + A_3) - A_2/2 = 40 + 0 - 30 = 10mm$$

封闭环的最大极限尺寸:

$$A_{0max} = (A_{1max}/2 + A_{3max}) - A_{2min}/2 = 39.985 + 0.01 - 30 = 9.995mm$$

封闭环的最小极限尺寸:

$$A_{0min} = (A_{1min}/2 + A_{3min}) - A_{2max}/2 = 39.948 - 0.01 - 30.023 = 9.915mm$$

因此,封闭环 $A_0 = 10^{-0.005}_{-0.085}$mm,套筒壁厚尺寸的变动范围为 9.915mm ~ 9.995mm。

4. 工艺尺寸计算

例 10-3　图 10-6(a)所示为轴及其键槽尺寸的标注。如图 10-6(b)所示,该轴和键槽的加工顺序如下:先按工序尺寸 $A_1 = \phi45.6^{0}_{-0.1}$mm 车外圆柱面,再按工序尺寸 A_2 铣键槽,淬火后,按图样标注尺寸 $A_3 = \phi45^{+0.018}_{+0.002}$mm 磨外圆柱面至设计要求。轴完工后要求键槽深度尺寸 A_0 符合图样标注的尺寸 39.5$^{0}_{-0.2}$mm 的规定。试用完全互换法计算尺寸链,确定工序尺寸 A_2 的极限尺寸。

解:(1) 建立尺寸链。从加工过程可知,键槽深度尺寸 A_0 是加工过程中最后自然形

174

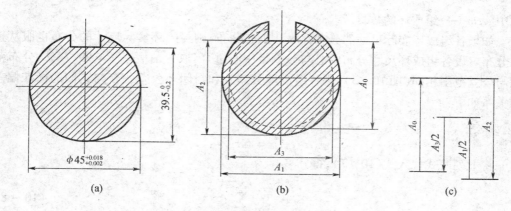

图 10 -6　轴及其链槽加工的工艺尺寸链

(a) 图样标注；(b) 工艺尺寸；(c) 尺寸链图。

成的尺寸,因此 A_0 是封闭环。建立尺寸链时,以轴横截面的中心线作为查找组成环的连接线,因此车外圆柱面尺寸 A_1 和磨外圆柱面尺寸 A_3 均取半值。尺寸链图如图 10 -6(c) 所示,封闭环 $A_0 = 39.5 _{-0.2}^{\ 0}$ mm,组成环为 $A_3/2 = 22.5 _{+0.001}^{+0.009}$ mm（增环）、$A_1/2 = 22.8 _{-0.05}^{\ 0}$ mm（减环）和 A_2（增环）。

(2) 计算组成环 A_2 的基本尺寸和极限偏差。按式(10 -1)计算组成环 A_2 的基本尺寸:

$$A_2 = A_0 - A_3/2 + A_1/2 = 39.5 - 22.5 + 22.8 = 39.8 \text{mm}$$

按式(10 -4)和式(10 -5)分别计算最大、最小极限尺寸。

组成环 A_2 的最大极限尺寸:

$$A_{2\text{max}} = A_{0\text{max}} - A_{3\text{max}}/2 + A_{1\text{min}}/2 = 39.5 - 22.509 + 22.75 = 39.741 \text{mm}$$

组成环 A_2 的最小极限尺寸:

$$A_{2\text{min}} = A_{0\text{min}} - A_{3\text{min}}/2 + A_{1\text{max}}/2 = 39.3 - 22.501 + 22.8 = 39.599 \text{mm}$$

因此,插键槽工序尺寸 $A_2 = 39.741 _{-0.142}^{\ 0}$ mm。

10.3　用统计法计算尺寸链

统计法（也称大数互换法）是指在绝大多数产品中,装配时各组成环不需挑选,也不需改变其大小或位置,装入后即能达到封闭环的公差要求的尺寸链计算方法。该方法采用统计公差公式计算。

大数互换法是以一定置信概率为依据,假定各组成环的实际尺寸的获得彼此无关,即它们都为独立随机变量,各按一定规律分布,因此它们所形成的封闭环也是随机变量,按某一规律分布。按照独立随机变量合成规律,各组成环（各独立随机变量）的标准偏差 σ_i 与封闭环（这些独立随机变量之和）的标准偏差 σ_0 之间的关系如下:

$$\sigma_0 = \sqrt{\sum_{i=1}^{m} \sigma_i^2} \tag{10 -7}$$

175

式中 m——组成环的数目。

如果各组成环实际尺寸的分布都服从正态分布,则封闭环实际尺寸的分布也服从正态分布。设各组成环尺寸分布中心与公差带中心重合,取置信概率 $P = 99.73\%$,分布范围与公差范围相同(图 10-3),则各组成环公差升和封闭环公差各自与它们的标准偏差的关系如下:

$$T_i = 6\sigma_i$$
$$T_0 = 6\sigma_0$$

将上列两式代入式(10-7),得

$$T_0 = \sqrt{\sum_{i=1}^{m} T_i^2} \tag{10-8}$$

即封闭环公差等于各组成环公差的平方之和再开平方。该公式是一个统计公差公式。其实它是统计公差公式中的一个特例,是在各组成环实际尺寸的分布都服从正态分布,分布中心与公差带中心重合,分布范围与公差范围相同这样的假设前提下得出的。而这个假设条件是符合大多数产品的实际情况的,因此上述统计公差公式的特例有其实用价值。

在组成环环数和组成环公差分别相同的情况下,统计法与极值法计算尺寸链相比较,按前者计算所得的封闭环变动范围较小,这就较易达到装配精度要求。

10.4 用分组法、修配法和调整法保证装配精度

1. 分组法

当封闭环的精度要求高且生产批量较大时,为了降低零件的制造成本,可以采用分组法 装配。分组法装配的特点是各组成环按经济加工精度制造,然后将各组成环按实际尺寸的 大小分为若干组,各对应组进行装配,同组内零件具有互换性。该方法采用极值公差公式计 算。

例如,设基本尺寸为 $\phi 18\text{mm}$ 的孔、轴配合间隙要求为 $x = 3\mu\text{m} \sim 8\mu\text{m}$,这意味着封闭环的公差 $T_0 = 5\mu\text{m}$,若按完全互换法,则孔、轴的制造公差只能为 $2.5\mu\text{m}$。

若采用分组互换法,将孔、轴的制造公差扩大 4 倍,如图 10-7 所示,公差为 $10\mu\text{m}$,将完工后的孔、轴按实际尺寸分为四组,按对应组进行装配,各组的最大间隙均为 $8\mu\text{m}$,最小间隙为 $3\mu\text{m}$,故能满足要求。

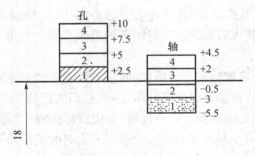

图 10-7 分组法公差分组

分组互换法一般宜用于大批量生产中的高精度、零件形状简单易测、环数少的尺寸链。必须保证分组后各组的配合性质、精度与原来的设计要求相同；另外，由于分组后零件的形状误差不会减少，这就限制了分组数，分组数不宜过多，尺寸公差只要放大到经济加工精度即可，一般为 2 组~4 组。

2. 修配法

修配法装配是指各组成环都按经济加工精度制造，在组成环中选择一个修配环（补偿环的一种），预先留出修配量，装配时用去除修配环的部分材料的方法改变其实际尺寸，使封闭环达到其公差与极限偏差要求。

如图 10-8 所示，将 A_1、A_2 和 A_3 的公差放大到经济可行的程度，为保证主轴和尾架等高性要求，选面积最小、重量最轻的尾架底座 A_2 为补偿环，装配时通过对 A_2 环的辅助加工（如铲、刮等）切除少量材料，以抵偿封闭环上产生的累积误差，直到满足 A 要求为止。

补偿环切莫选择各尺寸链的公共环，以免因修配而影响其他尺寸链的封闭环精度。

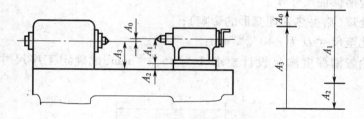

图 10-8　修配法保证装配精度

3. 调整法

调整法是将尺寸链各组成环按经济公差制造，由于组成环尺寸公差放大而使封闭环上产生的累积误差，可在装配时采用调整补偿环的尺寸或位置来补偿。

常用的补偿环可分为两种。

1）固定补偿环

在尺寸链中选择一个合适的组成环作为补偿环（如垫片、垫圈或轴套等）。补偿环可根据需要按尺寸大小分为若干组，装配时，从合适的尺寸组中取一补偿环，装入尺寸链中预定的位置，使封闭环达到规定的技术要求。当齿轮的轴向窜动量有严格要求而无法用完全互换装配法保证时，就在结构中加入一个尺寸合适的固定补偿件来保证装配精度。

2）可动补偿环

装配时调整可动补偿环的位置以达到封闭环的精度要求。这种补偿环在机械设计中应用很广，结果形式很多，如机床中常用的镶条、调节螺旋副等。

调整法的主要优点是：加大组成环的制造公差，使制造容易，同时可得到很高的装配精度；装配时不需修配；使用过程中可以调整补偿环的位置或更换补偿环，以恢复机器原有精度。它的主要缺点是有时需要额外增加尺寸链零件数（补偿环），使结构复杂，制造费用增高，降低结构的刚性。

调整法与修配法相似，只是改变补偿环尺寸的方法有所不同。修配法是从作为补偿环的零件上去除一层材料来保证装配精度;调整法主要应用在封闭环精度要求高、组成环数目较多的尺寸链,尤其是对使用过程中,组成环的尺寸可能由于磨损、温度变化或受力变形等原因而产生较大变化的尺寸链,调整法具有独到的优越性。

采用调整法装配,不需辅助加工,故装配效率较高,主要应用于装配精度要求较高,或在使用过程中某些零件的尺寸会发生变化的尺寸链中。

习　题

10－1　在组成环中怎样区分增环与减环? 计算尺寸链的目的是什么?

10－2　解尺寸链的基本方法有几种? 极值法和概率法解尺寸链的根本区别是什么?

10－3　加工图 10－9 所示的齿轮内孔,其相关工序如下:

(1) 拉孔至尺寸 D_1 为 $\phi 39.6^{+0.100}_{0}$ mm。

(2) 拉键槽保证尺寸 A_1;

(3) 热处理(略去热处理变形的影响);

(4) 磨孔至尺寸 D 为 $\phi 40^{+0.050}_{0}$ mm;

为了使轮毂槽深度满足设计要求 A 为 $46^{+0.300}_{0}$ mm,试确定工序尺寸 A_1 及其上、下偏差。

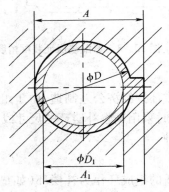

图 10－9　习题 10－3 附图

附　表

附表 1-1　优先数系的基本系列（常用值）（摘自 GB/T 321—2005）

R5	1.00		1.60		2.50		4.00		6.30		10.00
R10	1.00	1.25	1.60	2.00	2.50	3.15	4.00	5.00	6.30	8.00	10.00
R20	1.00	1.12	1.25	1.40	1.60	1.80	2.00	2.24	2.50	2.80	3.15
	3.55	4.00	4.50	5.00	5.60	6.30	7.10	8.00	9.00	10.00	
R40	1.00	1.06	1.12	1.18	1.25	1.32	1.40	1.50	1.60	1.70	1.80
	1.90	2.00	2.12	2.24	2.36	2.50	2.65	2.80	3.00	3.15	3.35
	3.55	3.75	4.00	4.25	4.50	4.75	5.00	5.30	5.60	6.00	6.30
	6.70	7.10	7.50	8.00	8.50	9.00	9.50	10.00			

附表 2-1　各级量块的精度指标（摘自 JJG 146—2003）

量块的标称长度 l_n (mm)	K级		0级		1级		2级		3级	
	量块长度极限偏差 $\pm t_e$	长度变动量 v 的允许值 t_v	量块长度极限偏差 $\pm t_e$	长度变动量 v 的允许值 t_v	量块长度极限偏差 $\pm t_e$	长度变动量 v 的允许值 t_v	量块长度极限偏差 $\pm t_e$	长度变动量 v 的允许值 t_v	量块长度极限偏差 $\pm t_e$	长度变动量 v 的允许值 t_v
	μm									
$l_n \leqslant 10$	0.20	0.05	0.12	0.10	0.20	0.16	0.45	0.30	1.0	0.50
$10 < l_n \leqslant 25$	0.30	0.05	0.14	0.10	0.30	0.16	0.60	0.30	1.2	0.50
$25 < l_n \leqslant 50$	0.40	0.06	0.20	0.10	0.40	0.18	0.80	0.30	1.6	0.55
$50 < l_n \leqslant 75$	0.50	0.06	0.25	0.12	0.50	0.18	1.00	0.35	2.0	0.55
$75 < l_n \leqslant 100$	0.60	0.07	0.30	0.12	0.60	0.20	1.20	0.35	2.5	0.60
$100 < l_n \leqslant 150$	0.80	0.08	0.40	0.14	0.80	0.20	1.60	0.40	3.0	0.65
$150 < l_n \leqslant 200$	1.00	0.09	0.50	0.16	1.00	0.25	2.0	0.40	4.0	0.70
$200 < l_n \leqslant 250$	1.20	0.10	0.60	0.16	1.20	0.25	2.4	0.45	5.0	0.75

注：距离量块测量面边缘 0.8mm 范围内不计

附表 2-2　各等量块的精度指标（摘自 JJG 146—2003）

量块的标称长度 l_n (mm)	1等		2等		3等		4等		5等	
	测量不确定度的允许值	长度变动量 v 的允许值 t_v	测量不确定度的允许值	长度变动量 v 的允许值 t_v	测量不确定度的允许值	长度变动量 v 的允许值 t_v	测量不确定度的允许值	长度变动量 v 的允许值 t_v	测量不确定度的允许值	长度变动量 v 的允许值 t_v
	μm									
$l_n \leqslant 10$	0.022	0.05	0.06	0.10	0.11	0.16	0.22	0.30	0.6	0.50
$10 < l_n \leqslant 25$	0.025	0.05	0.07	0.10	0.12	0.16	0.25	0.30	0.6	0.50

量块的标称长度 l_n(mm)	1等		2等		3等		4等		5等	
	测量不确定度的允许值	长度变动量v的允许值t_v	测量不确定度的允许值	长度变动量v的允许值t_v	测量不确定度的允许值	长度变动量v的允许值t_v	测量不确定度的允许值	长度变动量v的允许值t_v	测量不确定度的允许值	长度变动量v的允许值t_v
	μm									
$25 < l_n \leqslant 50$	0.030	0.06	0.08	0.10	0.15	0.18	0.30	0.30	0.8	0.55
$50 < l_n \leqslant 75$	0.035	0.06	0.09	0.12	0.18	0.18	0.35	0.35	0.9	0.55
$75 < l_n \leqslant 100$	0.040	0.07	0.10	0.12	0.20	0.20	0.40	0.35	1.0	0.60
$100 < l_n \leqslant 150$	0.05	0.08	0.12	0.14	0.25	0.20	0.50	0.40	1.2	0.65
$150 < l_n < 200$	0.06	0.09	0.15	0.16	0.30	0.25	0.6	0.40	1.5	0.70
$200 < l_n < 250$	0.07	0.10	0.18	0.16	0.35	0.25	0.7	0.45	1.8	0.75

注：距离量块测量面边缘 0.8mm 范围内不计

附表 3-1　标准尺寸(10mm ~ 100mm)（摘自 GB/T 2822—2005）

Rr			Rr			Rr			Rr		
R10	R20	R40	R10	R20	R40	R10	R20	R40	R10	R20	R40
10.0	10.0		10	10			35.5	35.5		**36**	**36**
	11.2				**11**			37.5			**38**
12.5		12.5	**12**	**12**	**12**	40.0	40.0	40.0	40	40	40
		13.2			**13**			42.5			**42**
		14.0		14	14			45.0		45	45
		15.0			15		45.0	47.5			**48**
16.0	16.0	16.0	16	16	16	50.0	50.0	50.0	50	50	50
		17.0			17			53.0			53
	18.0	18.0		18	18		56.0	56.0		56	56
		19.0			19			60.0			60
20.0	20.0	20.0	20	20	20	63.0	63.0	63.0	63	63	63
		20.2			**21**			67.0			67
	22.4	22.4		**22**	**22**		71.0	71.0		71	71
		23.6			**24**			75.0			75
25.0	25.0	25.0	25	25	25	80.0	80.0	80.0	80	80	80
		26.5			**26**			85.0			85
	28.0	28.0		28	28		90.0	90.0		90	90
		30.0			30			95.0			95
31.5	31.5	31.5	**32**	**32**	**32**	100.0	100.0	100.0	100	100	100
		33.5			**34**						

注：Rr 系列中的黑体字为 R 系列相应各项优先数的化整值

180

附表 3 - 2　标准公差数值(摘自 GB/T 1800.1—2009)

公称尺寸 /mm		标 准 公 差 等 级																	
		IT1	IT2	IT3	IT4	IT5	IT6	IT7	IT8	IT9	IT10	IT11	IT12	IT13	IT14	IT15	IT16	IT17	IT18
大于	至	μm											mm						
—	3	0.8	1.2	2	3	4	6	10	14	25	40	60	0.1	0.14	0.25	0.4	0.6	1	1.4
3	6	1	1.5	2.5	4	5	8	12	18	30	48	75	0.12	0.18	0.3	0.48	0.75	1.2	1.8
6	10	1	1.5	2.5	4	6	9	15	22	36	58	90	0.15	0.22	0.36	0.58	0.9	1.5	2.2
10	18	1.2	2	3	5	8	11	18	27	43	70	110	0.18	0.27	0.43	0.7	1.1	1.8	2.7
18	30	1.5	2.5	4	6	9	13	21	33	52	84	130	0.21	0.33	0.52	0.84	1.3	2.1	3.3
30	50	1.5	2.5	4	7	11	16	25	39	62	100	160	0.25	0.39	0.62	1	1.6	2.5	3.9
50	80	2	3	5	8	13	19	30	46	74	120	190	0.3	0.46	0.74	1.2	1.9	3	4.6
80	120	2.5	4	6	10	15	22	35	54	87	140	220	0.35	0.54	0.87	1.4	2.2	3.5	5.4
120	180	3.5	5	8	12	18	25	40	63	100	160	250	0.4	0.63	1	1.6	2.5	4	6.3
180	250	4.5	7	10	14	20	29	46	72	115	185	290	0.46	0.72	1.15	1.85	2.9	4.6	7.2
250	315	6	8	12	16	23	32	52	81	130	210	320	0.52	0.81	1.3	2.1	3.2	5.2	8.1
315	400	7	9	13	18	25	36	57	89	140	230	360	0.57	0.89	1.4	2.3	3.6	5.7	8.9
400	500	8	10	15	20	27	40	63	97	155	250	400	0.63	0.97	1.55	2.5	4	6.3	9.7
500	630	9	11	16	22	32	44	70	110	175	280	440	0.7	1.1	1.75	2.8	4.4	7	11
630	800	10	13	18	25	36	50	80	125	200	320	500	0.8	1.25	2	3.2	5	8	12.5
800	1000	11	15	21	28	40	56	90	140	230	360	560	0.9	1.4	2.3	3.6	5.6	9	14
1000	1250	13	18	24	33	47	66	105	165	260	420	660	1.05	1.65	2.6	4.2	6.6	10.5	16.5
1250	1600	15	21	29	39	55	78	125	195	310	500	780	1.25	1.95	3.1	5	7.8	12.5	19.5
1600	2000	18	25	35	46	65	92	150	230	370	600	920	1.5	2.3	3.7	6	9.2	15	23
2000	2500	22	30	41	55	78	110	175	280	440	700	1100	1.75	2.8	4.4	7	11	17.5	28
2500	3150	26	36	50	68	96	135	210	330	540	860	1350	2.1	3.3	5.4	8.6	13.5	21	33

注:1. 公称尺寸大于 500mm 的 IT1 至 IT5 的标准公差数值为试行的;

　　2. 公称尺寸小于或等于 1mm 时,无 IT14 至 IT18

附表 3 - 3　IT01 和 IT0 的标准公差数值(摘自 GB/T 1800.1—2009)

公称尺寸 /mm		标准公差等级		公称尺寸 /mm		标准公差等级	
		IT01	IT0			IT01	IT0
大 于	至	公 差/μm		大 于	至	公 差/μm	
—	3	0.3	0.5	80	120	1	1.5
3	6	0.4	0.6	120	180	1.2	2
6	10	0.4	0.6	180	250	2	3
10	18	0.5	0.8	250	315	2.5	4
18	30	0.6	1	315	400	3	5
30	50	0.6	1	400	500	4	6
50	80	0.8	1.2				

基本偏差	上 偏 差 es/μm											js②	下				
代号	a①	b①	c	cd	d	e	ef	f	fg	g	h		j			k	
标准公差等级 公称尺寸/mm	所有的标准公差等级												IT5和IT6	IT7	IT8	IT4至IT7	≤IT3 >IT7
≤3	−270	−140	−60	−34	−20	−14	−10	−6	−4	−2	0		−2	−4	−6	0	0
>3~6	−270	−140	−70	−46	−30	−20	−14	−10	−6	−4	0		−2	−4	—	+1	0
>6~10	−280	−150	−80	−56	−40	−25	−18	−13	−8	−5	0		−2	−5	—	+1	0
>10~14	−290	−150	−95	—	−50	−32	—	−16	—	−6	0		−3	−6	—	+1	0
>14~18	−290	−150	−95	—	−50	−32	—	−16	—	−6	0		−3	−6	—	+1	0
>18~24	−300	−160	−110	—	−65	−40	—	−20	—	−7	0		−4	−8	—	+2	0
>24~30	−300	−160	−110	—	−65	−40	—	−20	—	−7	0		−4	−8	—	+2	0
>30~40	−310	−170	−120	—	−80	−50	—	−25	—	−9	0		−5	−10	—	+2	0
>40~50	−320	−180	−130	—	−80	−50	—	−25	—	−9	0		−5	−10	—	+2	0
>50~65	−340	−190	−140	—	−100	−60	—	−30	—	−10	0		−7	−12	—	+2	0
>65~80	−360	−200	−150	—	−100	−60	—	−30	—	−10	0		−7	−12	—	+2	0
>80~100	−380	−220	−170	—	−120	−72	—	−36	—	−12	0	偏差 = $\pm\dfrac{ITn}{2}$	−9	−15	—	+3	0
>100~120	−410	−240	−180	—	−120	−72	—	−36	—	−12	0		−9	−15	—	+3	0
>120~140	−460	−260	−200	—	−145	−85	—	−43	—	−14	0		−11	−18	—	+3	0
>140~160	−520	−280	−210	—	−145	−85	—	−43	—	−14	0		−11	−18	—	+3	0
>160~180	−580	−310	−230	—	−145	−85	—	−43	—	−14	0		−11	−18	—	+3	0
>180~200	−660	−340	−240	—	−170	−100	—	−50	—	−15	0		−13	−21	—	+4	0
>200~225	−740	−380	−260	—	−170	−100	—	−50	—	−15	0		−13	−21	—	+4	0
>225~250	−820	−420	−280	—	−170	−100	—	−50	—	−15	0		−13	−21	—	+4	0
>250~280	−920	−480	−300	—	−190	−110	—	−56	—	−17	0		−16	−26	—	+4	0
>280~315	−1050	−540	−330	—	−190	−110	—	−56	—	−17	0		−16	−26	—	+4	0
>315~355	−1200	−600	−360	—	−210	−125	—	−62	—	−18	0		−18	−28	—	+4	0
>355~400	−1350	−680	−400	—	−210	−125	—	−62	—	−18	0		−18	−28	—	+4	0
>400~450	−1500	−760	−440	—	−230	−135	—	−68	—	−20	0		−20	−32	—	+5	0
>450~500	−1650	−840	−480	—	−230	−135	—	−68	—	−20	0		−20	−32	—	+5	0

注:① 公称尺寸小于或等于1mm时,各级a和b均不采用;

② js 的数值中,对IT7至IT11,若ITn 的数值(μm)为奇数,则取偏差 = $\pm\dfrac{ITn-1}{2}$

偏差数值(摘自 GB/T 18001.1—2009)

m	n	p	r	s	t	u	v	x	y	z	za	zb	zc
偏						差 es/μm							
所有的标准公差等级													
+2	+4	+6	+10	+14	—	+18	—	+20	—	+26	+32	+40	+60
+4	+8	+12	+15	+19	—	+23	—	+28	—	+35	+42	+50	+80
+6	+10	+15	+19	+23	—	+28		+34		+42	+52	+67	+97
+7	+12	+18	+23	+28	—	+33		+40		+50	+64	+90	+130
+7	十12	+18	+23	+28	—	+33	+39	+45		+60	+77	+108	+150
+8	+15	+22	+28	+35	—	+41	+47	+54	+63	+73	+98	+136	+188
+8	+15	+22	+28	+35	+41	+48	+55	+64	+75	+88	+118	+160	+218
+9	+17	+26	+34	+43	+48	+60	+68	+80	+94	+112	+148	+200	+274
+9	+17	+26	+34	+43	+54	+70	+81	+97	+114	+136	+180	+242	+325
+11	+20	+32	+41	+53	+66	+87	+102	+122	+144	+172	+226	+300	+405
+11	+20	+32	+43	+59	+75	+102	+120	+146	+174	+210	+274	+360	+480
+13	+23	+37	+51	+71	+91	+124	+146	+178	+214	+258	+335	+445	+585
+13	+23	+37	+54	+79	+104	+144	+172	+210	+254	+310	+400	+525	+690
+15	+27	+43	+63	+92	+122	+170	+202	+248	+300	+365	+470	+620	+800
+15	+27	+43	+65	+100	+134	+190	+228	+280	+340	+415	+535	+700	+900
+15	+27	+43	+68	+108	+146	+210	+252	+310	+380	+465	+600	+780	+1000
+17	+31	+50	+77	+122	+166	+236	+284	+350	+425	+520	+670	+880	+1150
+17	+31	+50	+80	+130	+180	+258	+310	+385	+470	+575	+740	+960	+1250
+17	+31	+50	+84	+140	+196	+284	+340	+425	+520	+640	+820	+1050	+1350
+20	+34	+56	+94	+158	+218	+315	+385	+475	+580	+710	+920	+1200	+1500
+20	+34	+56	+98	+170	+240	+350	+425	+525	+650	+790	+1000	+1300	+1700
+21	+37	+62	+108	+190	+268	+390	+475	+590	+730	+900	+1150	+1500	+1900
+21	+37	+62	+114	+208	+294	+435	+530	+660	+820	+1000	+1300	+1650	+2100
+23	+40	+68	+126	+232	+330	+490	+595	+740	+920	+1100	+1450	+1850	+2400
+23	+40	+68	+132	+252	+360	+540	+660	+820	+1000	+1250	+1600	+2100	+2600

附表 3 – 5　尺寸至 500mm 孔的基本偏差数值（摘自 GB/T 1800.1—2009）

基本偏差	下　偏　差 $EI/\mu m$											JS②
代号	A①	B②	C	CD	D	E	EF	F	FG	G	H	
标准公差等级　公称尺寸 /mm	所有的标准公差等级											偏差 $= \pm \dfrac{ITn}{2}$
≤3	+270	+140	+60	+34	+20	+14	+10	+6	+4	+2	0	
>3~6	+270	+140	+70	+46	+30	+20	+14	+10	+6	+4	0	
>6~10	+280	+150	+80	+56	+40	+25	+18	+13	+8	+5	0	
>10~14	+290	+150	+95	—	+50	+32	—	+16	—	+6	0	
>14~18	+290	+150	+95	—	+50	+32	—	+16	—	+6	0	
>18~24	+300	+160	+110	—	+65	+40	—	+20	—	+7	0	
>24~30	+300	+160	+110	—	+65	+40	—	+20	—	+7	0	
>30~40	+310	+170	+120	—	+80	+50	—	+25	—	+9	0	
>40~50	+320	+180	+130	—	+80	+50	—	+25	—	+9	0	
>50~65	+340	+190	+140	—	+100	+60	—	+30	—	+10	0	
>65~80	+360	+200	+150	—	+100	+60	—	+30	—	+10	0	
>80~100	+380	+220	+170	—	+120	+72	—	+36	—	+12	0	
>100~120	+410	+240	+180	—	+120	+72	—	+36	—	+12	0	
>120~140	+460	+260	+200	—	+145	+85	—	+43	—	+14	0	
>140~160	+520	+280	+210	—	+145	+85	—	+43	—	+14	0	
>160~180	+580	+310	+230	—	+145	+85	—	+43	—	+14	0	
>180~200	+660	+340	+240	—	+170	+100	—	+50	—	+15	0	
>200~225	+740	+380	+260	—	+170	+100	—	+50	—	+15	0	
>225~250	+820	+420	+280	—	+170	+100	—	+50	—	+15	0	
>250~280	+920	+480	+300	—	+190	+110	—	+56	—	+17	0	
>280~315	+1050	+540	+330	—	+190	+110	—	+56	—	+17	0	
>315~355	+1200	+600	+360	—	+210	+125	—	+62	—	+18	0	
>355~400	+1350	+680	+400	—	+210	+125	—	+62	—	+18	0	
>400~450	+1500	+760	+440	—	+230	+135	—	+68	—	+20	0	
>450~500	+1650	+840	+480	—	+230	+135	—	+68	—	+20	0	

基本偏差	上 偏 差 EL/μm												
代号	J			K		M		N		P~ZC	P	R	S
标准公差等级 公称尺寸/mm	IT6	IT7	IT8	≤IT8④	>IT8	≤IT8③,④	>IT8	≤IT8④	>IT8①	≤IT7④	IT8~IT18		
≤3	+2	+4	+6	0	0	-2	-2	-4	-4		-6 -	-10	-14
>3~6	+5	+6	+10	-1+Δ		-4+Δ	-4	-8+Δ	0		-12	-15	-19
>6~10	+5	+8	+12	-1+Δ		-6+Δ	-6	-10+Δ	0		-15	-19	-23
>10~14	+6	+10	+15	-1+Δ	—	-7+Δ	-7	-12+Δ	0		-18	-23	-28
>14~18	+6	+10	+15	-1+Δ	—	-7+Δ	-7	-12+Δ	0		-18	-23	-28
>18~24	+8	+12	+20	-2+Δ	—	-8+Δ	-8	-15+Δ	0		-22	-28	-35
>24~30	+8	+12	+20	-2+Δ	—	-8+Δ	-8	-15+Δ	0		-22	-28	-35
>30~40	+10	+14	+24	-2+Δ		-9+Δ	-9	-17+Δ	0		-26	-34	-43
>40~50	+10	+14	+24	-2+Δ		-9+Δ	-9	-17+Δ	0		-26	-34	-43
>50~65	+13	+18	+28	-2+Δ		-11+Δ	-11	-20+Δ	0		-32	-41	-53
>65~80	+13	+18	+28	-2+Δ		-11+Δ	-11	-20+Δ	0		-32	-43	-59
>80~100	+16	+22	+34	-3+Δ		-13+Δ	-13	-23+Δ	0	在低于7级的相应数值上增加一个Δ值	-37	-51	-71
>100~120	+16	+22	+34	-3+Δ		-13+Δ	-13	-23+Δ	0		-37	-54	-79
>120~140	+18	+26	+41	-3+Δ		-15+Δ	-15	-27+Δ	0		-43	-63	-92
>140~160	+18	+26	+41	-3+Δ		-15+Δ	-15	-27+Δ	0		-43	-65	-100
>160~180	+18	+26	+41	-3+Δ		-15+Δ	-15	-27+Δ	0		-43	-68	-108
>180~200	+22	+30	+47	-4+Δ		-17+Δ	-17	-31+Δ	0		-50	-77	-122
>200~225	+22	+30	+47	-4+Δ		-17+Δ	-17	-31+Δ	0		-50	-80	-130
>225~250	+22	+30	+47	-4+Δ		-17+Δ	-17	-31+Δ	0		-50	-84	-140
>250~280	+25	+36	+55	-4+Δ		-20+Δ	-20	-34+Δ	0		-56	-94	-158
>280~315	+25	+36	+55	-4+Δ		-20+Δ	-20	-34+Δ	0		-56	-98	-170
>315~355	+29	+39	+60	-4+Δ		-21+Δ	-21	-37+Δ	0		-62	-108	-190
>355~400	+29	+39	+60	-4+Δ		-21+Δ	-21	-37+Δ	0		-62	-114	-208
>400~450	+33	+43	+66	-5+Δ		-23+Δ	-23	-40+Δ	0		-68	-126	-232
>450~500	+33	+43	+66	-5+Δ		-23+Δ	-23	-40+Δ	0		-68	-132	-252

(续)

基本偏差	上 偏 差 ES/μm									$\Delta = ITn - IT(n-1)$ /μm					
代号	T	U	V	X	Y	Z	ZA	ZB	ZC						
标准公差等级	> IT7(标准公差等级为 IT8,IT9,…,IT18)									孔的标准公差等级					
公称尺寸/mm										3	4	5	6	7	8
≤3	—	−18	—	−20	—	−26	−32	−40	−60	$\Delta = 0$					
>3~6	—	−23	—	−28	—	−35	−42	−50	−80	1	1.5	1	3	4	6
>6~10	—	−28	—	−34	—	−42	−52	−67	−97	1	1.5	2	3	6	7
>10~14	—	−33	—	−40	—	−50	−64	−90	−130	1	2	3	3	7	9
>14~18			−39	−45	—	−60	−77	−108	−150						
>18~24	—	−41	−47	−54	−63	−73	−98	−136	−188	1.5	2	3	4	8	12
>24~30	−41	−48	−55	−64	−75	−88	−118	−160	−218						
>30~40	−48	−60	−68	−80	−94	−112	−148	−200	−274	1.5	3	4	5	9	14
>40~50	−54	−70	−81	−97	−114	−136	−180	−242	−325						
>50~65	−66	−87	−102	−122	−144	−172	−226	−300	−405	2	3	5	6	11	16
>65~80	−75	−102	−120	−146	−174	−210	−274	−360	−480						
>80~100	−91	−124	−146	−178	−214	−258	−335	−445	−585	2	4	5	7	13	19
>100~120	−104	−144	−172	−210	−254	−310	−400	−525	−690						
>120~140	−122	−170	−202	−248	−300	−365	−470	−620	−800	3	4	6	7	15	23
>140~160	−134	−190	−228	−280	−340	−415	−535	−700	−900						
>160~180	−146	−210	−252	−310	−380	−465	−600	−780	−1000						
>180~200	−166	−236	−284	−350	−425	−520	−670	−880	−1150	3	4	6	9	17	26
>200~225	−180	−258	−310	−385	−470	−575	−740	−960	−1250						
>225~250	−196	−284	−340	−425	−520	−640	−820	−1050	−1350						
>250~280	−218	−315	−385	−475	−580	−710	−920	−1200	−1550	4	4	7	9	20	29
>280~315	−240	−350	−425	−525	−650	−790	−1000	−1300	−1700						
>315~355	−268	−390	−475	−590	−730	−900	−1150	−1500	−1900	4	5	7	11	21	32
>355~400	−294	−435	−530	−660	−820	−1000	−1300	−1650	−2100						
>400~450	−330	−490	−595	−740	−920	−1100	−1450	−1850	−2400	5	5	7	13	23	34
>450~500	−360	−540	−660	−820	−1000	−1250	−1600	−2100	−2600						

注:① 公称尺寸小于或等于 1mm 时,A 和 B 及低于 8 级的 N 均不采用;

② JS 的数值中,对 IT7 至 IT11,若 ITn 的数值(μm)为奇数,则取偏差 $= \pm \dfrac{ITn - 1}{2}$;

③ 特殊情况,当公称尺寸大于 250 至 315mm 时,M6 的 ES 等于 −9(代替 −11);

④ 对 8 级及 8 级以上的 K、M、N 和 7 级及 7 级以上的 P 至 ZC,所需 Δ 值从表内右侧栏选取。例如:大于 6 至 10mm 的 P6,$\Delta = 3$,所以 $ES = -15 + 3 = -12$μm

186

附表3-6 称尺寸大于500mm到3150mm的孔、轴的基本偏差数值
（摘自 GB/T 1800.1—2009）

基本偏差/μm　公称尺寸/mm	上偏差es(负值)					下偏差ei(正值)								
	d	e	f	g	h	js	k	m	n	p	r	s	t	u
>500~560	260	145	76	22	0		0	26	44	78	150	280	400	600
>560~630											155	310	450	660
>630~710	290	160	80	24	0		0	30	50	88	175	340	500	740
>710~800											185	380	560	840
>800~900	320	170	86	26	0		0	34	56	100	210	430	620	940
>900~1000											220	470	680	1050
>1000~1250	350	195	98	28	0	偏差=±ITn/2	0	40	66	120	250	520	780	1150
>1120~1125											260	580	840	1300
>1250~1400	390	220	110	30	0		0	48	78	140	300	640	960	1450
>1400~1600											330	720	1050	1600
>1600~1800	430	240	120	32	0		0	58	92	170	370	820	1200	1850
>1800~2000											400	920	1350	2000
>2000~2240	480	260	130	34	0		0	68	110	195	440	1000	1500	2300
>2240~2500											460	1100	1650	2500
>2500~2800	520	290	145	38	0		0	76	135	240	550	1250	1900	2900
>2800~3150											580	1400	2100	3200
公称尺寸/mm	D	E	F	G	H	JS	K	M	N	P	R	S	T	U
基本偏差/μm	下偏差EI(正值)					上偏差ES(负值)								

注:对于公差带js7至js11(JS7至JS11),若ITn的数值为奇数,则取偏差=±(ITn-1)/2

附表3-7 光滑极限量规定尺寸公差 T_1 和通规定形尺寸公差带的中心到
工件最大实体尺寸之间的距离 Z_1 值(摘自 GB/T 1957—2006)　　　(μm)

工件公称尺寸/mm	IT6			IT7			IT8			IT9			IT10			IT11			IT12		
	IT6	T_1	Z_1	IT7	T_1	Z_1	IT8	T_1	Z_1	IT9	T_1	Z_1	IT10	T_1	Z_1	IT11	T_1	Z_1	IT12	T_1	Z_1
>10~18	11	1.6	2	18	2	2.8	27	2.8	4	43	3.4	6	70	4	8	110	6	11	180	7	15
>18~30	13	2	2.4	21	2.4	3.4	33	3.4	5	52	4	7	84	5	9	130	7	13	210	8	18
>30~50	16	2.4	2.8	25	3	4	39	4	6	62	5	8	100	6	11	160	8	16	250	10	22
>50~80	19	2.8	3.4	30	3.6	4.6	46	4.6	7	74	6	9	120	7	13	190	9	19	300	12	26
>80~120	22	3.2	3.8	35	4.2	5.4	54	5.4	8	87	7	10	140	8	15	220	10	22	350	14	30

附表 4-1　直线度、平面度公差值,方向公差值,同轴度、对称度公差值和跳动公差值
（摘自 GB/T 1184—1996）

直线度、平面度主参数① /mm	公差等级											
	1	2	3	4	5	6	7	8	9	10	11	12
	直线度、平面度公差值/μm											
>25～40	0.4	0.8	1.5	2.5	4	6	10	15	25	40	60	120
>40～63	0.5	1	2	3	5	8	12	20	30	50	80	150
>63～100	0.6	1.2	2.5	4	6	10	15	25	40	60	100	200
>100～160	0.8	1.5	3	5	8	12	20	30	50	80	120	250
>160～250	1	2	4	6	10	15	25	40	60	100	150	300
平行度、垂直度、倾斜度主参数② /mm	平行度、垂直度、倾斜度公差值/μm											
>25～40	0.8	1.5	3	6	10	15	25	40	60	100	150	250
>40～63	1	2	4	8	12	20	30	50	80	120	200	300
>63～100	1.2	2.5	5	10	15	25	40	60	100	150	250	400
>100～160	1.5	3	6	12	20	30	50	80	120	200	300	500
>160～250	2	4	8	15	25	40	60	100	150	250	400	600
同轴度、对称度、圆跳动、全跳动主参数③/mm	同轴度、对称度、圆跳动、全跳动公差值/μm											
>18～30	1	1.5	2.5	4	6	10	15	25	50	100	150	300
>30～50	1.2	2	3	5	8	12	20	30	60	120	200	400
>50～120	1.5	2.5	4	6	10	15	25	40	80	150	250	500
>120～250	2	3	5	8	12	20	30	50	100	200	300	600

注：①对于直线度、平面度公差,棱线和回转表面的轴线、素线以其长度的公称尺寸作为主参数;矩形平面以其较长边、圆平面以其直径的公称尺寸作为主参数;
　　② 对于方向公差,被测要素以其长度或直径的公称尺寸作为主参数;
　　③ 对于同轴度、对称度公差和跳动公差,被测要素以其直径或宽度的公称尺寸作为主参数

附表 4-2　圆度、圆柱度公差值（摘自 GB/T 1184—1996）

主参数 /mm	公差等级												
	0	1	2	3	4	5	6	7	8	9	10	11	12
	公差值/μm												
>18～30	0.2	0.3	0.6	1	1.5	2.5	4	6	9	13	21	33	52
>30～50	0.25	0.4	0.6	1	1.5	2.5	4	7	11	16	25	39	62
>50～80	0.3	0.5	0.8	1.2	2	3	5	8	13	19	30	46	74
>80～120	0.4	0.6	1	1.5	2.5	4	6	10	15	22	35	54	87
>120～180	0.6	1	1.2	2	3.5	5	8	12	18	25	40	63	100

注：回转表面、球圆以其直径的公称尺寸作为主参数

附表 4 – 3　位置度公差值数系（摘自 GB/T 1184—1996）　　　　　（μm）

优先数系	1	1.2	1.5	2	2.5	3	4	5	6	8
	1×10^n	1.2×10^n	1.5×10^n	2×10^n	2.5×10^n	3×10^n	4×10^n	5×10^n	6×10^n	8×10^n

注：n 为正整数

附表 4 – 4　直线度和平面度的未注公差值（摘自 GB/T 1184—1996）　　　　　（mm）

公差等级	公称长度范围					
	≤10	>10～30	>30～100	>100～300	>300～1000	>1000～3000
H	0.02	0.05	0.1	0.2	0.3	0.4
K	0.05	0.1	0.2	0.4	0.6	0.8
L	0.1	0.2	0.4	0.8	1.2	1.6

注：对于直线度，应按其相应线的长度选择公差值。对于平面度，应按矩形表面的较长边或圆表面的直径选择公差值

附表 4 – 5　垂直度未注公差值（摘自 GB/T 1184—1996）　　　　　.（mm）

公差等级	公称长度范围			
	≤100	>100～300	>300～1000	>1000～3000
H	0.2	0.3	0.4	0.5
K	0.4	0.6	0.8	1
L	0.6	1	1.5	2

注：取形成直角的两边中较长的一边作为基准要素，较短的一边作为被测要素；若两边的长度相等，则可取其中的任意一边作为基准要素

附表 4 – 6　对称度未注公差值（摘自 GB/ T1184—1996）　　　　　（mm）

差等级	公称长度范围			
	≤100	>100～300	>300～1000	>1000～3000
H	0.5			
K	0.6		0.8	1
L	0.6	1	1.5	2

注：取对称两要素中较长者作为基准要素，较短者作为被测要素；若两要素的长度相等，则可取其中的任一要素作为基准要素

附表 4 – 7　圆跳动的未注公差值（摘自 GB/T 1184 – 1996）　　　　　（mm）

公　差　等　级	圆跳动公差值
H	0.1
K	0.2
L	0.5

注：本表也可用于同轴度的未注公差值：同轴度未注公差值的极限可以等于径向圆跳动的未注公差值。应以设计或工艺给出的支承面作为基准要素，否则取应同轴线两要素中较长者作为基准要素。若两要素的长度相等，则可取其中的任一要素作为基准要素

附表 5-1　轮廓算术平均偏差 Ra、轮廓最大高度 Rz 和轮廓单元的平均宽度 RS_m 的标准取样长度和标准评定长度（摘自 GB/T 1031-2009、GB/T 10610—2009）

$Ra/\mu m$	$Rz/\mu m$	RS_m/mn	标准取样长度 l_r		标准评定长度
			λ_s/mm	$l_r = \lambda_c/mm$	$l_n = 5 \times l_r/mm$
$\geqslant 0.008 \sim 0.02$	$\geqslant 0.025 \sim 0.1$	$\geqslant 0.013 \sim 0.04$	0.0025	0.08	0.4
$>0.02 \sim 0.1$	$>0.1 \sim 0.5$	$>0.04 \sim 0.13$	0.0025	0.25	1.25
$>0.1 \sim 2$	$>0.5 \sim 10$	$>0.13 \sim 0.4$	0.0025	0.8	4
$>2 \sim 10$	$>10 \sim 50$	$>0.4 \sim 1.3$	0.008	2.5	12.5
$>10 \sim 80$	$>50 \sim 320$	$>1.3 \sim 4$	0.025	8	40

注：按 GB/T 6062—2002 的规定，λ_s 和 λ_c 分别为短波和长波滤波器截止波长，"$\lambda_s - \lambda_c$"表示滤波器传输带（从短波截止波长至长波截止波长这两个极限值之间的波长范围）。本表中 λ_s 和 λ_c 的数据（标准化值）取自 GB/T 6062—2002 中的表 1

附表 5-2　轮廓算术平均偏差 Ra、轮廓最大高度 Rz 和轮廓单元的平均宽度 RS_m 的数值（摘自 GB/T 1031—2009）

轮廓算术平均偏差 $Ra/\mu m$			轮廓最大高度 $Rz/\mu m$			轮廓单元的平均宽度 RS_m/mm		
0.012	0.4	12.5	0.025	1.6	100	0.006	0.1	1.6
0.025	0.8	25	0.05	3.2	200	0.0125	0.2	3.2
0.05	1.6	50	0.1	6.3	400	0.025	0.4	6.3
0.1	3.2	100	0.2	12.5	800	0.05	0.8	12.5
0.2	6.3		0.4	25	1600			
			0.8	50				

附表 6-1　轴颈和外壳孔的几何公差值（摘自 GB/T 275—1993）

公称尺寸 /mm	圆柱度公差值				轴向圆跳动公差值			
	轴 颈		外壳孔		轴 肩		外壳孔肩	
	滚 动 轴 承 公 差 等 级							
	0 级	6(6x)级	0 级	6(6x)级	0 级	6(6x)级	0 级	6(6x)级
	公 差 值 /μm							
$>18 \sim 30$	4.0	2.5	6	4.0	10	6	15	10
$>30 \sim 50$	4.0	2.5	7	4.0	12	8	20	12
$>50 \sim 80$	5.0	3.0	8	5.0	15	10	25	15
$>80 \sim 120$	6.0	4.0	10	6.0	15	10	25	15
$>120 \sim 180$	8.0	5.0	12	8.0	20	12	30	15
$>180 \sim 250$	10.0	7.0	14	10.0	20	12	30	20

附表 6-2　轴颈和外壳孔的表面粗糙度轮廓幅度参数 Ra 值（摘自 GB/T 275—1993）

轴颈或外壳孔的直径 /mm	轴颈或外壳孔的标准公差等级					
	IT7		IT6		IT5	
	表面粗糙度轮廓幅度参数 Ra 值/μm					
	磨	车(镗)	磨	车(镗)	磨	车(镗)
$\leqslant 80$	$\leqslant 1.6$	$\leqslant 3.2$	$\leqslant 0.8$	$\leqslant 1.6$	$\leqslant 0.4$	$\leqslant 0.8$
$>80 \sim 500$	$\leqslant 1.6$	$\leqslant 3.2$	$\leqslant 1.6$	$\leqslant 3.2$	$\leqslant 0.8$	$\leqslant 1.6$
端 面	$\leqslant 3.2$	$\leqslant 6.3$	$\leqslant 3.2$	$\leqslant 6.3$	$\leqslant 1.6$	$\leqslant 3.2$

附表 7－1　圆柱齿轮强制性检测精度指标的公差和极限偏差
（摘自 GB/T 10095.1—2008）

分度圆直径 d /mm	法向模数 m_n 或齿宽 b /mm	精 度 等 级												
		0	1	2	3	4	5	6	7	8	9	10	11	12
齿轮传递运动准确性		齿轮齿距累积总偏差允许值 f_p /μm												
$50 < d \leqslant 125$	$2 < m_n \leqslant 3.5$	3.3	4.7	6.5	9.5	13.0	19.0	27.0	38.0	53.0	76.0	107.0	151.0	241.0
	$3.5 < m_n \leqslant 6$	3.4	4.9	7.0	9.5	14.0	19.0	28.0	39.0	55.0	78.0	110.0	156.0	220.0
$125 < d \leqslant 280$	$2 < m_n \leqslant 3.5$	4.4	6.0	9.0	12.0	18.0	25.0	35.0	50.0	70.0	100.0	141.0	199.0	282.0
	$3.5 < m_n \leqslant 6$	4.5	6.5	9.0	13.0	18.0	25.0	36.0	51.0	72.0	102.0	144.0	204.0	288.0
齿轮传动平稳性		齿轮单个齿距偏差允许值 $\pm f_{pt}$ /μm												
$50 < d \leqslant 125$	$2 < m_n \leqslant 3.5$	1.0	1.5	2.1	2.9	4.1	6.0	8.5	12.0	17.0	23.0	33.0	47.0	66.0
	$3.5 < m_n \leqslant 6$	1.1	1.6	2.3	3.2	4.6	6.5	9.0	13.0	18.0	26.0	36.0	52.0	73.0
$125 < d \leqslant 280$	$2 < m_n \leqslant 3.5$	1.1	1.6	2.3	3.2	4.6	6.5	9.0	13.0	18.0	26.0	36.0	51.0	73.0
	$3.5 < m_n \leqslant 6$	1.2	1.8	2.5	3.5	5.0	7.0	10.0	14.0	20.0	28.0	40.0	56.0	79.0
齿轮传动平稳性		齿轮齿廓总偏差允许值 F_α /μm												
$50 < d \leqslant 125$	$2 < m_n \leqslant 3.5$	1.4	2.0	2.8	3.9	5.5	8.0	11.0	16.0	22.0	31.0	44.0	63.0	89.0
	$3.5 < m_n \leqslant 6$	1.7	2.4	3.4	4.8	6.5	9.5	13.0	19.0	27.0	38.0	54.0	76.0	108.0
$125 < d \leqslant 280$	$2 < m_n \leqslant 3.5$	1.6	2.2	3.2	4.5	6.5	9.0	13.0	18.0	25.0	36.0	50.0	71.0	101.0
	$3.5 < m_n \leqslant 6$	1.9	2.6	3.7	5.5	7.5	11.0	15.0	21.0	30.0	42.0	60.0	84.0	119.0
轮齿载荷分布均匀性		齿轮螺旋线总偏差允许值 F_β /μm												
$50 < d \leqslant 125$	$20 < b \leqslant 40$	1.5	2.1	3.0	4.2	6.0	8.5	12.0	17.0	24.0	34.0	48.0	68.0	95.0
	$40 < b \leqslant 80$	1.7	2.5	3.5	4.9	7.0	10.0	14.0	20.0	28.0	39.0	56.0	79.0	111.0
$125 < d \leqslant 280$	$20 < b \leqslant 40$	1.6	2.2	3.2	4.5	6.5	9.0	13.0	18.0	25.0	36.0	50.0	71.0	101.0
	$40 < b \leqslant 80$	1.8	2.6	3.6	5.0	7.5	10.0	15.0	21.0	29.0	41.0	58.0	82.0	117.0

附表 7-2　圆柱齿轮 f_i'/K 的比值(摘自 GB/T 10095.1—2008)　　　(μm)

分度圆直径 d /mm	法向模数 m_n /mm	精度等级												
		0	1	2	3	4	5	6	7	8	9	10	11	12
$50 < d \leqslant 125$	$2 < m_n \leqslant 3.5$	3.2	4.5	6.5	9.0	13.0	18.0	25.0	36.0	51.0	72.0	102.0	144.0	204.0
	$3.5 < m_n \leqslant 6$	3.6	5.0	7.0	10.0	14.0	20.0	29.0	40.0	57.0	81.0	115.0	162.0	229.0
$125 < d \leqslant 280$	$2 < m_n \leqslant 3.5$	3.5	4.9	7.0	10.0	14.0	20.0	28.0	39.0	56.0	79.0	111.0	157.0	222.0
	$3.5 < m_n \leqslant 6$	3.9	5.5	7.5	11.0	15.0	22.0	31.0	44.0	62.0	88.0	124.0	175.0	247.0

附表 7-3　圆柱齿轮径向跳动允许值 F_r(摘自 GB/T 10095.2—2008)　　(μm)

分度圆直径 d /mm	法向模数 m_n /mm	精度等级												
		0	1	2	3	4	5	6	7	8	9	10	11	12
$50 < d \leqslant 125$	$2.0 < m_n \leqslant 3.5$	2.5	4.0	5.5	7.5	11	15	21	30	43	61	86	121	171
	$3.5 < m_n \leqslant 6.0$	3.0	4.0	5.5	8.0	11	16	22	31	44	62	88	125	176
$125 < d \leqslant 280$	$2.0 < m_n \leqslant 3.5$	3.5	5.0	7.0	10	14	20	28	40	56	80	113	159	225
	$3.5 < m_n \leqslant 6.0$	3.5	5.0	7.0	10	14	20	29	41	58	82	115	163	231

附表 7-4　圆柱齿轮双啮精度指标的公差值
(摘自 GB/T 10095.2—2008)

分度圆直径 d/mm	法向模数 m_n/mm	精度等级								
		4	5	6	7	8	9	10	11	12
齿轮传递运动准确性		齿轮径向综合总偏差允许值 F_i''/μm								
$50 < d \leqslant 125$	$1.5 < m_n \leqslant 2.5$	15	22	31	43	61	86	122	173	244
	$2.5 < m_n \leqslant 4.0$	18	25	36	51	72	102	144	204	288
	$4.0 < m_n \leqslant 6.0$	22	31	44	62	88	124	176	248	351
$125 < d \leqslant 280$	$1.5 < m_n \leqslant 2.5$	19	26	37	53	75	106	149	211	299
	$2.5 < m_n \leqslant 4.0$	21	30	43	61	86	121	172	243	343
	$4.0 < m_n \leqslant 6.0$	25	36	51	72	102	144	203	287	406
齿轮传动平稳性		齿轮一齿径向综合偏差允许值 f_i''/μm								
$50 < d \leqslant 125$	$1.5 < m_n \leqslant 2.5$	4.5	6.5	9.5	13	19	26	37	53	75
	$2.5 < m_n \leqslant 4.0$	7.0	10	14	20	29	41	58	82	116
	$4.0 < m_n \leqslant 6.0$	11	15	22	31	44	62	87	123	174
$125 < d \leqslant 280$	$1.5 < m_n \leqslant 2.5$	4.5	6.5	9.5	13	19	27	38	53	75
	$2.5 < m_n \leqslant 4.0$	7.5	10	15	21	29	41	58	82	116
	$4.0 < m_n \leqslant 6.0$	11	15	22	31	44	62	87	124	175

附表 8-1 普通螺纹的公称直径及相应基本值(摘自 GB/T 196—2003) (mm)

公称直径(大径)D,d 第一系列	第二系列	第三系列	螺距 P	中径 D_2,d_2	小径 D_1,d_1	公称直径(大径)D,d 第一系列	第二系列	第三系列	螺距 P	中径 D_2,d_2	小径 D_1,d_1
10			1.5	9.026	8.376		20		2.5	18.376	17.294
			1.25	9.188	8.647				2	18.701	17.835
			1	9.350	8.917				1.5	19.026	18.376
									1	19.350	18.917
	12		1.75	10.863	10.106		24		3	22.051	20.752
			1.5	11.026	10.376				2	22.701	21.835
			1.25	11.188	10.647				1.5	23.026	22.376
			1	11.350	10.917				1	23.350	22.917
16			2	14.701	13.835		30		3.5	27.727	26.211
			1.5	15.026	14.376				(3)	28.051	26.752
			1	15.350	14.917				2	28.701	27.835
									1.5	29.026	28.376

注:1. 直径优先选用第一系列,其次第二系列,第三系列尽可能不用;
  2. 黑体字数码为粗牙螺距,括号内的螺距尽可能不用

附表 8-2 普通螺纹的基本偏差和顶径公差(摘自 GB/T 197—2003)

螺距 P/mm	内螺纹的基本偏差 EI/(μm)		外螺纹的基本偏差 es/(μm)				内螺纹小径公差 $T_{D1}/(μm)$					外螺纹大径公差 $T_d/(μm)$		
	G	H	e	f	g	h	4	5	6	7	8	4	6	8
1	+26		−60	−40	−26		150	190	236	300	375	112	180	280
1.25	+28		−63	−42	−28		170	212	265	335	425	132	212	335
1.5	+32		−67	−45	−32		190	236	300	375	475	150	236	375
1.75	+34	0	−71	−48	−34	0	212	265	335	425	530	170	265	425
2	+38		−71	−52	−38		236	300	375	475	600	180	280	450
2.5	+42		−80	−58	−42		280	355	450	560	710	212	335	530
3	+48		−85	−63	−42		315	400	500	630	800	236	375	600

附表 8-3 普通螺纹中径公差和中等旋合长度(摘自 GB/T 197—2003)

公称直径 D,d /mm	螺距 P /mm	内螺纹中径公差 $T_{D2}/μm$ 公差等级					外螺纹中径公差 $T_{d2}/μm$ 公差等级							N 组旋合长度 /mm	
		4	5	6	7	8	3	4	5	6	7	8	9	>	≤
>11.2 ~ 22.4	1	100	125	160	200	250	60	75	95	118	150	190	236	3.8	11
	1.25	112	140	180	224	280	67	85	106	132	170	212	265	4.5	13
	1.5	118	150	190	236	300	71	90	112	140	180	224	280	5.6	16
	1.75	125	160	200	250	315	75	95	118	150	190	236	300	6	18
	2	132	170	212	265	335	80	100	125	160	200	250	315	8	24
	2.5	140	180	224	280	355	85	106	132	170	212	265	335	10	30

公称直径 D,d /mm	螺距 P /mm	内螺纹中径公差 T_{D_2}/μm 公差等级					外螺纹中径公差 T_{d_2}/μm 公差等级							N 组旋合长度 /mm	
		4	5	6	7	8	3	4	5	6	7	8	9	>	≤
>22.4 ~ 45	1	106	132	170	212	—	63	80	100	125	160	200	250	4	12
	1.5	125	160	200	250	315	75	95	118	150	190	236	300	6.3	19
	2	140	180	224	280	355	85	106	132	170	212	265	335	8.5	25
	3	170	212	265	335	425	100	125	160	200	250	315	400	12	36

附表 8-4　普通平键尺寸和键槽深度 t_1、t_2 的公称尺寸及极限偏差

（摘自 GB/T 1095-2003）　　　　　　　　　　（mm）

键尺寸 $b \times h$	键槽											
	宽度 b						深度					
	公称尺寸	极限偏差					轴键槽			轮毂孔键槽		
		正常连接		紧密连接	松连接		t_1	$d-t_1$		t_2	$d+t_2$	
		轴 N9	轮毂孔 JS9	轴和轮毂孔 P9	轴 H9	轮毂孔 D10	公称尺寸	极限偏差	极限偏差	公称尺寸	极限偏差	极限偏差
5×5	5	0	±0.015	−0.012	+0.030	+0.078	3.0	+0.1	0	2.3	+0.1	+0.1
6×6	6	−0.030		−0.042	0	+0.030	3.5	0	−0.1	2.8	0	0
8×7	8	0	±0.018	−0.015	+0.036	+0.098	4.0			3.3		
10×8	10	−0.036		−0.051	0	+0.040	5.0			3.3		
12×8	12						5.0	+0.2	0	3.3	+0.2	+0.2
14×9	14	0	±0.0215	−0.018	+0.043	+0.120	5.5	0	−0.2	3.8	0	0
16×10	16	−0.043		−0.061	0	+0.050	6.0			4.3		
18×11	18						7.0			4.4		

注：d 为相互配合孔、轴的公称尺寸；对于任一 d 的孔、轴，皆可按需要选取键尺寸，而不局限于特定的某一键尺寸

附表 8-5　矩形花键公称尺寸的系列（摘自 GB/T 1144—2001）　　　　（mm）

d	轻系列				中系列			
	标记	N	D	B	标记	N	D	B
23	6×23×26×6	6	26	6	6×23×28×6	6	28	6
26	6×26×30×6	6	30	6	6×26×32×6	6	32	6
28	6×28×32×7	6	32	7	6×28×34×7	6	34	7
32	8×32×36×7	8	36	7	8×32×38×7	8	38	7
36	8×36×40×7	8	40	7	8×36×42×7	8	42	7
42	8×42×46×8	8	46	8	8×42×48×8	8	48	8
46	8×46×50×9	8	50	9	8×46×54×9	8	54	9
52	8×52×58×10	8	58	10	8×52×60×10	8	60	10
56	8×56×62×10	8	62	10	8×56×65×10	8	65	10
62	8×62×68×12	8	68	12	8×62×72×12	8	72	12

附表 9 - 1　圆锥角公差(摘自 GB/T 11334—2005)

公称圆锥长度 L/mm	AT5			AT6			AT7		
	AT_α		AT_D	AT_α		AT_D	AT_α		AT_D
	μrad	(′)(″)	μm	μrad	(′)(″)	μm	μrad	(′)(″)	μm
>25 ~ 40	160	33″	>4.0 ~ 6.3	250	52″	>6.3 ~ 10.0	400	1′22″	>10.0 ~ 16.0
>40 ~ 63	125	26″	>5.0 ~ 8.0	200	41″	>8.0 ~ 12.5	315	1′05″	>12.5 ~ 20.0
>63 ~ 100	100	21″	>6.3 ~ 10.0	160	33″	>10.0 ~ 16.0	250	52″	>16.0 ~ 25.0
>100 ~ 160	80	16″	>8.0 ~ 12.5	125	26″	>12.5 ~ 20.0	200	41″	>20.0 ~ 32.0
>160 ~ 250	63	13″	>10.0 ~ 16.0	100	21″	>16.0 ~ 25.0	160	33″	>25.0 ~ 40.0

公称圆锥长度 L/mm	AT8			AT9			AT10		
	AT_α		AT_D	AT_α		AT_D	AT_α		AT_D
	μrad	(′)(″)	μm	μrad	(′)(″)	μm	μrad	(′)(″)	μm
>25 ~ 40	630	2′10″	>16.0 ~ 20.5	1000	3′26″	>25 ~ 40	1600	5′30″	>40 ~ 63
>40 ~ 63	500	1′43″	>20.0 ~ 32.0	800	2′45″	>32 ~ 50	1250	4′18″	>50 ~ 80
>63 ~ 100	400	1′22″	>25.0 ~ 40.0	630	2′10″	>40 ~ 63	1000	3′26″	>63 ~ 100
>100 ~ 160	315	1′05″	>32.0 ~ 50.0	500	1′43″	>50 ~ 80	800	2′45″	>80 ~ 125
>160 ~ 250	250	52″	>40.0 ~ 63.0	400	1′22″	>63 ~ 100	630	2′10″	>100 ~ 160

注:1. 1μrad 等于半径为 1m、弧长为 1μm 所对应的圆心角，51μrad ≈ 1″，300μrad ≈ 1′;

2. 查表示例 1：L 为 63mm，选用 AT7，查表得 AT_α 为 315μrad 或 1′05″，则 AT_D 为 20μm。示例 2：L 为 50mm，选用 AT7，查表得 AT_α 为 315μrad 或 1′05″，则 $AT_D = AT_\alpha \times L \times 10^{-3} = 315 \times 50 \times 10^{-3} = 15.75$μm，取 AT_D 为 15.8μm

参考文献

[1] GB/T 321—2005. 优先数和优先数系[M]. 北京:中国标准出版社,2005.

[2] GB/T 6093—2001. 几何量技术规范(GPS)长度标准量块[M]. 北京:中国标准出版社,2001.

[3] GB/T 1800.1—2009. 产品几何技术规范(GPS)极限与配合第1部分:公差、偏差和配合的基础[M]. 北京:中国标准出版社,2009.

[4] GB/T 1800.2—2009. 产品几何技术规范(GPS)极限与配合第2部分:标准公差等级和孔、轴极限偏差表[M]. 北京:中国标准出版社,2009.

[5] GB/T 1801—2009. 产品几何技术规范(GPS)极限与配合公差带与配合的选择[M]. 北京:中国标准出版社,2009.

[6] GB/T 1804—2000. 一般公差未注公差的线性和角度尺寸的公差[M]. 北京:中国标准出版社,2000.

[7] GB/T 18780.1—2002. 产品几何量技术规范(GPS)几何要素第1部分:基本术语和定义[M]. 北京:中国标准出版社,2002.

[8] GB/T 11182—2008. 产品几何技术规范(GPS)几何公差形状、方向、位置和跳动公差标注[M]. 北京:中国标准出版社,2008.

[9] GB/T 16671—2009. 产品几何技术规范(GPS)几何公差最大实体要求、最小实体要求和可逆要求[M]. 北京:中国标准出版社,2009.

[10] GB/ T 1958—2004. 产品几何量技术规范(GPS)形状和位置公差检测规定[M]. 北京:中国标准出版社,2005.

[11] GB/T 3505—2009. 产品几何技术规范(GPS)表面结构 轮廓法术语、定义及表面结构参数[M]. 北京:中国标准出版社,2009.

[12] GR/T 10610—2009. 产品几何技术规范(GPS)表面结构轮廓法评定表面结构的规则和方法[M]. 北京:中国标准出版社,2009.

[13] GB/T 131—2006. 产品几何技术规范(GPS)技术产品文件中表面结构的表示法[M]. 北京:中国标准出版社,2007.

[14] GB/T 103 1—2009. 产品几何技术规范(GPS)表面结构 轮廓法 粗糙度参数及其数值[M]. 北京:中国标准出版社,2009.

[15] GB/T275—1993. 滚动轴承与轴和外壳孔的配合[M]. 北京:中国标准出版社,1993.

[16] GB/T307.1—2005. 滚动轴承向心轴承公差[M]. 北京:中国标准出版社,2005.

[17] GB/T 3177—2009. 产品几何技术规范(GPS)光滑工件尺寸的检验[M]. 北京:中国标准出版社,2009.

[18] JB/Z 181—1982, GB 3177—82.《光滑工件尺寸的检验》使用指南[M]. 北京:中国标准出版社,1982.

[19] GB/T 1957—2006. 光滑极限量规技术要求[M]. 北京:中国标准出版社,2006.

[20] GB/T 8069—1998. 功能量规[M]. 北京:中国标准出版社,1998.

[21] GB/T 11334—2005. 产品几何量技术规范(GPS)圆锥公差[M]. 北京:中国标准出版社,2005.

[22] GB/T 15754—1995. 技术制图 圆锥的尺寸和公差注法[M]. 北京:中国标准出版社,1995.

[23] GB/T 14791—1993. 螺纹术语[M]. 北京:中国标准出版社.1993.

[24] GB/T 192—2003. 普通螺纹基本牙型[M]. 北京:中国标准出版社,2004.

[25] GB/T 197—2003. 普通螺纹公差[M]. 北京:中国标准出版社,2004.

[26] JB/T2886—2008. 机床梯形丝杠、螺母技术要求[M]. 北京:机械工业出版社,2008.

[27] GB/T 1095—2003. 平键键槽的剖面尺寸[M]. 北京:中国标准出版社,2004.

[28] GB/T 1144—2001. 矩形花键尺寸、公差和检验[M]. 北京:中国标准出版社,2001.

[29] GB/T 3478.1,GB/T 3478.4—1995. 圆柱直齿渐开线花键[M]. 北京:中国标准出版社,1995.

[30] GB/T 5847—2004. 尺寸链计算方法[M]. 北京:中国标准出版社,2005.

[31] 甘永立. 几何量公差与检测[M]. 上海:上海科学技术出版社,2010.

[32] 王伯平. 互换性与测量技术基础[M]. 北京:机械工业出版社,2010.

责任编辑：丁福志　ding@ndip.cn
责任校对：钱辉玲
封面设计：王晓军　xjwang@ndip.cn

普通高等院校"十二五"规划教材

MATLAB/Simulink与机电控制系统仿真
MATLAB语言及应用
工程测试与信息处理(第2版)
工程机械底盘构造与设计
工程机械概论
工程机械设计
工程机械状态监测与故障诊断
工程技术实践
工程制图（第2版）
➤ 互换性与测量技术基础
机床数控技术与编程
机械工程材料（第2版）
机械结构有限元分析——ANSYS与ANSYS WORKBENCH工程应用
机械设计基础
机械设计课程设计手册
机械系统动力学
机械制造工艺学（第2版）
机械制造技术
机械制造装备及其设计
基于MATLAB和Pro/ENGINEER的机械优化设计
结构力学与钢结构
金属板材成形CAE分析及应用——Dynaform工程应用
金属切削原理
可编程控制器原理及应用(第2版)
矿业机械概论
数控编程技术及应用
数控技术及其应用
先进制造技术基础实习
现代设计理论、方法及应用
现代制造技术
液压与气压传动
液压与液力传动
有限体积法基础（第2版）
有限元法基础(第2版)
有限元法原理、建模及应用（第2版）

▶ 上架建议：测量技术 ◀

http://www.ndip.cn

ISBN 978-7-118-07881-7

定价：29.00 元

本书课件可以与责编索取:ding@ndip.cn